U0342029

Electrical Engineering and Electronic Technology Experiments

电工电子技术实验

第二版

朱庆欢 邓友娥 主编

暨南大学出版社
JINAN UNIVERSITY PRESS

中国·广州

图书在版编目（CIP）数据

电工电子技术实验/朱庆欢，邓友娥主编．—2版．—广州：暨南大学出版社，2012.9
（2017.1 重印）
ISBN 978 - 7 - 5668 - 0318 - 4

Ⅰ.①电…　Ⅱ.①朱…②邓…　Ⅲ.①电工技术—实验—高等学校—教材 ②电子技术—实验—高等学校—教材　Ⅳ.①TM - 33 ②TN - 33

中国版本图书馆 CIP 数据核字（2012）第 197615 号

电工电子技术实验
DIANGONG DIANZI JISHU SHIYAN
主　编：朱庆欢　邓友娥

出 版 人：徐义雄
责任编辑：苏彩桃　邓国良
责任校对：何　力
责任印制：汤慧君　周一丹

出版发行：暨南大学出版社（510630）
电　　话：总编室（8620）85221601
　　　　　营销部（8620）85225284　85228291　85228292（邮购）
传　　真：（8620）85221583（办公室）　85223774（营销部）
网　　址：http://www.jnupress.com　http://press.jnu.edu.cn
排　　版：广州市天河星辰文化发展部照排中心
印　　刷：广州市怡升印刷有限公司
开　　本：787mm×1092mm　1/16
印　　张：20.5
字　　数：480 千
版　　次：2010 年 2 月第 1 版　2012 年 9 月第 2 版
印　　次：2017 年 1 月第 3 次
印　　数：6001—7000 册
定　　价：42.00 元

第二版前言

《电工电子技术实验》自暨南大学出版社于 2010 年出版以来，承蒙众多兄弟院校的支持和使用，并获得广大读者的好评，同时也非常高兴地得到了许多读者提出的修改意见和再版建议。

本书第二版完整地保留了第一版的全部内容，并对第一版中存在的错误之处进行了勘误纠正，同时在广泛收集读者的意见和建议的基础上，针对在本书使用过程中出现的问题和一些数据加以修正。尽管如此，由于作者水平所限，书中疏漏、失误之处在所难免，殷切期望各位读者不吝赐教，给予批评和指正。

借再版之际，向所有关心、帮助本书编写和出版的同志们，以及支持和使用本书的读者朋友们致以诚挚的谢意！

编　者
2012 年 8 月

前　言

本书是按照实验教学示范中心建设要求，以"构建以培养应用型人才为目标，以学生综合基本实践技能培养为核心，以应用为特色的实验课程体系；建立与理论教学有机结合，以能力培养为核心，涵盖基本型实验、提高型实验和研究创新型实验的分层次的实验教学体系；建立以学生为中心、以学生自我训练为主的教学模式"为目标，结合教学改革实践编写的一本新型电工电子技术实验教材，是韶关学院省级电工电子实验教学示范中心建设成果之一。它既可以作为电类专业模拟电子技术、数字电子技术、高频电子线路等课程的实验教材，也可以作为非电类专业电工学课程的实验教材。

本书主要内容分五章：第1章，电工电路实验；第2章，数字电子电路实验；第3章，低频电子电路实验；第4章，高频电子电路实验；第5章，研究创新型实验。

本书的特色之一，是在实验教学内容上进行了改革，把验证性实验和设计性实验有机结合起来，竭力把实验内容设计成包含两个层次：既有验证性实验，又有设计性实验。这样，既可以使学生尽早接触设计性实验，又可以满足不同层次教学的需要。研究创新型实验是本书的又一特色，是在低年级基础实验中开展研究创新型实验，培养学生初步研究能力和创新精神的有益尝试。此外，在附录中给出了实验常用的集成电路芯片引脚功能资料和常用电子器件的认识方法等，是经过长期的实验教学实践筛选出来的实用性内容，可为读者提供有益的帮助。

本书由朱庆欢副教授和邓友娥高级实验教师编著。第1章、第3章、第5章的实验5.1~5.7和附录2、附录3由朱庆欢编写。第2章、第4章、第5章的实验5.8和实验5.9、附录1由邓友娥编写。全书由邓友娥统稿。本书在形成过程中，参加早期讲义编写的有丘志敏（电路实验部分）、苏祖全（数字电子电路实验部分）、洪远泉（低频电子电路实验部分），此外，上述人员与黄科文、陈国强等还参与了相关的实验教学改革工作。同时，本书的出版得到了韶关学院省级电工电子实验教学示范中心主任丁长安教授、副主任彭瑞明高级实验师和韶关学院资产管理处、教务处的大力支持，在此一并表示衷心的感谢。

由于作者水平有限，书中难免存在不少缺点和错误，殷切期望各位读者能给予批评和指正。

编　者
2010 年 1 月

目　录

1 电工电路实验

实验 1.1 基本仪器仪表的使用及基本定理的测定

一、实验目的

（1）熟悉电工实验工作台的结构特点及其器件的使用，掌握实验的基本方法。

（2）熟悉电工仪器仪表的主要技术性能指标及其使用方法，掌握电压、电流等电路基本参数的测量方法和测量误差的计算方法。

（3）验证基尔霍夫定律和叠加原理的正确性，加深对基尔霍夫定律和叠加原理的理解。

二、实验设备及材料

通用电学实验台，直流稳压电源，直流电压表及直流电流表（或万用表），电阻和导线一批。

三、实验原理

1. 电路基本参数测量

电压、电流等电路基本参数测量，主要是利用电压表和电流表（或万用表）进行直接测量。

在测量电压时，应把电压表并联在被测负载的两端。为了使电压表并入后尽量不影响电路原工作状态，要求电压表的内阻远大于被测负载的电阻。

测量电流时，电流表必须串联在被测电路中。电流表的内阻都很小，如果把电流表并联在负载两端，电流表将因流过太大的电流而烧毁。

测量直流电压和直流电流时，常用磁电式电流表。在使用时必须注意仪表的正负极性必须和电路一致，否则仪表的指针将会反转，可能造成仪表损坏。

测量交流电压和交流电流时，常用电磁式电流表。交流表的使用方法与直流表相同，只是没有极性之分，其测量的是有效值。

2. 基尔霍夫电流定律 KCL 和电压定律 KVL

KCL 指出：在电路中，在任何时刻，流进和流出任何一个节点的电流的代数和为零。即 $\sum i\,(t) = 0$，或 $\sum I = 0$（直流电路）。

KVL 指出：在电路中，在任何时刻，任何一个回路或网络的电压降的代数和为零。即 $\sum u\,(t) = 0$，或 $\sum U = 0$（直流电路）。

KCL 和 KVL 是电路分析理论中最重要的基本定律，适用于线性电路、非线性电路及时变或非时变电路的分析和计算，也适用于时域或其他域（如频域）电路。

3. 叠加原理

在线性电路中，任何一条支路的电流（或其两端的电压），都可以看成是由电路中各个电压源（或电流源）单独作用时，在此支路中产生的电流（或电压）的代数和。

某电压源（或电流源）单独作用时，其他所有电压源（或电流源）均置零，即理想电压源短路，理想电流源开路。

4. 实验电路

实验电路如图 1 - 1 - 1 所示，其中，电路元件的参考值为：$R_1 = 150\ \Omega$，$R_2 = 100\ \Omega$，$R_3 = 300\ \Omega$，$R_4 = 100\ \Omega$，$R_5 = 200\ \Omega$，$U_{S1} = 12\ \text{V}$，$U_{S2} = 6\ \text{V}$。

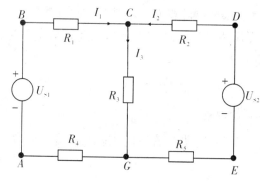

图 1 - 1 - 1　实验电路

四、实验内容

1. 电路基本参数测量（基本测量方法练习实验）

（1）按图 1 - 1 - 1 所示连接实验电路。

（2）以图 1 - 1 - 1 中的 G 点作为电位的参考点，用直流电压表（或万用表直流电压挡）分别测量各点的电位 U_A、U_B、U_C、U_D、U_E，及相邻两点之间的电压值 U_{AB}、U_{BC}、U_{CD}、U_{DE}、U_{EG}、U_{GA}，并对以上测量项目进行理论计算，将数据记入表 1 - 1 - 1 中。

表 1 - 1 - 1　电压测量数据记录　　　　　　　　　　单位：V

测量项目	U_A	U_B	U_C	U_D	U_E	U_{AB}	U_{BC}	U_{CD}	U_{DE}	U_{EG}	U_{GA}
测量值											
计算值											
相对误差											

（3）用直流电流表（或万用表直流电流挡）分别测量图 1 - 1 - 1 中三条支路电流 I_1、I_2 及 I_3，并对以上测量项目进行理论计算，将数据记入表 1 - 1 - 2 中。

表 1 - 1 - 2　电流测量数据记录与基尔霍夫电流定律的验证　　　单位：mA

测量项目	I_1	I_2	I_3	$\sum I$（节点 C）
测量值				
计算值				
相对误差				

实验注意事项：

① 使用指针式仪表时，要特别注意指针的偏转情况，及时调换表笔的极性，防止指针打弯或损坏仪表。

② 电位是相对于某参考点的电压值。测量电位时，把万用表调到相应的电压量程，用负极黑色表笔接参考电位点，正极用红色表笔接触被测点。若指针正向偏转，则表明该点电位为正，即高于参考点电位；若指针反向偏转，应调换万用表的表笔，此时读出的读数应加一负号，表明该点电位低于参考点电位。

③ 电压是任意两端之间的电位差。如测量电压 U_{AB} 时，应先用黑色表笔接 B 点，用红色表笔接 A 点。若指针正向偏转，则表明该电压值为正；若指针反向偏转，应调换万用表的表笔，并表明该电压值为负值。

④ 直流电流的测量同样应注意标定的参考方向与数值的正负问题。测量直流电流时，首先按标定的电流参考方向（从正极流向负极）接入直流电流表，若指针正向偏转，则表明该电流值为正，实际电流方向与参考方向相同；若指针反向偏转，应调换万用表的表笔，并表明该电流值为负值，实际电流方向与参考方向相反。

⑤ 所有需要测量的电压、电流值，均应以电压表和电流表测量的读数为准，不能采用电源表盘的指示值。

⑥ 要防止电压源两端碰线电路和电流源两端开路。注意及时更换仪表的量程。使用万用表时还要注意测量对象，特别注意不要把电流表并联在电路的两端。

2. **基尔霍夫定律的验证（验证性实验）**

（1）选择实验电路中的任何一个闭合回路，直接引用表 1 - 1 - 1 中已有的电压测量数据，填写表 1 - 1 - 3，验证基尔霍夫电压定律的正确性。

（2）根据前面电流测量数据（如表 1 - 1 - 2 所示），验证基尔霍夫电流定律的正确性（直接填入表 1 - 1 - 2 中）。

表 1 - 1 - 3 基尔霍夫电压定律的验证   单位：V

测量项目	回路 ABCGA					回路 CDEGC					回路 ABCDEGA
	U_{AB}	U_{BC}	U_{CG}	U_{GA}	$\sum U$	U_{CD}	U_{DE}	U_{EG}	U_{GC}	$\sum U$	（利用左边数据验证）
测量值											
计算值											

3. 叠加原理的验证（综合设计性实验）

参照基尔霍夫定律的验证实验，设计验证叠加原理的实验。要求设计验证实验电路（给出电路中各元器件的具体参数），列出实验所需要的主要设备和材料，写出实验内容（实验方法与步骤），设计相应的实验数据记录表格，并进行实验验证。

五、预习要求

（1）学习实验室规章制度和安全用电知识，熟悉实验室供电情况。

（2）到实验室熟悉实验使用的实验工作台，了解实验器件，掌握实验方法。

（3）阅读常用电工仪器仪表说明书（使用手册），了解仪器仪表的主要技术性能指标及其使用方法。熟悉电压、电流等电路基本参数的测量方法和测量误差的计算方法。

（4）熟悉实验原理，了解实验内容，完成数据记录表格中有关的理论计算。

（5）确定综合设计性实验（实验内容3）方案。

六、实验报告与思考题

（1）按实验内容整理记录数据，分析误差并解释原因。

（2）根据实验数据表格进行分析、比较、归纳，总结实验结论。

实验 1.2　有源二端网络等效参数的测定

一、实验目的

（1）验证戴维南定理和诺顿定理的正确性；加深对戴维南定理和诺顿定理的理解。
（2）掌握测量有源二端网络等效参数的一般方法。
（3）进一步掌握电工仪器仪表的使用方法。

二、实验设备及材料

通用电学实验台，直流稳压电源，直流电压表及直流电流表（或万用表），电阻和导线一批。

三、实验原理

1. 戴维南定理

任何一个有源二端线性网络，都可以用一个理想电压源 U_S 和内阻 R_0 的串联电路来表示，其等效电压源的电动势 U_S 等于这个有源二端网络的负载开路电压 U_{oc}，等效内阻 R_0 为该网络中所有独立电源均置零（理想电压源短路，理想电流源开路）后得到的无源网络的等效电阻 R_{eq}。U_S 和 R_0 称为这个有源二端网络的等效电压源参数。

2. 诺顿定理

任何一个有源二端线性网络，都可以用一个理想电流源 I_S 和内阻 R_0 的并联电路来表示，其等效电源的电流 I_S 等于这个有源二端网络的负载短路电流 I_{SC}，等效内阻 R_0 为该网络中所有独立电源均置零后得到的无源网络的等效电阻 R_{eq}。I_S 和 R_0 称为这个有源二端网络的等效电流源参数。

3. 有源二端网络等效参数的测量方法

（1）测量有源二端网络的开路电压 U_{oc} 的方法。

① 直接测量。当电压表的内阻远大于网络内阻时，可直接用电压表或万用表的电压挡测量。

② 补偿测量（零示法）。补偿测量法适宜测量具有高内阻有源二端网络。其测量原理如图 1-2-1 所示，用高精度可调稳压电源与被测网络输出进行比较，当稳压电源的输出电压与有源二端网络的开路电压相等时，电压表的读数为"0"，然后将电路断开，测量此时稳压电源的输出电压，即为被测二端网络的开路电压 U_{oc}。

（2）测量有源二端网络的戴维南等效内阻 R_0 的方法。

① 直接测量。对于不含受控源的纯电阻性网络，其等效内阻可以将所有独立源置零

后，直接用万用表欧姆挡进行测量。由于此方法忽略了电源的内阻，故误差比较大。

②开路电压—短路电流法。测量开路电压 U_{OC} 和短路电流 I_{SC}。其等效内阻为：

$$R_0 = \frac{U_{OC}}{I_{SC}} \qquad (1-2-1)$$

这种方法适用于 U_{OC} 较大而 I_{SC} 不超过额定值的情况，对含有可控源的网络常用此法。

③伏安法。若二端网络的内阻很低，不宜测量其短路电流时，则可采用伏安法测量。根据有源二端网络的外特性曲线的斜率 $\tan\varphi$（如图 1-2-2 所示），即为等效内阻值：

$$R_0 = \tan\varphi = \frac{\Delta U}{\Delta I} = \frac{U_{OC}}{I_{SC}} \qquad (1-2-2)$$

测量开路电压 U_{OC} 及电流为额定值 I_N 时的输出电压 U_N，则内阻为：

$$R_0 = \frac{U_{OC} - U_N}{I_N} \qquad (1-2-3)$$

④半电压法。测量电路如图 1-2-3 所示，当负载电压为被测网络开路电压的一半时，负载电阻即为被测二端网络的等效内阻值。

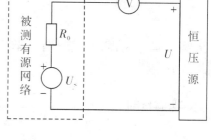

图 1-2-1　补偿法测量电路

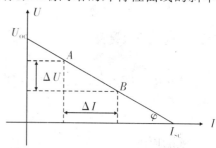

图 1-2-2　有源二端网络的外特性

四、实验内容

1. 戴维南定理的验证（验证性实验）

（1）按如图 1-2-4（a）所示连接实验电路，其中，电路元件的参考值为：$U_S = 12$ V，$R_1 = 200$ Ω，$R_2 = 300$ Ω，$R_3 = 300$ Ω，$R_4 = 200$ Ω，负载电阻 $R_L = 240$ Ω。

（2）等效参数的测量。

① 测量输出电流 I_0 用直流电流表（毫安表）测量输出电流 I，将结果记入表 1-2-1 中。

② 测量开路电压 U_{OC}。将负载电阻 R_L 开路，如图 1-2-4（b）所示，测量开路电压 U_{OC}，将结果记入表 1-2-1 中。

③ 测量短路电流 I_{SC}。将负载电阻 R_L 短路，如图 1-2-4（c）所示，测量短路电流 I_{SC}，将结果记入表 1-2-1 中。

④ 测量等效电阻 R_{eq}（R_0）。将负载电阻 R_L 短路，置 $U_S = 0$，如图 1-2-4（d）所示，用万用表电阻挡测量等效电阻 R_{eq}（R_0），将结果记入表 1-2-1 中。

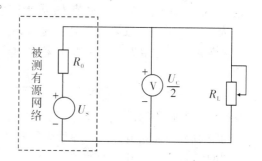

图 1-2-3　半电压法测量电路

⑤ 根据测量电路对以上测量项目进行理论计算，将计算结果记入表 1 - 2 - 1 中，分析误差并解释比较结果。

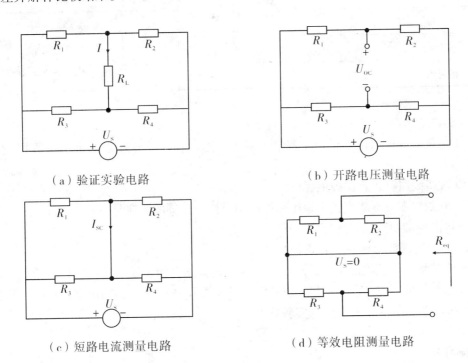

（a）验证实验电路　　　　　　（b）开路电压测量电路

（c）短路电流测量电路　　　　　　（d）等效电阻测量电路

图 1 - 2 - 4　戴维南定理的验证实验电路

（3）负载实验。

在图 1 - 2 - 4（a）所示实验电路中，按表 1 - 2 - 2 改变负载电阻 R_L，用直流电流表（毫安表）测量输出电流 I。同时对用戴维南定理进行等效后的电路（等效电压源 $U_S = 2.4$ V，$R_0 = 240$ Ω）计算输出电流 I，将结果记入表 1 - 2 - 2 中，与测量值比较，分析误差并解释比较结果。

表 1 - 2 - 1　戴维南等效参数测量数据记录

测量项目	I（mA）	U_{OC}（V）	I_{SC}（mA）	R_{eq}（Ω）	$R_0 = U_{OC}/I_{SC}$（Ω）
测量值					
计算值					
相对误差					

表 1 - 2 - 2　负载实验测量数据记录　　　　　　　　　单位：mA

R_L（Ω）	50	100	150	240	400	备注
I 测量						等效电压源
I 计算						$U_S = 2.4\ V$
相对误差						$R_0 = 240\ Ω$

实验注意事项：

① 测量时应根据计算值预先调整仪表的合适量程，注意仪表的极性及数据表格中"＋"、"－"号的记录。

② 改接线路时，要关掉电源。

③ 电源置零时不能直接将稳压电源两端短接。正确的方法是：移去电压源，在原电压源所接的两端用导线相连使之短接。

2. 诺顿定理的验证（综合设计性实验）

参照戴维南定理验证实验，设计诺顿定理的验证实验。要求给出验证实验电路及电路中各元器件的具体参数，列出实验所需要的主要设备和材料，写出实验内容，设计相应的实验数据记录表格，并进行实验验证。

五、预习要求

（1）熟悉实验原理，了解实验内容，完成表格数据记录及相关的理论计算。

（2）确定综合设计性实验（实验内容2）方案。

六、实验报告与思考题

（1）按实验内容整理记录数据，分析误差并解释原因。

（2）根据实验数据表格，进行分析、比较、归纳，总结实验结论。

（3）说明测量有源二端网络等效参数的几种方法，并比较其优缺点。

实验 1.3 交流电路参数测定

一、实验目的

（1）掌握交流电压表、电流表和功率表的使用方法。

（2）学习交流电路元件参数的测定方法。

二、实验设备及材料

通用电学实验台，单相交流调压器，交流电压表、交流电流表，功率表，电阻、电容、电感器件若干和导线一批。

三、实验原理

1. 交流电路元件参数（阻抗）的测定

交流阻抗或复阻抗在极坐标中用它的模及幅角来表示，在复平面的直角坐标中用它的实部及虚部来表示。无论用哪种方法来表示，都必须有两个参数来表征。测定交流阻抗比直流电阻的伏安法要复杂。

测定元件的交流阻抗的方法有很多，这里介绍 U – A 法和 U – A – P 法。

（1）U – A 法。

用 U – A 法测交流阻抗的原理电路如图 1 – 3 – 1 所示。用交流电压表分别测出电源电压 $\dot{U}$、变阻器 R_w 上的电压 $\dot{U}_1$ 及被测阻抗 Z 上的电压 $\dot{U}_z$，同时用交流电流表测出通过 Z 的电流 I。Z 的阻抗模｜Z｜为：

$$|Z| = \frac{\dot{U}_z}{I}$$

根据 KVL 将上述三个电压作出矢量图（如图 1 – 3 – 2 所示，选择电流 I 即滑线电阻的电压作参考量，并假定 Z 为电感性器件），从矢量图上可求出 Z 的幅角 φ 和功率因数 cos φ。

$$\cos \varphi = \frac{U^2 - U_1^2 - U_z^2}{2U_1 U_z}$$

于是有 $Z = R \pm jX = |Z| \cos \varphi \pm j|Z| \sin \varphi$。

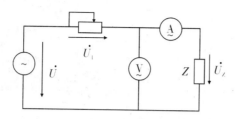

图 1 - 3 - 1　U - A 法测量阻抗原理电路

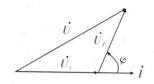

图 1 - 3 - 2　U - A 法测量阻抗相量

（2）U - A - P 法（三表法）。

U - A - P 法测交流阻抗的原理电路如图 1 - 3 - 3 所示。用交流电压表、交流电流表及功率表分别测定出元件（或无源二端网络）两端的电压有效值 $\dot{U}$、流过元件中的电流有效值 I 和它消耗的功率 P，再通过计算得出其阻抗值。这种测定交流参数的方法又称为三表法。

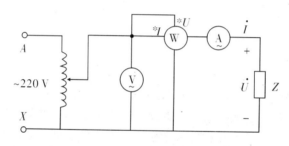

图 1 - 3 - 3　三表法测量阻抗原理电路

有关计算基本公式：

阻抗模
$$|Z| = \frac{U}{I} \qquad (1-3-1)$$

功率因数
$$\cos \varphi = \frac{P}{UI} \qquad (1-3-2)$$

于是有
$$Z = R \pm jX = |Z| \cos \varphi + j |Z| \sin \varphi$$

对电感性元件
$$R = |Z| \cos\varphi; \quad L = \frac{X_L}{\omega} = \frac{|Z| \sin \varphi}{2\pi f} \qquad (1-3-3)$$

对电容性元件
$$R = |Z| \cos\varphi; \quad C = \frac{1}{\omega X_C} = \frac{1}{2\pi f |Z| \sin \varphi} \qquad (1-3-4)$$

（3）阻抗性质的判别方法。

无论是用 U - A 法还是用 U - A - P 法，都尚未能够直接判断被测量元件的阻抗是电感性还是电容性。判别阻抗的性质，方法之一是用双踪示波器测量出被测元件两端电压与其通过的电流的相位差来判断。这里介绍一种在被测元件两端并联或串联电容的判别方法。

① 保持测量电路总电压 U 不变的前提下，在被测元件两端并联一只适量的试验电容 C'，若并联电容后电路的电流增大（串接的电流表读数增大），则被测阻抗为电容性；

电流减小则为电感性。可靠判定条件为并联试验电容 C' 满足

$$C' < \left| \frac{2B}{\omega} \right| \qquad\qquad (1-3-5)$$

式中，B 为被测阻抗 Z 的电纳。其中，导纳 $Y = \dfrac{1}{Z} = G \pm jB$，$B = \dfrac{X}{|Z|^2} = \dfrac{\sin\varphi}{|Z|}$。

应当注意：若并联试验电容 C' 不满足上述条件，当被测阻抗为电感性时，并联电容后电路的电流会单调增大。

② 保持测量电路总电压 U 不变的前提下，在被测元件两端串联一只适量的试验电容 C''，若串联电容后被测阻抗的端电压下降，则被测阻抗为电容性；端电压上升则为电感性。可靠判定条件为串联试验电容 C'' 满足

$$C'' > \frac{1}{2\omega X} = \frac{1}{2\omega |Z| \sin\varphi} \qquad\qquad (1-3-6)$$

同样应当注意的是：若串联试验电容 C'' 不满足上述条件，当被测阻抗为电感性时，串联电容后被测阻抗的端电压会单调下降。

2. 功率表的使用方法

功率表面板如图 1-3-4 所示。

（1）功率表的接线规则。

功率表（又称为瓦特表）是电动式仪表，它有两个线圈，分别为固定线圈（电流线圈）和可动线圈（电压线圈）。指针转矩方向与两线圈的电流方向有关，因此要规定一个能使指针正向偏转的"对应端"。接线时要使两线圈的"对应端"接在电源的同一极性上。表盘上标记"*"的端钮分别为电流线圈和电压线圈的发电机端。电流线圈与负载串联，其发电机端"*I"要和电源的一端相接；电压线圈与负载并联，其发电机端"*U"要接在和电流线圈的等电位处，即接在"*I"端或"I"端，这样才能保证两线圈的电流都从发电机端流入，使功率表指针作正向偏转。

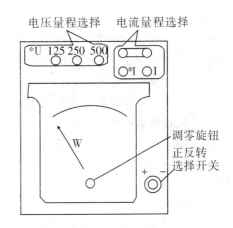

图 1-3-4　功率表面板图

通常使用时，将功率表"*U"与"*I"端相连接在电源的同一极性上，电压线圈的另一端接在电源的另一极性端，电流线圈的另一端则接在负载输入端。图 1-3-5 是电压量程为 250 V 时功率表的接线示意图。若发现指针反转，可通过改变正反转选择开关位置，使指针作正向偏转。

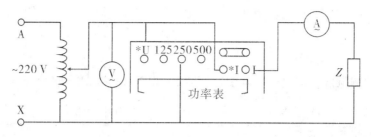

图 1 - 3 - 5　功率表测量接线示意图

（2）功率测量量程的选择。

选择功率表的量程应根据所测负载的电压和电流的最大值来分别选择电压量程和电流量程。通常功率表有两个电流量程和三个电压量程，功率表是否过载，不能仅仅根据表的指针是否超过满偏转来确定。因为当功率表的电流线圈没有电流时，即使电压线圈已经过载而将要烧坏，功率表的读数却仍然是零；反之亦然。

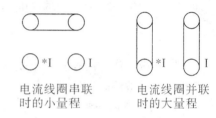

图 1 - 3 - 6　用连接片改变电流量程

所以，必须保证功率表的电流线圈和电压线圈都不过载。一定要使电压量程能承受负载电压，电流量程大于负载电流，不能只考虑功率大小。

电流量程的扩大一般是通过改变两个电流线圈的连接方式来达到。当两个线圈串联时，为电流的小量程即功率表面板上的额定电流值；当两个线圈并联时，可将电流的量程扩大一倍为电流的大量程，即为额定电流值的两倍。其接线方式如图 1 - 3 - 6 所示。

（3）功率表的读数方法。

在多量程功率表中，刻度盘上只有一条标尺，它不标明瓦特数，只标出分格数。因此，被测功率须按下式换算得出，即

$$P = Ca$$

式中，P 为被测功率，单位为 W（瓦特）；C 为电表功率常数，单位为 W/div（瓦/格）；a 为电表偏转指示格数。

测量时，读出指针偏转格数 a 后，再乘以 C 就等于所测功率数值。普通功率表的功率常数为：

$$C = \frac{U_N I_N}{a_m}$$

式中，U_N 为电压线圈额定量程，I_N 为电流线圈额定量程，a_m 为标尺满刻度总格数。

例如，D26 - W 型功率表的标尺满刻度总格数为 125 格，若电压量程选择 250 V，电流量程选择 1 A，则电表的功率常数为：

$$C = \frac{250 \times 1}{125} = 2 \quad （W/div）$$

低功率因数功率表的功率常数为：

$$C = \frac{U_N I_N \cos \varphi_N}{a_m}$$

式中，$\cos \varphi_N$ 为电表额定功率因数，在电表刻度盘上标出。

测量低功率因数交流负载功率时，应采用低功率因数功率表。因为普通功率表满偏的条件是额定电压、额定电流及额定功率因数（$\cos \varphi = 1$），当测量功率因数的负载很低（如变压器、电机空载运行）时，功率表读数很小，从而会给测量结果带来不容许的误差。低功率因数功率表专为适应低功率因数状态下功率的测量，它采用补偿线圈或补偿电容的办法减少误差，同时采用带光标指示器的张丝结构，减小摩擦力矩的影响，以提高仪表灵敏度。

四、实验内容

1. 用三表法测量交流电路元件参数（验证性实验）

（1）按如图 1-3-3 所示连接实验电路。

（2）分别测量电阻 R（15 W 灯泡）、电感线圈 L（日光灯镇流器）和电容 C（风扇启动电容）的等效参数。对每个元件测量 3 次，将测量数据记入表 1-3-1 中，并完成有关计算。

表 1-3-1 基本元件交流参数测量数据记录

被测元件	测量值			计算值				
	U（V）	I（mA）	P（W）	Z（Ω）	$\cos \varphi$	R（Ω）	L（mH）	C（μF）
灯泡电阻 R	50							
	100							
	150							
	平均值							
电感线圈 L	100							
	150							
	200							
	平均值							
电容 C	50							
	100							
	150							
	平均值							

（3）分别测量电感线圈 L（日光灯镇流器）与电容 C（风扇启动电容）串联、并联后的等效参数，并用并联试验电容方法判别串联、并联后阻抗的性质。自行设计表格，记录有关数据及完成相关计算。

2. 交流电路的 KCL、KVL 验证（综合设计性实验）

利用上面的电阻、电容、电感，设计交流电路的 KCL、KVL 验证实验。要求给出验证实验电路及电路中各元器件的具体参数，列出实验所需要的主要设备和材料，写出实验内容，设计相应的实验数据记录表格，并进行实验验证。

实验注意事项：

① 自耦变压器在接通电源前，应将其手柄置在零位上，调节时，使其输出电压从零开始逐渐升高。每次改接电路或实验完毕，都必须将其旋柄慢慢调回零位后再切断电源。

② 实验电路通电前，要仔细检查，确保交流电压表、电流表和功率表接线正确，各表量程合适。读数时要注意量程和单位。

③ 注意每次实验电流不得超过元件的允许值。

五、预习要求

（1）熟悉实验原理，了解实验内容，学习交流电压表、电流表和功率表的使用方法。

（2）确定综合设计性实验（实验内容2）方案。

六、实验报告与思考题

（1）按实验内容整理记录数据，完成数据记录表格中的有关计算。

（2）试用电流随串、并联阻抗的变化关系作定性分析，分别证明串、并联试验电容判别阻抗性质方法的可靠判定条件。

实验1.4 日光灯电路与功率因数的提高研究

一、实验目的

(1) 了解日光灯的工作原理，学会安装日光灯电路。

(2) 学习提高功率因数的方法，理解提高功率因数的实际意义。

(3) 掌握交流电压表、电流表和功率表的使用方法。

二、实验设备及材料

通用电学实验台，单相交流调压器，交流电压表、交流电流表、功率表，日光灯套件（灯管、镇流器、启辉器），电容器若干和导线一批。

三、实验原理

1. 日光灯工作原理

日光灯电路主要由灯管、镇流器和启辉器三部分组成。

灯管是一根两端各装有灯丝和电极的密封圆形玻璃管，内壁涂有一层均匀的荧光粉（卤磷酸钙）。管内抽成真空之后，注入少量惰性气体（如氩气、氖气等）和少量水银，涂在灯丝上的金属氧化物（如氧化钡、氧化锶等）形成电极。当灯管预热后再在两极间加上一定电压，灯管就会被点燃。镇流器实质上就是一个铁心线圈，用以限制通过灯管的电流，以及启动时与启辉器配合产生足够的瞬时高压（自感电动势），使灯管点燃。启辉器又称启动器，是一个小型辉光放电氖泡，内部装有两个电极触片，一个是固定的静触片，一个是倒"U"形的可动触片。可动触片由两种膨胀系数相差较大的双金属片黏合一起制成。两触片之间并联有一小电容器，以避免启辉器两触头断开时产生火花烧坏触头，同时亦可防止灯管内部气体放电时产生的电磁波对无线电设备的干扰。

常见日光灯接线电路如图1-4-1所示。当接通电源时，灯管未被点亮而不导电，电源电压（220 V）全部加在启辉器两端，此电压高于起辉电压（135 V左右），启辉器的双金属片与静触片之间发生辉光放电。辉光放电产生的热量使双金属片伸展，动触片与静触片相碰，使触点闭合，接通由镇流器和灯管的两组灯丝构成的电路，灯丝预热并发射电子，发射出的电子促使灯管内的氩气分子游离，灯丝预热产生的热量使管子里的水银蒸发变成水银蒸汽。

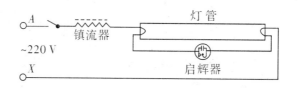

图 1-4-1　日光灯接线电路

启辉器双金属片与静触片相碰使触点闭合的同时，氖泡内两电极间电压下降为零，辉光放电停止，双金属片开始冷却，渐向原位收缩，触点断开。在触点断开的一瞬间，原来接通的镇流器、灯丝回路变成断开状态，使镇流器线圈两端产生一个相当高的自感电动势。此电动势与电源电压共同加在灯管的两端，促使灯管里的水银蒸汽和氩气离子发生弧光放电。放电产生的紫外线散射到荧光粉上，发出一种近似日光的可见光。

灯管被点燃后，镇流器起限制灯管电流的镇流作用，灯管两端电压只有 120 V 左右（或更低，具体视实际情况而定），此电压低于启辉器的起辉电压，因此启辉器不会发生辉光放电而再次启动，而是一直处于开路状态。

2. 提高功率因数的方法及其意义

在正弦交流电路中，无源二端网络吸收的有功功率

$$P = UI\cos \varphi \qquad (1-4-1)$$

式中，$\cos \varphi$ 称为功率因数；φ 是功率因数角，即负载的阻抗角。φ 越大，功率因数越小。

在实际电路中，作为动力的异步电动机是感性负载，功率因数一般为 0.70 ~ 0.85。使用电感镇流器的日光灯电路的功率因数为 0.3 ~ 0.5，感应加热装置的功率因数也小于 1。

当电源电压、负载功率一定时，功率因数低，电源提供的功率除一部分是负载所需要的有功功率外，能量的另一部分作为无功功率贮存在负载中，这部分能量在电源与负载之间来回吞吐，不但使输电线路的电流增大，引起线路损耗的增加，降低了输电效率，而且使发电设备的容量不能被充分利用。因此，提高用电负载的功率因数，对于降低电能损耗、提高电源设备的利用率和供电质量，具有重要的经济意义。

提高功率因数的常用方法就是与感性负载并联电容器。在保证感性负载获得的有功功率不变的情况下，减小与电源相接电路的阻抗角（即功率因数角），从而提高了功率因数。例如，电路初始感性负载（R 与 L 串联）的功率因数角为 φ_1，并联电容器 C 后的功率因数角为 φ，则并联到负载两端的电容器的值为：

$$C = \frac{P}{\omega U^2}(\tan \varphi_1 - \tan \varphi) \qquad (1-4-2)$$

四、实验内容

1. 日光灯电路的测量（验证性实验）

按如图 1-4-2 所示连接实验电路，开关 K 断开，不接入电容器。调节自耦变压器，使其输出电压缓慢增大，直到日光灯刚刚起辉点亮为止，记下三表的指示值。然后

将电压调至 220 V，测量功率 P、总电流 I、总电压 U、镇流器两端电压 U_L 及灯管两端电压 U_A，将测量数据记入表 1 - 4 - 1 中，并根据测量数据完成相关计算（计算方法参考实验 1.3 交流参数测定）。

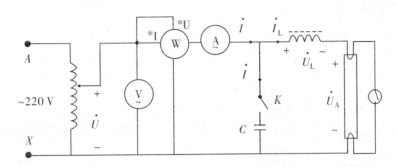

图 1 - 4 - 2   日光灯实验测量电路

表 1 - 4 - 1   日光灯电路工作参数测量数据记录

测量参数	测量值					计算值			
	U (V)	P (W)	I (mA)	U_L (V)	U_A (V)	全电路 $\cos\varphi$	灯管 R (Ω)	镇流器 R (Ω)	镇流器 L (H)
起辉值									
正常工作值	220								

2. 功率因数提高研究（研究性实验）

（1）调节自耦变压器，保持输出电压为 220 V。在日光灯电路并联接入不同容量的电容器（至少 3 个，有条件时可适当增加），分别测量功率 P、总电流 I、通过镇流器的电流 I_L 及电容器电流 I_C，将测量数据记入表 1 - 4 - 2 中，并根据测量数据完成计算。

（2）根据实验测量数据分析，试验探索并联最佳补偿电容值。

表 1 - 4 - 2   功率因数提高研究测量数据记录 $U = 220$ V

并联电容值 (μF)	测量值				计算值
	P (W)	I (mA)	I_L (mA)	I_C (mA)	$\cos\varphi$
1					
2					
$\vdots$					

实验注意事项：

① 自耦变压器在接通电源前，应将其手柄置于零位上，调节时，使其输出电压从零开始逐渐升高。每次改接电路或实验完毕，都必须将其旋柄慢慢调回零位后再切断电源。

② 日光灯启动电流较大，测量时应注意选择仪表的合适量程，以防止损坏仪表。

③ 日光灯电路要根据灯管功率，选择与之相应规格的镇流器配套使用。

④ 安装日光灯线路时，不能将交流电源不经过镇流器而直接接在灯管两端。应注意把电源开关安装在相线（即火线）上。

五、预习要求

（1）学习交流电压表、电流表和功率表的使用方法。

（2）了解日光灯的工作原理，学习安装日光灯线路。

（3）熟悉实验原理，了解实验内容，明确实验内容中相关计算的原理及方法。

六、实验报告与思考题

（1）按实验内容整理记录数据，完成数据记录表格中的有关计算。

（2）根据日光灯电路的测量实验数据表 1－4－1，绘出日光灯正常工作时各电压、电流的相量图，验证相量形式的基尔霍夫定律。

（3）根据功率因数提高研究实验测量数据分析，总结提高电路功率因数的方法。并联电容器是否越大越好？能否采用串联电容器的方法提高电路功率因数？

（4）目前日光灯电路正逐步推广使用电子镇流器，查阅资料，了解电子镇流器的结构。

实验 1.5　三相交流电路的测量

一、实验目的

（1）熟悉市电三相电源的联接方式。
（2）掌握三相负载星形（Y）联接和三角形（△）联接的方法。
（3）验证对称三相负载电路的线电压与相电压、线电流与相电流之间的关系。
（4）充分理解三相四线供电系统中线的作用。

二、实验设备及材料

通用电学实验台，三相电源，交流电流表、交流电压表（或万用表），灯泡若干和导线一批。

三、实验原理

1. 三相电源

通常把三相电源（包括发电机和变压器）的三相绕组接成星形（Y）或三角形（△）向外供电。我国电力系统低压供电方式主要是对称星形联接三相交流电源，三相电动势的幅值（或有效值）相等，频率相同，相位相差 120°。采用三相四线制供电系统，有三根相线（又称端线，俗称火线），分别用 A、B、C 表示；一根中线（又称零线，经常被错误地称为地线），用 N 表示，如图 1-5-1 所示。

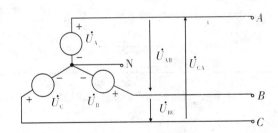

图 1-5-1　三相电源的星形联接

星形联接三相电源任一根相线与中线之间的电压（火线与零线之间的电压）称为相电压，其有效值用 U_A、U_B、U_C 表示，一般通用 U_P 表示。以 A 相作为参考相量的相电压定义为：

$$u_A = \sqrt{2}U\sin\omega t$$
$$u_B = \sqrt{2}U\sin\ (\omega t - 120°)$$
$$u_C = \sqrt{2}U\sin\ (\omega t + 120°)$$

$$(1-5-1)$$

任意两根相线之间的电压（火线与火线之间的电压）称为线电压，其有效值用 U_{AB}、U_{BC}、U_{CA} 表示，一般通用 U_L 表示。根据基尔霍夫定律的相量形式，有

$$\dot{U}_{AB} = \dot{U}_A - \dot{U}_B$$
$$\dot{U}_{BC} = \dot{U}_B - \dot{U}_C$$
$$\dot{U}_{CA} = \dot{U}_C - \dot{U}_A$$

$$(1-5-2)$$

线电压 U_L 是相电压 U_P 的 $\sqrt{3}$ 倍，相位比对应的相电压超前30°，即

$$\dot{U}_L = \sqrt{3}\dot{U}_P\angle 30°$$

$$(1-5-3)$$

按照我国电气标准，照明、电热及中小功率电动机等用电设备的供电系统一般采用 380/220 V 三相四线制，线电压为 380 V，相电压为 220 V，工频（供给交流电源频率） $f = 50$ Hz。在配电线中为了区分三相电源的相序，作为参考相量的 A 相相线通常采用黄色外皮导线，B 相用绿色，C 相用红色，而中线则用黑色或者黄绿色相间的导线。

2. 负载的星形（Y）联接

图 1-5-2 所示为三相四线制电路，三相电路电源、负载均采用星形（Y）联接，而且电源与负载中点保持中线连接时（ Y_0 接法），每相电路相对独立，三相电路可归结为单相电路的计算，其中中线电流 $\dot{I}_0 = \dot{I}_A + \dot{I}_B + \dot{I}_C$ ，并且线电流等于相电流：

$$\dot{I}_L = \dot{I}_P$$

$$(1-5-4)$$

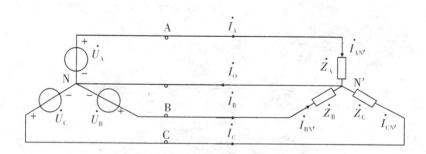

图 1-5-2 三相负载星形联接电路

当各相负载完全相同（负载对称）时，星形联接负载的线电压 U_L 是相电压 U_P 的 $\sqrt{3}$ 倍，相位超前30°，即有

$$\dot{U}_L = \sqrt{3}\dot{U}_P\angle 30°$$

$$(1-5-5)$$

且中线电流 $I_0 = 0$ ，中线电压 $U_{NN'} = 0$ ，所以可以省去中线。

当负载不对称时，星形联接负载的中线电流 $I_0 \neq 0$ 。倘若中线阻抗很小可以忽略，可近似认为 $U_{NN'} = 0$ 时，中线仍可以保持不对称负载的各相电压对称不变。

若星形联接不对称负载的中线断开，电源仍保持对称，但由于中线电压不为零，则负载相电压不再对称，致使负载轻的那一相的相电压升高，负载重的那一相的相电压降低，损耗用电器。

3. 负载的三角形（△）联接

三相负载作三角形联接（见图 1-5-3）时，线电压等于相电压：

$$\dot{U}_\text{L} = \dot{U}_\text{P} \tag{1-5-6}$$

当负载对称时，三角形联接负载的线电流 I_L 是相电流 I_P 的 $\sqrt{3}$ 倍，相位超前对应的相电流 30°，即有

$$\dot{I}_\text{L} = \sqrt{3}\dot{I}_\text{P} \angle 30° \tag{1-5-7}$$

当负载不对称时，三角形联接负载的线电流 $I_\text{L} \neq \sqrt{3}I_\text{P}$，但只要电源的线电压对称，加在三相负载上的电压仍是对称的，对各相负载工作没有影响。

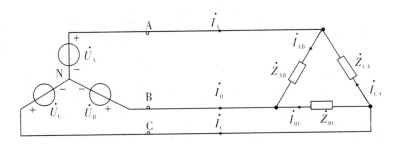

图 1-5-3　三相负载三角形联接电路

四、实验内容

1. 三相电源测试（验证性实验）

测量三相电源线电压与相电压，记入表 1-5-1 中，并验证其关系。

表 1-5-1　三相电源测量数据记录

电源线电压 U_L			电源相电压 U_P			U_L 与 U_P 的关系
U_AB	U_BC	U_CA	U_AN	U_BN	U_CN	

2. 三相负载星形（Y）联接电路的电压电流关系（验证性实验）

（1）按如图 1-5-4 所示连接实验电路。

（2）对称负载（K_1 闭合）。分别测量有中线（K_2 闭合）和无中线（K_2 断开）时的各线电压、相电压、线电流（相电流）及中线电压、电流，记入表 1-5-2 中。

（3）不对称负载（K_1 断开）。分别测量有中线（K_2 闭合）和无中线（K_2 断开）时的各线电压、相电压、线电流（相电流）及中线电压、电流，记入表 1-5-2 中。注意

观察不对称负载无中线时各相灯泡亮度的变化。

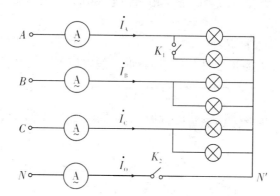

图 1 - 5 - 4　三相负载星形联接实验测量电路

表 1 - 5 - 2　三相负载星形联接电路测量数据记录

		U_{AB} (V)	U_{BC} (V)	U_{CA} (V)	$U_{AN'}$ (V)	$U_{BN'}$ (V)	$U_{CN'}$ (V)	$U_{NN'}$ (V)	I_A (mA)	I_B (mA)	I_C (mA)	$I_{NN'}$ (mA)
对称负载	有中线											
（K_1 闭合）	无中线											
不对称负载	有中线											
（K_1 断开）	无中线											

3. 三相负载三角形（△）联接电路的电压电流关系（验证性实验）

（1）按如图 1 - 5 - 5 所示连接实验电路。

（2）分别测量对称负载（K_1 断开）和不对称负载（K_1 闭合）时的各线电压、线电流及各相电流，记入表 1 - 5 - 3 中。

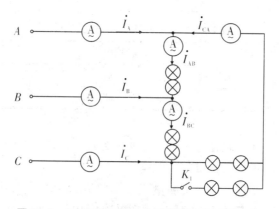

图 1 - 5 - 5　三相负载三角形联接实验测量电路

表 1 - 5 - 3　三相负载三角形联接电路测量数据记录

	$U_{AB}(V)$	$U_{BC}(V)$	$U_{CA}(V)$	$I_A(mA)$	$I_B(mA)$	$I_C(mA)$	$I_{AB}(mA)$	$I_{BC}(mA)$	$I_{CA}(mA)$
对称负载（K_1 断开）									
不对称负载（K_1 闭合）									

实验注意事项：

① 注意电路的简洁，接好电路所有元器件后，应认真检查电路，确认无短路情况才可接通电源。

② 注意正确把测量仪表接入电路：电压表并联，电流表要串联接入电路。在测量过程中要注意及时调整仪表量程或换挡。

③ 实验用 380/220 V 交流电源。在操作时要特别注意人身安全，不能用手去碰电路中裸露的金属物，改接电路时，一定要先行切断电源。

4. 测定三相电源的相序（综合设计性实验）

利用在星形联接不对称负载的电路中线断开时，负载相电压不再对称的现象，设计测定三相电源相序的实验。要求给出实验电路及电路中各元器件的具体参数，列出实验所需要的主要设备和材料，写出实验内容，设计相应的实验数据记录表格，并进行实验验证。

设计提示：利用星形联接的不对称负载作为三相电源相序指示器电路，其中一相负载为电容 C，其余两相为相同的灯泡（纯电阻负载 R）。如接入线电压为 380 V 电网，可取 $C = 4.7\ \mu F/630\ V$，其余两相 R 各用两个 15 W/220 V 的灯泡串联。

五、预习要求

（1）熟悉三相交流电源及负载的星形（Y）联接和三角形（△）联接电路的特点。

（2）练习三相负载星形联接和三角形联接电路。

（3）确定综合设计性实验（实验内容 4）方案。

六、实验报告与思考题

（1）按实验内容整理记录数据，验证三相电源线电压与相电压的关系（完成表 1 - 5 - 1）。

（2）用实验测量数据验证对称三相负载电路线电压与相电压、线电流与相电流的关系。

（3）用实验测量数据和观察到的现象，总结三相四线制供电系统中线的作用。中线上能安装保险丝吗？为什么？

（4）不对称的三角形联接的负载能否正常工作？实验是否证明这一点？

（5）根据不对称负载三角形联接时的相电流值作相量图，并求出线电流值。然后与实验测得的线电流作比较，并分析原因。

实验 1.6 单相变压器的测量

一、实验目的

（1）了解小型变压器的基本结构，熟悉变压器的基本参数和特性。
（2）学会变压器绕组同极性端（同名端）的判别方法。
（3）测定变压器的参数和外特性。

二、实验设备及材料

通用电学实验台，小型单相变压器，自耦变压器，交流电压表、交流电流表、万用表，灯泡等。

三、实验原理

1. 变压器绕组同极性端（同名端）的判别方法
变压器绕组的同极性端（同名端），是指通过各绕组的磁通发生变化时，在某一瞬间，各绕组上感应电动势或感应电压极性相同的端钮。测定变压器同名端，可以判断变压器输出与输入信号是反相还是同相。用实验方法测定变压器绕组同极性端，通常采用交流法和直流法两种方法。

（1）交流法。如图 1-6-1 所示，将变压器的两个绕组①-②和③-④的任意两个端点（如②和④）串联起来，在其中一个绕组（如①-②）两端加上一个比较低的电压（10~40 V，可用自耦变压器调节输出），用电压表分别测量两绕组的电压 $U_{①②}$、$U_{③④}$ 和串联的总电压 $U_{①③}$。若 $U_{①③} = U_{①②} - U_{③④}$，则①和③是同极性端；若 $U_{①③} = U_{①②} + U_{③④}$，则①和④是同极性端。

（2）直流法。如图 1-6-2 所示，$E = 2 ~ 3$ V。在开关 K 闭合瞬间，若直流检流计的指针正向偏转，则①和③是同极性端；若反向偏转，则①和④是同极性端。

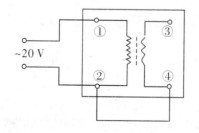

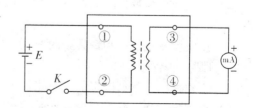

图 1-6-1 交流法测定变压器同极性端   图 1-6-2 直流法测定变压器同极性端

2. 变压器的主要参数

（1）变压比 K_u。

变压器原绕组与电源联接，而副绕组与负载断开，则称为变压器的空载运行。变压器空载、原绕组接额定电压时，原、副绕组电压的比，称为变压器的变压比 K_u。

$$K_u = U_{IN}/U_{20} \approx N_1/N_2 \tag{1-6-1}$$

式中，N_1、N_2 分别为变压器原、副绕组的匝数。

（2）变流比 K_i。

变压器空载运行时，副边电流为零，这时原边从电源取用的电流称为变压器的空载电流 I_0。若将变压器的副绕组与负载接成闭合电路，则为变压器的负载运行。当变压器负载运行时，副边有电流通过，增大负载时，原边电流随副边电流的增大而增大，当接近额定电流（满载）时，原、副边电流的比称为变压器的变流比 K_i。

$$K_i = I_1/I_2 \approx N_2/N_1 = \frac{1}{K_u} \tag{1-6-2}$$

（3）变压器效率 η。

变压器效率 $\eta = P_1/P_2 \times 100\%$，其中，$P_1$ 是原边吸收功率，P_2 是副边负载消耗功率。变压器效率在越接近满载时越高，大型变压器通常可达 98% 以上。

3. 变压器的外特性

变压器负载运行时，由于副绕组内阻抗的存在，副边电压较空载时有所变化，若接电感性或电阻性负载，副边端电压将随负载的增加而下降，但下降幅度不大。在原边电源电压不变的情况下，变压器副边电压 U_2 随副边电流 I_2 变化的关系称为变压器外特性。如副边空载电压为 U_{20}，当 I_2 增加到额定值 I_{2N} 时的端电压为 U_{2N}，则电压调整率 ΔU 表示为：

$$\Delta U = \frac{U_{20} - U_{2N}}{U_{20}} \times 100\% \tag{1-6-3}$$

四、实验内容

1. 变压器绕组同极性端的判别（验证性实验）

（1）用万用表电阻挡测量变压器出线端的通断情况及电阻大小。电阻大的判断为原边高压绕组，电阻小的则为副边低压绕组。然后据此任意标定变压器高压绕组的首末端 A、X 和低压绕组的首末端 a、x。

（2）按图 1-6-3 所示连接实验测试电路，将 X、x 两点短接，把交流电源接到高压绕组端子 A、X 上。

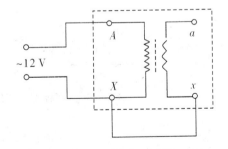

图 1-6-3　变压器绕组同极性端测试

（3）将可调交流电源的输出调至 12 V，用交流电压表分别测量 U_{AX}、U_{ax}、U_{Aa}，并将测量结果记入表 1-6-1 中。若 $U_{Aa} = U_{AX} - U_{ax}$，则变压器首末端标记正确；若

$U_{Aa} = U_{AX} + U_{ax}$，则变压器标记错误，只需将 a 和 x 端对调即可。

2. 变压器空载测试（验证性实验）

空载实验通常是将高压侧开路，由低压侧通电进行测量。实验线路如图 1-6-4 所示，因变压器空载时阻抗很大，故将电压表接在电流表外侧。变压器空载时功率因数也很低，若测量功率则应采用低功率因数瓦特表。

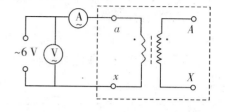

图 1-6-4　变压器空载实验测试

（1）按图 1-6-4 所示连接实验电路，将可调交流电源的输出调至最低，变压器低压侧接至可调交流电源的输出端，高压侧开路。

（2）合上电源开关，将可调交流电源输出调至实验变压器副边额定输出电压 U_{2N}（本实验用变压器 $U_{2N} = 6$ V），测量并记录变压器高、低压侧电压 U_{AX}、U_{ax} 及低压侧电流 I_{20}，此时变压器空载电流 $I_0 \approx U_{ax} \cdot I_{20} / U_{AX}$。将测量数据记入表 1-6-2 中。

表 1-6-1　变压器同极性端测试数据记录　单位：V

U_{AX}	U_{ax}	U_{Aa}	测试结果
			$U_{Aa} =$

表 1-6-2　变压器空载测量数据记录

U_{AX}（V）	U_{ax}（V）	I_{20}（mA）	I_0（mA）

3. 变压器外特性测试（验证性实验）

（1）按图 1-6-5 所示接线，开关 K_1、K_2、K_3 全部断开。经检查无误后，调节可调交流电源的输出，使变压器的原边电压为其额定电压 U_{1N}（本实验用变压器 $U_{1N} = 12$ V），测量此时变压器副边的电压（即副边空载电压 U_{20}），并记入表 1-6-3 中。

（2）保持原边电压为额定值，在以下三种情况下，分别测量副边电压 U_2 和电流 I_2，并记入表 1-6-3 中：①开关 K_1 闭合，K_2、K_3 断开；②开关 K_1、K_2 闭合，K_3 断开；③开关 K_1、K_2、K_3 全部闭合。

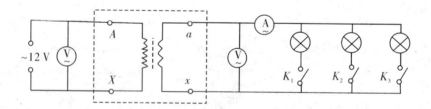

图 1-6-5　变压器外特性测试实验电路

表 1-6-3　变压器外特性测试数据记录

	空载（K 全断开）	K_1 闭合，K_2、K_3 断开	K_1、K_2 闭合，K_3 断开	K_1、K_2、K_3 闭合
U_2（V）				
I_2（mA）				

实验注意事项：

① 实验电路通电前，要仔细检查确保电路连接正确，特别要注意变压器的高、低压端不能弄反，否则会烧毁灯泡。

② 应注意根据实际使用的变压器参数选择配置实验材料（特别是灯泡的额定电压），并适当调整测量数据。本实验内容是以 12/6 V 降压变压器为例设计的。

4. 测定变压器效率 η（综合设计性实验）

设计测定变压器效率实验。要求给出实验电路及电路中各元器件的具体参数，列出实验所需要的主要设备和材料，写出实验内容，设计相应的实验数据记录表格，并进行实验验证。

五、预习要求

（1）了解变压器的工作原理，熟悉变压器的基本参数和特性。

（2）确定综合设计性实验（实验内容 4）方案。

六、实验报告与思考题

（1）根据测量结果，画图并用"·"标出你在实验中使用的变压器的同极性端。

（2）根据测量数据计算变压器的变压比 K_u；作出实验变压器的外特性曲线 $U_2 = f(I_2)$，同时计算电压变化率 ΔU。

2 数字电子电路实验

实验 2.1 TTL 集成逻辑门的功能和参数测试

一、实验目的

(1) 熟悉数字电路实验箱各部分电路的基本功能和使用方法。

(2) 熟悉 TTL 集成逻辑门电路实验芯片的外形和引脚排列。

(3) 掌握实验芯片门电路的逻辑功能和主要参数的测试方法。

二、实验设备及材料

数字逻辑电路实验箱及扩展板，双踪示波器，直流电压表，毫安表，数字万用表，集成芯片 74LS00（四 2 输入与非门）、74LS04（六反相器）、74LS08（四 2 输入与门）、74LS10（三 3 输入与非门）、74LS20（二 4 输入与非门）和导线若干。

三、实验原理

1. 数字电路基本逻辑单元的工作原理

数字电路工作过程是数字信号，而数字信号是一种在时间和数量上不连续的信号。

(1) 反映事物逻辑关系的变量称为逻辑变量，通常用 "0" 和 "1" 两个基本符号表示两个对立的离散状态，反映电路上的高电平和低电平，称为二值信息。若变量 Y 的状态由变量 A、B、C……的状态决定，则称 Y 是 A、B、C……的逻辑函数。A、B、C……称为输入变量，Y 称为输出变量。

(2) 数字电路中的二极管有导通和截止两种对立的工作状态。三极管有饱和、截止两种对立的工作状态。它们都工作在开、关状态，分别用 "1" 和 "0" 来表示导通和断开的情况。

(3) 在数字电路中，以逻辑代数作为数学工具，采用逻辑分析和设计的方法来研究电路输入状态和输出状态之间的逻辑关系，而不必关心具体的大小。

2. TTL 集成与非门电路的逻辑功能的测试

TTL 集成与非门是数字电路中广泛使用的一种逻辑门。实验采用二 4 输入与非门 74LS20 芯片，其内部有两个互相独立的与非门，每个与非门有 4 个输入端和 1 个输出端。74LS20 芯片引脚排列和逻辑符号如图 2-1-1 所示。

与非门的逻辑功能是："输入信号只要有低电平，输出信号为高电平；输入信号全为高电平，输出则为低电平"（即有 0 得 1，全 1 得 0）。

在测试与非门的逻辑功能时，输入端接至逻辑拨位开关，开关向上为逻辑 "1"，相应灯亮；开关向下为逻辑 "0"，相应灯不亮。输出端接发光二极管显示，亮为逻辑 "1"，不亮则为逻辑 "0"。

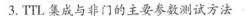

（a）引脚排列　　（b）逻辑符号

图 2-1-1　74LS20 集成芯片引脚排列和逻辑符号

3. TTL 集成与非门的主要参数测试方法

（1）导通电源电流 I_{CCL} 与截止电源电流 I_{CCH}。

I_{CCL} 是指输出端空载，所有输入端全部悬空（与非门处于导通状态），电源提供器件的电流。I_{CCH} 是指输出端空载，每个门各有一个以上的输入端接地，其余输入端悬空（与非门处于截止状态），电源提供器件的电流，测试电路如图 2-1-2 所示。通常 $I_{CCL} > I_{CCH}$，它们的大小标志着与非门在静态情况下的功耗大小。

导通功耗：$$P_{CCL} = I_{CCL}V_{CC} \qquad (2-1-1)$$

截止功耗：$$P_{CCH} = I_{CCH}V_{CC} \qquad (2-1-2)$$

由于 I_{CCL} 较大，通常手册给出的功耗是指 P_{CCL}。

（2）低电平输入电流 I_{IL} 与高电平输入电流 I_{IH}。

I_{IL} 是指被测输入端接地，其余输入端悬空，由被测输入端流出的电流，如图 2-1-3（a）所示。在多级门电路中它相当于前级门输出低电平时，后级向前级门灌入的电流，I_{IL} 的大小关系到前级门的灌电流负载能力，因此，希望 I_{IL} 小。

I_{IH} 是指被测输入端接高电平，其余输入端接地，输出端空载，流入被测输入端的电流，如图 2-1-3（b）所示，在多级门电路中它相当于前级门输出高电平时，前级门的拉电流负载，I_{IH} 的大小关系到前级门的拉电流负载能力，因此，希望 I_{IH} 小。由于 I_{IH} 较小则难以测量，一般不测试该项内容。

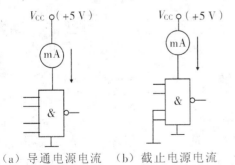

（a）导通电源电流　（b）截止电源电流

图 2-1-2　静态功耗参数测试电路

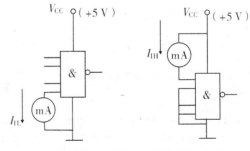

（a）低电平输入电流　（b）高电平输入电流

图 2-1-3　电流参数测试电路

（3）扇出系数 N_0。

N_0 为与非门在输出为低电平 U_{OL} 时，能够驱动同类门的最大数目。测试时，低电平扇出系数 N_{OL} 计算如式（2-1-3）所示，测试电路如图 2-1-4 所示。

$$N_{OL} = \frac{I_{OL}}{I_{IL}} \qquad\qquad (2-1-3)$$

式中，I_{IL} 是指一个输入端接地，其余输入端悬空，输出端空载时从接地输入端流出的电流。一般 $I_{IL} \leqslant 1.6\ mA$。I_{OL} 是指输出端为低电平时能够灌入的最大电流，一般 $N_0 \geqslant 8$。

高电平扇出系数为 N_{OH}。由于 $I_{IH} \ll I_{IL}$，$N_{OH} \gg N_{OL}$，故通常以低电平扇出系数 N_{OL} 作为门的扇出系数。

（4）电压传输特性。

电压传输特性的测试方法很多，最简单的方法是逐点测试法，测试电路如图 2-1-5 所示。调节电位器，可逐点测出输入电压 V_i 和输出电压 V_o，绘出电压传输特性曲线。

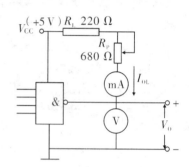

图 2-1-4　低电平扇出系数测试电路

（5）平均传输延迟时间 $\overline{t_{pd}}$。

$\overline{t_{pd}}$ 是表征器件开关速度的参数。当与非门的输入为方波时，其输出波形的上升沿和下降沿均有一定的延迟时间。一般平均传输延迟时间为几纳秒至几十纳秒。

$\overline{t_{pd}}$ 测量如图 2-1-6 所示，分别测出平均传输时间 $\overline{t_{pd}}$ 的值。CP 取连续脉冲，观察 V_o 和 CP 的异同，说明 74LS00 的作用，用双踪示波器观察并记录 V_o 和 CP 波形，分析测量芯片的平均传输延迟时间 $\overline{t_{pd}}$ 值是否合理。

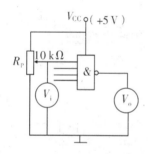

图 2-1-5　电压传输特性测试电路

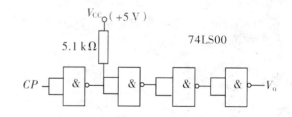

图 2-1-6　门电路延迟时间测试电路

4. TTL 门和 CMOS 门电路多余输入端的处理

（1）对于与门、与非门多余输入端的处理方式是：CMOS 门多余输入端接高电平，即接电源电压，电路的输入端不可悬空。对于 TTL 门多余输入端可接电源，或通过大电阻接地。小规模集成芯片可悬空，悬空相当于正逻辑"1"。但是，中规模集成芯片输入端悬空，易受外界干扰，破坏电路的逻辑功能。

（2）对于或门、或非门多余的输入端处理方式是：①接低电平；②接地；③通过电阻接地。但 TTL 门必须通过电阻（阻值 1 kΩ 以下）接地，才能保证输入端为低电平。

5. 使用 TTL 集成电路的注意事项（以 TTL 与非门为例）

（1）集成芯片插入管座时，要认清定位标记，不得插反。

（2）电源电压使用范围为 +4.5 ~ +5.5 V，实验使用 V_{CC} = +5 V。电源绝对不允许接错。

（3）输出端不允许直接接电源 +5 V 或直接接地，否则会导致器件损坏。

（4）除集电极开路输出门和三态输出门外，不允许几个 TTL 器件输出端并联使用，否则会使电路逻辑功能混乱，损坏器件。

四、实验内容

1. 验证 TTL 集成芯片 74LS00、74LS04、74LS08、74LS10、74LS20 逻辑门的逻辑功能

实验逻辑门集成芯片插在扩展板上。芯片 V_{CC} 电源为 +5V，"GND" 为地。74LS20 芯片按图 2 - 1 - 1 所示连接，二进制的输入端 A、B、C、D 接逻辑拨位开关，灯亮为高电平逻辑 "1"，灯灭为低电平逻辑 "0"，输出端 Y 接发光二极管显示。按照真值表逐项测试。但是，对于 74LS20 芯片有 4 个输入端的与非门，有 16 个最小项，根据与非门的逻辑功能，只要按表 2 - 1 - 1 所示的 5 项进行测试，便能判断与非门的逻辑功能是否正常。

表 2 - 1 - 1　双 4 输入与非门 74LS20 功能测试

输入端				输出端	
A_n	B_n	C_n	D_n	Y_1	Y_2
1	1	1	1		
0	1	1	1		
1	0	1	1		
1	1	0	1		
1	1	1	0		

同理，测试集成逻辑门芯片 74LS00、74LS04、74LS08、74LS10，分别自拟真值表，记录实验状态，总结各逻辑门的功能。

2. 集成芯片 74LS20 与非门主要参数的测试

（1）导通电源电流 I_{CCL} 和截止电源电流 I_{CCH}。

导通电源电流 I_{CCL} 按图 2 - 1 - 2（a）所示接线，测试结果记入表 2 - 1 - 2 中。

截止电源电流 I_{CCH} 按图 2 - 1 - 2（b）所示接线，测试结果记入表 2 - 1 - 2 中。

表 2 - 1 - 2　74LS20 芯片主要参数测试数据记录

I_{CCL}（mA）	I_{CCH}（mA）	I_{IL}（μA）	I_{OL}（mA）	$N_{OL} = \dfrac{I_{OL}}{I_{IL}}$

（2）低电平输入电流 I_{IL}。

按图 2 - 1 - 3（a）所示接线，测试结果记入表 2 - 1 - 2 中。

（3）低电平扇出系数 N_{OL}。

按图 2 - 1 - 4 所示接线，调节电位器 R_p，使输出电压 $V_o = 0.4$ V，测量此时的 I_{OL}，计算 $N_{OL} = \dfrac{I_{OL}}{I_{IL}}$，测试结果记入表 2 - 1 - 2 中。

（4）电压传输特性。

按图 2 - 1 - 5 所示接线，调节电位器 R_p，使 V_i 从 0 向高电平变化，逐点测量 V_i 和 V_o 的对应值，测试结果记入表 2 - 1 - 3 中。

表 2 - 1 - 3　逐点绘制电压传输特性数据记录

V_i（V）	0	0.2	0.4	0.6	0.8	0.9	1.0	1.2	1.6	2.0	2.4	3.0	…
V_o（V）													

示波器观察电压传输特性曲线。测试电路如图 2 - 1 - 5 所示，将输入电压接入示波器 X 轴输入端，输出电压接 Y 轴输入端（Y_A 或 Y_B），调节电位器 R_p，在屏幕上可显现输出电压随输入电压变化光点移动的轨迹，即电压传输特性曲线（示波器触发极性开关应置外接处）。

（5）平均传输延迟时间 $\overline{t_{pd}}$。

测试电路如图 2 - 1 - 6 所示，测量振荡周期，并计算平均延迟时间 $\overline{t_{pd}}$。

五、预习要求

（1）复习 TTL 集成逻辑门的有关内容，认真阅读使用 TTL 门的注意事项。

（2）了解数字电路实验箱的结构、功能及使用方法。

（3）写出集成芯片 74LS00（四 2 输入与非门）、74LS04（六反相器）、74LS10（三 3 输入与非门）及 74LS20（二 4 输入与非门）的真值表。

六、实验报告与思考题

（1）列表记录 74LS00、74LS04、74LS08、74LS10 及 74LS20 实验结果，写出各芯片的逻辑功能。

（2）画出实测电压传输特性曲线，并从中读出各有关参数值。

（3）怎样判断门电路逻辑功能是否正常？

（4）与非门一个输入端接连续脉冲，其余端什么状态时允许脉冲通过？什么状态时禁止脉冲通过？

附：实验 TTL 集成芯片引脚排列和逻辑符号

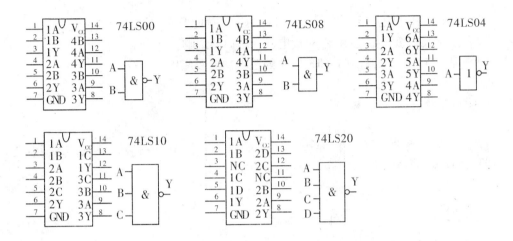

实验 2.2　TTL 集电极开路门和三态输出门的应用

一、实验目的

（1）掌握 TTL 集电极开路门（OC 门）的逻辑功能及应用。

（2）了解集电极负载电阻 R_L 对集电极开路门的影响。

（3）掌握 TTL 三态输出门（TS 门）的逻辑功能及应用。

二、实验设备及材料

数字逻辑电路实验箱及扩展板，双踪示波器，数字万用表，集成芯片 74LS03、74LS04、74LS125，220 Ω 电阻和 100 kΩ 电位器等器件。

三、实验原理

集电极开路门和三态输出门是两种特殊的 TTL 门电路，输出实现"线与"功能，即它们的输出端可以直接并联使用。而普通的 TTL 门电路，其输出级采用的是推拉式输出电路，输出阻抗低，不允许将输出端连接在一起使用。

对于集电极开路的与非门，因其输出端是悬空的，使用时一定要在输出端与电源 V_{CC} 之间接一负载电阻 R_L，其阻值根据应用条件来决定。

1. TTL 集电极开路门（Open Collector Gate，简称 OC 门）

实验的 OC 与非门集成芯片型号为 74LS03，内含四个相互独立的 2 输入 OC 与非门。工作时，输出端必须通过一个外接负载电阻 R_L 和电源 V_{CC} 相连接，以保证输出电平符合电路要求。

OC 门的应用主要有下述三个方面：

（1）利用电路的"线与"特性完成某些特定的逻辑功能，如图 2 − 2 − 1 所示，用两个以上的 OC 与非门的输出端"线与"，来完成"与或非"的逻辑功能。输出逻辑表达式为：

$$F = F_{A1,2} \cdot F_{A3,4} = \overline{A_1 A_2} \cdot \overline{A_3 A_4} = \overline{A_1 A_2 + A_3 A_4} \qquad (2 - 2 - 1)$$

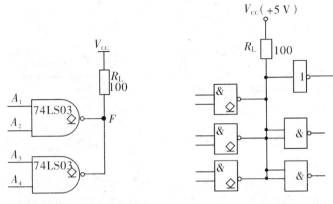

图 2 - 2 - 1　OC 与非门"线与"电路　　图 2 - 2 - 2　OC 与非门负载电阻 R_L 的确定

（2）实现多路信息采集，使两路以上的信息共用一个传输通道（总线）。

（3）实现逻辑电平转换，以推动荧光数码管、继电器及 CMOS 器件等多种器件。

注意：OC 门输出并联运用时，负载电阻 R_L 的选择十分重要。

2. TTL 集电极开路门负载电阻 R_L 的确定

图 2 - 2 - 2 为 n 个 OC 与非门"线与"驱动 m 个负载门输入端总数的 TTL 与非门，为保证 OC 门输出电平符合逻辑要求，外接负载电阻 R_L 的阻值最大值 R_{Lmax} 和最小值 R_{Lmin} 的表达式为：

$$R_{Lmax} = \frac{V_{CC} - U_{OHmin}}{nI_{OH} + mI_{IH}} \qquad (2 - 2 - 2)$$

$$R_{Lmin} = \frac{V_{CC} - U_{OLmax}}{nI_{OL} + mI_{IL}} \qquad (2 - 2 - 3)$$

外接负载电阻 R_L 一般取值为：$R_{Lmax} > R_L > R_{Lmin}$。

用 OC 与非门实现"与或非"逻辑功能比采用普通的与非门要经济，用一级的 OC 门可代替三级与非门，不仅器件少而且速度可大大提高。OC 门用来实现电平转换十分方便，常用于接口电路。

3. 三态输出门（Three - State Output Gate，简称 TS 门）

三态输出门是一种特殊的 TTL 门电路，与普通的与非门电路不同之处在于多了一个控制端（又称禁止端或使能端）。它的输出端除了通常的高电平、低电平两种状态外（这两种状态均为低阻状态），还有第三种输出状态为高阻态。处于高阻态时，电路与负载之间相当于开路。实验所用三态门的芯片型号是 74LS125（三态输出 4 总线缓冲器），引脚排列如图 2 - 2 - 3（a）所示。图 2 - 2 - 3（b）是三态输出门的逻辑符号，$\bar{E}$ 为控制端，当控制端为高电平时，输出端断开，呈现高阻态，或称"悬挂"；当控制端为低电平 $\bar{E} = 0$ 时，为正常工作状态，实现 $Y = A$ 的逻辑功能。

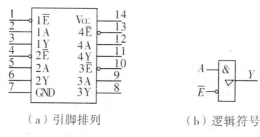

（a）引脚排列　　　　　　　（b）逻辑符号

图2-2-3　74LS125引脚排列和逻辑符号

三态输出门应用较多的是实现总线传输，即用一个传输通道（称总线），以选通方式传递多路信息。如图2-2-7所示，三态输出4总路线缓冲器的输出端直接并联到一条公共总线上。三态输出门广泛应用于计算机的数据总线相接，进行数据传输或作为数字系统中的逻辑控制。

注意：由于三态门输出电路结构与普通TTL电路相同，若同时有两个或两个以上三态门的使能端处于低电平，将出现与普通TTL线与时的同样问题，这是绝对不允许的。

四、实验内容

1. 验证集成芯片74LS03集电极开路门的"线与"功能

芯片74LS03引脚排列如图2-2-4所示。按图2-2-1所示接线，将两个OC门输出端直接并接一起接入$R_L = 100\ \Omega$，芯片电源$V_{CC} = +5\ V$。用数字万用表，测试输出F点电压，填表2-2-1。验证逻辑表达式$F = F_{A1,2} \cdot F_{A3,4} = \overline{A_1 A_2} \cdot \overline{A_3 A_4} = \overline{A_1 A_2 + A_3 A_4}$，满足"线与"功能或实现"与或非"的逻辑功能。

表2-2-1　OC门逻辑功能测试

输入				输出	
A_1	A_2	A_3	A_4	测量F点电压（V）或接发光二极管显示	功能
0	0	0	0		
0	0	0	1		
0	0	1	1		
0	1	1	1		
1	1	1	1		

图2-2-4　74LS03集成芯片引脚排列

2. TTL集电极开路与非门74LS03外接负载电阻R_L（R_L为220 Ω电阻与电位器串联）的确定

两个集电极开路门"线与"来驱动一个TTL非门。按图2-2-5连接实验电路，外接电阻由220 Ω电阻和100 kΩ电位器串接而成，电源$V_{CC} = +5\ V$。首先使输入信号全低电平（逻辑拨位开关灯全灭），通过调节 R_W，输出 F 点为高电平 $V_{OH} = 3.5$ V，断开电源，测量 $R_L = 220$ Ω 和电位器电阻，即 R_{Lmax}。当输入信号全为高电平时，调节 R_W 使 F 点低电平 $V_{OL} = 0.3$ V，断开电源，测量电阻 R_L，即 R_{Lmin}。

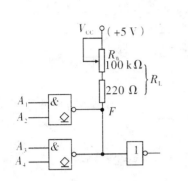

图 2-2-5　OC 门外接负载电阻 R_L 的确定

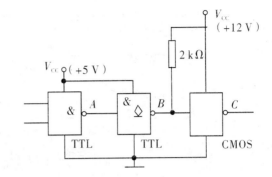

图 2-2-6　用 OC 电路作为 TTL 驱动
CMOS 电路的接口电路

3. 集电极开路门的应用

用 OC 门作为 TTL 电路驱动 COMS 电路的接口电路，实现电平转换。实验电路如图 2-2-6 所示，在电路输入端加不同的逻辑电平值，用数字万用表测量集电极开路与非门及 COMS 与非门的输出电平值。在电路输入端加 1 kHz 方波信号，用示波器观察 A、B、C 各点电压波形幅值的变化。

4. 三态输出门 74LS125 的逻辑功能测试

三态门输入端接逻辑拨位开关，控制端接逻辑拨位开关（逻辑"0"有效），输出端接发光二极管显示。逐个测试芯片中 4 个三态门的功能，记录其中一个三态门的逻辑功能，将测试结果记入表 2-2-2 中。

表 2-2-2　74LS125 三态输出门的逻辑功能

使能端	输入	输出	
$\bar{E}$	A	Y	发光管显示
0	0	0	
	1	1	
1	0	高阻态	
	1		

5. 三态输出门的应用

集成芯片 74LS125 有 4 个三态输出门，按图 2-2-7 所示连线。输入端按图中标注信号，控制端接逻辑拨位开关，输出端接发光管 LED 显示。首先，让 4 个三态门的控制端均为高电平"1"，即三态输出门处于禁止状态，方可接通电源，然后分别开启其中的一个三态门控制端，即接低电平"0"，观察总线的状态。注意：应先让工作的三态门转换到禁止状态，再分别使每个三态门处于低电平，开始传递数据。自拟实验数据表格，记录使能端、输入端和输出端的数据。

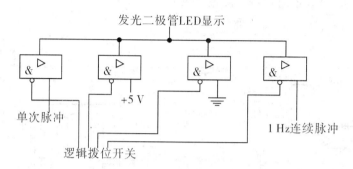

图 2 - 2 - 7　三态输出门 74LS125 芯片实现总线传输电路

五、预习要求

（1）复习 TTL 集电极开路门和三态输出门的原理。

（2）计算实验中各 R_L 阻值，并从中确定实验所用 R_L 值（称标称值）。

（3）根据实验内容，设计实验电路需要记录的表格（三态门使能端、输入端和输出端的数据）。

六、实验报告与思考题

（1）画出实验电路图，标明有关外接元件参数。

（2）整理并分析实验结果，总结集电极开路门和三态输出门的优缺点。

（3）使用总线传输时，总线上能否同时接集电极开路门和三态输出门？为什么？

实验 2.3 组合逻辑电路的设计

一、实验目的

（1）加深理解组合逻辑电路的特点和一般分析方法。

（2）掌握组合逻辑电路的分析与设计方法。

二、实验设备及材料

数字逻辑电路实验箱及扩展板，集成芯片 74LS00（四 2 输入与非门）、74LS04（六反相器）、74LS10（三 3 输入与非门）、74LS20（二 4 输入与非门）。

三、实验原理

组合电路是用门电路组合而成的逻辑电路。组合逻辑电路的特点是：在任何时刻电路的输出信号仅取决于该时刻的输入信号，而与信号作用前电路原来所处的状态无关。

1. 组合逻辑电路的分析方法

（1）由给定的逻辑图写出逻辑函数式；

（2）简化逻辑函数式；

（3）列出输入与输出逻辑关系的真值表；

（4）由真值表和逻辑表达式对逻辑电路进行分析，说明电路的逻辑功能。

2. 组合逻辑电路的设计

组合逻辑电路的设计是指根据已知条件和所需实现的逻辑功能，设计出最简单的逻辑电路图。设计思路如图 2 - 3 - 1 所示，用门电路设计组合电路的步骤为：①根据题目逻辑问题的要求，确定输入变量和输出变量"0"和"1"的含义，列出真值表。②由真值表写出逻辑函数表达式，或者直接画出函数的卡诺图。③对逻辑函数化简或变换，得到所需的最简表达式。④由最简表达式用给定的或相应的逻辑门构成电路，画出逻辑电路图。⑤验证设计的正确性。

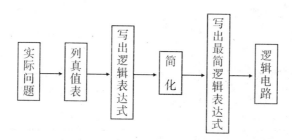

图 2 - 3 - 1 组合逻辑电路的设计思路和步骤

3. 组合逻辑电路设计举例

用"与非门"设计表决电路。当四个输入端（A、B、C、D）中有三个或四个"1"时，输出端（Z）为"1"（用最少的与非门来实现逻辑电路）。

设计步骤：

（1）根据题意，列出真值表，见表 2 - 3 - 1 所示。

表 2 - 3 - 1   表决电路的真值表

A	0	0	0	0	1	1	1	1	0	0	0	0	1	1	1	1
B	0	0	1	1	0	0	1	1	0	0	1	1	0	0	1	1
C	0	1	0	1	0	1	0	1	0	1	0	1	0	1	0	1
D	0	0	0	0	0	0	0	0	1	1	1	1	1	1	1	1
Z	0	0	0	0	0	0	0	1	0	0	0	1	0	1	1	1

（2）由真值表画出卡诺图，见表 2 - 3 - 2。

表 2 - 3 - 2   表决电路的卡诺图

CD \ AB	00	01	11	10
00	0	0	0	0
01	0	0	1	0
11	0	1	1	1
10	0	0	1	0

（3）根据卡诺图写出逻辑表达式并演化成"与非门"的形式。

$$Z = ABC + BCD + ACD + ABD = \overline{\overline{ABC} \cdot \overline{BCD} \cdot \overline{ACD} \cdot \overline{ABD}}$$

（4）用"与非门"构成的逻辑电路，如图 2 - 3 - 2 所示。

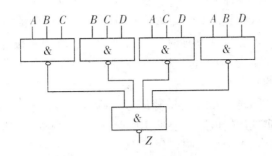

图 2 - 3 - 2 三位表决器逻辑电路图

（5）验证设计电路逻辑功能。

按设计电路图连接电路。电路输入端接实验箱逻辑拨位开关，输出端接发光二极管显示插孔，改变输入变量，验证逻辑电路与真值表的结果是否一致。

四、实验内容

1. 组合逻辑电路分析（验证性实验）

分析图 2 - 3 - 3、图 2 - 3 - 4、图 2 - 3 - 5 所示的组合逻辑电路。

具体分析要求：列出真值表；写出输出逻辑表达式并简化表达式；按要求用集成芯片进行连线。输入端接逻辑电平拨位开关，输出端接发光二极管，验证真值表，将实验结果与真值表进行比较，总结逻辑电路的功能。

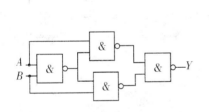

图 2 - 3 - 3 用 74LS00 组合逻辑电路

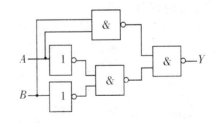

图 2 - 3 - 4 用 74LS00 与 74LS04 组合逻辑电路

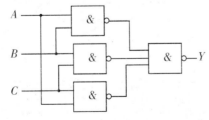

图 2 - 3 - 5 用 74LS00 与 74LS10 组合逻辑电路

2. 组合逻辑电路的设计（设计性实验）

（1）4位代码数字锁设计电路。

设计4位输入代码数字锁。A、B、C、D 为输入4位数字锁的代码，如 0101、1001 等，同学们可自己设计。输出（开锁时）有两种状态：开锁不报警，锁不开便报警。当输入信号 A、B、C、D 均为"0"时，信号输出为"0"（Z_1 为开锁 $=0$，Z_2 为报警 $=0$）。当开锁代码符合设计的代码时，锁被打开不报警（$Z_1=1$，$Z_2=0$）；当开锁代码不符合设计的代码时，锁不开同时电路发出报警信号（$Z_1=0$，$Z_2=1$）。设计时要求使用最少的与非门——非门来实现逻辑电路，要求实验验证设计电路的正确与否。开锁或报警分别用两个发光二极管显示表示亮、暗。

（2）不一致判断电路的设计。

电路有3个输入端 A、B、C，当三者不一致时，输出 Y 为"1"，否则输出为"0"。要求用与非门来实现设计电路。

五、预习要求

（1）复习各种基本门电路的功能和注意事项。

（2）列出图 2 - 3 - 3 至图 2 - 3 - 5 组合电路的真值表和逻辑表达式。

（3）设计4位代码数字锁和不一致判断电路的设计。要求写出步骤（真值表、卡诺图和逻辑表达式）。用实验给定的集成芯片实现逻辑电路。

六、实验报告与思考题

（1）分析图 2 - 3 - 3 至图 2 - 3 - 5 组合逻辑电路，记录实验结果并与真值表比较，确定组合逻辑电路的功能。

（2）设计保险箱4位代码数字锁。写出设计步骤：列出真值表、画出卡诺图、写出逻辑表达式。画出用最少的与非门—非门实现设计的组合逻辑电路，实验验证设计正确性。

（3）设计不一致判断电路。

（4）总结组合逻辑电路的分析与设计方法。

实验 2.4 触发器及其应用

一、实验目的

（1）学会用集成与非门组成基本 RS 触发器的方法并验证逻辑功能。

（2）掌握集成 JK 触发器、T 触发器和 D 触发器的逻辑功能、触发方式和测试方法。

（3）熟悉各类触发器之间相互转换的方法和集成触发器的应用。

二、实验设备及材料

数字逻辑电路实验箱及扩展板，双踪示波器，数字万用表，集成芯片四 2 输入与非门 74LS00、双 D 触发器 74LS74（或 CC4013）、双 JK 触发器 74LS76 或 74LS112、四 2 输入异或门 74LS86。

三、实验原理

触发器是能够存储一位二进制码的逻辑电路。它有两个互补输出端，其输出状态不仅与输入状态有关，而且还与原先的输出状态有关。触发器有两个稳定状态，用以表示逻辑状态"1"和"0"，在一定的外界信号作用下，可以从一个稳定状态翻转到另一个稳定状态。它是一个具有记忆功能的二进制信息存储器件，是构成各种时序电路的最基本逻辑单元。

触发器的状态随输入信号方式不同，它们的逻辑功能也有所不同。常用的基本触发器有 RS 触发器、时钟控制的 JK 触发器、T 触发器和 D 触发器等几种类型。用触发器设计时序电路广泛应用于计数器、移位寄存器、伪随机（m 序列）信号发生器，等等。

1. 基本 RS 触发器

图 2-4-1 所示为由两个与非门交叉耦合构成的基本 RS 触发器。它是无时钟控制低电平直接触发的触发器。基本 RS 触发器具有置"0"、置"1"和保持三种功能。通常称 $\overline{S}$ 为置"1"端，因为 $\overline{S}=0$ 时，触发器被置"1"。$\overline{R}$ 为置"0"端，因为 $\overline{R}=0$ 时触发器被置"0"。当 $\overline{S}=\overline{R}=1$ 时，输出状态保持。当 $\overline{S}=\overline{R}=0$ 时，输出为不定状态，应当避免这种状态。

基本 RS 触发器也可用两个"或非门"组成，此时 R、S 为高电平直接触发的触发器。

基本 RS 触发器特性方程为：
$$\begin{cases} Q^{n+1} = S + \overline{R}Q^n \\ RS = 0 \text{（约束条件）} \end{cases} \qquad (2-4-1)$$

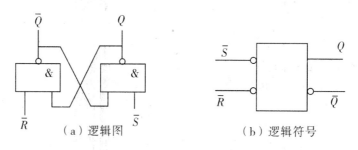

（a）逻辑图　　　　　　　　　（b）逻辑符号

图 2 - 4 - 1　用 74LS00 与非门组成的基本 RS 触发器

基本 RS 触发器的逻辑符号如图 2 - 4 - 1（b）所示，两个输入端的边框外侧的小圆圈，表示置"1"与置"0"都是低电平有效。

2. JK 触发器

在输入信号为双端的情况下，JK 触发器是功能完善、使用灵活和通用性较强的一种触发器。实验采用 74LS76 双 JK 触发器，为下降边沿触发的边沿触发器。引脚排列和逻辑符号如图 2 - 4 - 2 所示。

JK 触发器的状态方程为：

$$Q^{n+1} = J\overline{Q}^n + \overline{K}Q^n \tag{2 - 4 - 2}$$

式中，J 和 K 是数据输入端，是触发器状态更新的依据，若 J、K 有两个或两个以上输入端时，即组成"与"的关系。和为两个互补输出端。通常把 $Q = 0$、$\overline{Q} = 1$ 的状态定为触发器"0"状态，又称复位状态；而把 $Q = 1$，$\overline{Q} = 0$ 的状态定为触发器置位"1"状态。

JK 触发器常被用作缓冲存储器、移位寄存器和计数器。

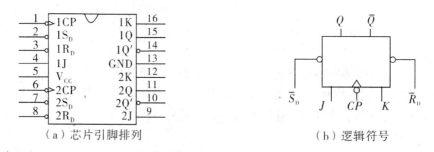

（a）芯片引脚排列　　　　　　　　　（b）逻辑符号

图 2 - 4 - 2　芯片 74LS76 JK 触发器的引脚排列和逻辑符号

双 JK 触发器芯片还有 CMOS 管，双 JK 触发器型号为 CC4027。它采用上升沿触发，置位端 S_D、复位端 R_D 均为高电平有效，其功能与 74LS76、74LS112 相同。

3. T 触发器

在 JK 触发器的状态方程中，令 $J = K = T$，则变换为 T 触发器的特性方程：

$$Q^{n+1} = T\overline{Q}^n + \overline{T}Q^n \tag{2 - 4 - 3}$$

当 $T = 1$ 时，$\qquad\qquad\qquad Q^{n+1} = \overline{Q}^n$

当 $T = 0$ 时，$\qquad\qquad\qquad Q^{n+1} = Q^n$

即当 $T = 1$ 时，为翻转状态；当 $T = 0$ 时，为保持状态。

4. D 触发器

在输入信号为单端的情况下，D 触发器用起来更为方便，其状态方程为：

$$Q^{n+1} = D \qquad (2-4-4)$$

D 触发器输出状态的更新发生在脉冲 CP 的上升沿，又称为上升沿触发的边沿触发器，触发器的状态只取决于时钟到来前 D 端的状态。D 触发器逻辑符号如图 $2-4-3$（a）所示。D 触发器的应用很广，可用于数字信号的寄存、移位寄存、分频和波形发生等。有很多型号可供各种用途的需要选用。如双 D 触发器 74LS74［引脚排列如图 $2-4-3$（b）所示］、四 D 触发器 74LS175、CC4042，六 D 触发器 74LS174、CC14174，八 D 触发器 74LS374 等。

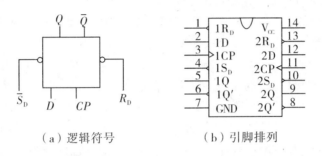

（a）逻辑符号　　　　　（b）引脚排列

图 $2-4-3$　双 D 触发器 74LS74 芯片的逻辑符号和引脚排列

5. 触发器之间的相互转换

（1）D 触发器转换为 T' 触发器，因为 D 触发器的特性方程为 $Q^{n+1} = D$，而 T' 触发器特性方程为：$Q^{n+1} = \overline{Q^n}$，所以转换方法为：令 $D = \overline{Q^n}$，如图 $2-4-4$（a）所示。

（2）JK 触发器转换为 T' 型触发器的特性方程为：$Q^{n+1} = T\overline{Q^n} + \overline{T}Q^n$。构成 T' 型触发器，只需令 $J = K = 1$，$Q^{n+1} = J\overline{Q^n} + \overline{K}Q^n = \overline{Q^n}$ 即可。如图 $2-4-4$（b）所示。或者令 $J = \overline{Q^n}$，$K = Q^n$，如图 $2-4-4$（c）所示。T' 触发器常用于计数或分频等多种用途。

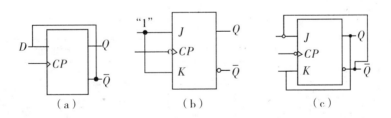

（a）　　　　　　（b）　　　　　　（c）

图 $2-4-4$　触发器之间的相互转换

（3）JK 触发器转换为 D 触发器。由于移位寄存器中的触发器多采用 D 触发器，而 JK 触发器很容易转换为 D 触发器。令 $J = D$，$K = \overline{D}$ 即可，如图 $2-4-5$（a）所示。

（4）JK 触发器转换为 T 触发器。令 $J = K = T$ 即可，如图 2 – 4 – 5（b）所示。

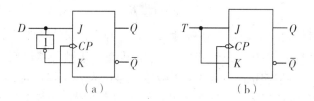

（a）　　　　　　　　　　（b）

图 2 – 4 – 5　触发器功能转换

6. 触发器逻辑功能的选择和使用

（1）通常根据数字系统的时序逻辑电路正确选用触发器，除特殊功能外，一般在同一系统中选择相同触发方式的同类型触发器较好。

（2）给定一个输入信号，要求触发器只需具备记"0"和"1"的功能，则选用 D 触发器；若需用翻转和保持的功能，则采用 T 触发器。

（3）给定时钟 CP 信号，要求触发器只具有翻转的功能，则采用 T' 触发器。

（4）给定两个输入信号，要求触发器具有记"0"、记"1"、翻转和保持的功能，则采用 JK 触发器。JK 触发器包含了 RS 触发器的功能，且没有约束条件，可以实现 RS 触发器的逻辑功能。

四、实验内容

1. 基本 RS 触发器的逻辑功能测试（验证性实验）

如图 2 – 4 – 1 所示，用集成芯片 74LS00 任意两个与非门组成基本 RS 触发器。输入端 $\bar{S}$、$\bar{R}$ 接逻辑电平拨位开关，输出端 Q 和 $\bar{Q}$ 接发光二极管显示，测试逻辑功能，将实验结果填入表 2 – 4 – 1，说明逻辑功能。

表 2 – 4 – 1　基本 RS 触发器的逻辑功能测试

$\bar{S}$	$\bar{R}$	Q	$\bar{Q}$	逻辑功能
0	0			
0	1			
1	0			
1	1			

2. JK 触发器的逻辑功能测试（验证性实验）

集成芯片 74LS76 是双 JK 下降沿触发器，引脚排列如图 2 – 4 – 2（a）所示。芯片中⑤脚接电源 +5 V，⑬脚接地。

（1）测试 JK 触发器的复位、置位功能。

在集成芯片 74LS76 中，任取一个 JK 触发器，$\overline{R_D}$、$\overline{S_D}$、J、K 端接逻辑电平拨位开关，CP 接单次脉冲，输出端 Q 和 $\overline{Q}$ 接发光二极管显示。要求改变置位端的状态，观察输出端 Q^n 的状态，记入表 2 − 4 − 2 中。

表 2 − 4 − 2 复位、置位端测试

$\overline{S_D}$	$\overline{R_D}$	Q^n
0	1	
1	0	

（2）JK 触发器的逻辑功能测试。

首先，确定 Q^n 复位或置位 $\overline{S_D}$、$\overline{R_D}$ 的状态；其次，让 $\overline{S_D}$、$\overline{R_D}$ 端均置高电平，输出一个单脉冲 CP，原来的输出发光管显示 Q^n 状态即转变为 Q^{n+1} 新态。J、K 按表 2 − 4 − 3 中输入数据，测试 Q^{n+1} 的状态，记入表中，说明逻辑功能。

表 2 − 4 − 3 JK 触发器的逻辑功能测试

J	K	Q^n	Q^{n+1}	逻辑功能
0	0	0		
		1		
0	1	0		
		1		
1	0	0		
		1		
1	1	0		
		1		

3. D 触发器的逻辑功能测试（验证性实验）

实验芯片 74LS74 是双 D 上升沿触发器。引脚功能如图 2 − 4 − 3（b）所示，任选一个 D 触发器。CP 端接单拍脉冲，$\overline{S_D}$、$\overline{R_D}$、D 端分别接逻辑拨位开关，输出端 Q^n 接发光二极管显示。集成芯片⑭脚接电源 +5 V，⑦脚接地。

（1）测试 D 触发器的复位、置位功能［方法同 2（1）］。实验测试复位、置位端，结果记入表 2 − 4 − 4 中。

（2）测试 D 触发器的逻辑功能［方法同 2（2）］，结果记入表 2 − 4 − 5 中。

表 2 - 4 - 4 复位、置位测试

$\bar{S}_D$	$\bar{R}_D$	Q^n
0	1	
1	0	

表 2 - 4 - 5 D 触发器的逻辑功能测试

D	Q^n	Q^{n+1}	逻辑功能
0	0		
	1		
1	0		
	1		

4. 用 D 触发器构成伪随机（m 序列）信号发生器

在数字通信系统中，常用伪随机信号（又称 m 序列信号）作为信号源，对通信设备进行调试或检修。伪随机信号的特点是：可以预先设置初始状态，且序列信号重复出现。实验用两片 74LS74 芯片和 74LS86 异或门芯片，按图 2 - 4 - 6 连线，自拟表格记录结果并分析。

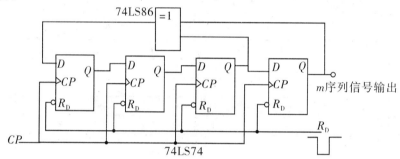

图 2 - 4 - 6 用 D 触发器构成的 m 序列信号发生器

5. 用 D 触发器构成 2 位移位寄存器

6. 用 JK 触发器构成 2 位二进制异步加法计数器

五、预习要求

（1）复习有关触发器内容，熟悉有关器件的管脚分配。

（2）列出各触发器实验数据表格，说明其功能。

（3）参考有关资料，查阅 74LS76、74LS112 和 74LS74 的引脚排列及逻辑功能。

六、实验报告与思考题

（1）列表整理各类触发器实验结果，请用各触发器特性方程验证分析。

（2）集成触发器主要有哪几种？分别采用何种触发方式？请举例说明。

实验 2.5　译码器及其应用

一、实验目的

（1）掌握 3 线—8 线译码器的逻辑功能。
（2）掌握 3 线—8 线译码器的应用。
（3）掌握用中规模集成芯片 74LS138 实现逻辑函数和数据分配器的方法。

二、实验设备及材料

数字逻辑电路实验箱及扩展板，双踪示波器，芯片 74LS138（两片）和 74LS20。

三、实验原理

译码是编码的逆过程，将二进制代码所表示的信息翻译出来，称为译码。实现译码功能的电路称为译码器。译码器在数字电路中应用广泛，不仅用于代码的转换、终端的数字显示，还用于数据分配、存贮器寻址和组合控制信号等。常用的译码器有二进制译码器，二—十进制译码器和七段译码器。不同的功能可选用不同种类的译码器。二进制译码器是将 n 位二进制代码译成电路的 2^n 种输出状态。一般原理如图 2-5-1 所示。

中规模 3 线—8 线译码器集成芯片 74LS138 含有输入使能端，n 个输入端，2^n 个输出端。当使能端满足要求时，输入一组代码，输出对应十进制的只有一个低电平为有效电平，其余的输出为无效状态高电平。每一组输出所代表的函数对应于 n 个输入变量的最小项。二进制译码器实际上也是负脉冲输出的脉冲分配器，若利用使能端中的一个输入端输入数据信息，器件就成为一个数据分配器（又称为多路数据分配器）。

1. 常用 3 线—8 线译码器是中规模集成芯片 74LS138

它有 3 个使能端 $\overline{E_1}$、$\overline{E_2}$、E_3，3 个地址输入端 A、B、C，译码输出 $Y_0 \sim Y_7$ 是以低电平信号为有效电平输出，引脚排列如图 2-5-2 所示。

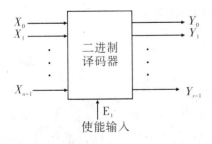

图 2-5-1　译码器的原理图　　　图 2-5-2　74LS138 的引脚排列

2. 用 74LS138 译码器实现逻辑函数

二进制译码器的输入代码包含了输入变量的全部取值组合，故在输出函数中可以得到输入变量的每一个最小项。由于任何逻辑函数都可以写成最小项之和的形式，因此，根据函数的最小项表达式，将这种译码器输出端通过简单的逻辑门电路，就可以得到所求的逻辑函数。其步骤为：①将逻辑函数式改写为最小项表达式。②确定译码器的输入变量，并用译码器的输出函数式表示所求的逻辑函数。③按照译码器的输出函数式，画出译码器输出电路的连接图。

注意：原组件输出为反函数时，例如 $\overline{Y_0}$，$\overline{Y_1}$，…，$\overline{Y_{j-1}}$，在输出端须加与非门。原组件输出为原函数时，如 Y_0，Y_1，…，Y_{j-1}，在输出端须加或门。

例如，用 3 线—8 线集成芯片 74LS138 实现逻辑函数：

$$Z_1 = \overline{A}C + \overline{A}BC + A\,\overline{B}C = AB\,\overline{C} + A\,\overline{B}\,\overline{C} + \overline{A}BC + A\,\overline{B}C = \sum_m(6，4，3，5)$$

$$Z_2 = BC + \overline{A}\,\overline{B}C = ABC + \overline{A}BC + \overline{A}\,\overline{B}C = \sum_m(7，3，1)$$

令 $A_2 = A$，$A_1 = B$，$A_0 = C$，由于 74LS138 是反变量输出，故

$$Z_1 = Y_3 + Y_4 + Y_5 + Y_6 = \overline{\overline{Y_3} \cdot \overline{Y_4} \cdot \overline{Y_5} \cdot \overline{Y_6}}$$

$$Z_2 = Y_1 + Y_3 + Y_7 = \overline{\overline{Y_1} \cdot \overline{Y_3} \cdot \overline{Y_7}}$$

电路如图 2-5-3 所示。

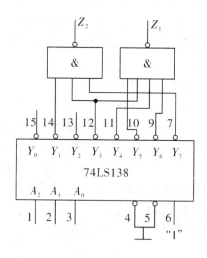

图 2-5-3　72LS138 实现逻辑函数

四、实验内容

1. 74LS138 译码器逻辑功能测试（验证性实验）

集成芯片 74LS138 的⑧脚接地（GND），⑯脚 V_{CC} 接电源（+5 V），使能端 E_3 为高电平，使能端 $\overline{E_1}$、$\overline{E_2}$ 为低电平，输出端 $Y_0 \sim Y_7$ 分别接到 8 个发光二极管显示，以低电平灭灯显示十进制数，输入端接逻辑拨位开关，输入二进制数据。实验结果记入表 2-5-1 中。

表 2 – 5 – 1　测试译码器 74LS138 逻辑功能表

使能端			输入端			输　　出							
E_3	$\overline{E_1}$	$\overline{E_2}$	C	B	A	Y_0	Y_1	Y_2	Y_3	Y_4	Y_5	Y_6	Y_7
×	1	×	×	×	×								
×	×	1	×	×	×								
1	0	0	0	0	0								
1	0	0	0	0	1								
1	0	0	0	1	0								
1	0	0	0	1	1								
1	0	0	1	0	0								
1	0	0	1	0	1								
1	0	0	1	1	0								
1	0	0	1	1	1								

2. 集成芯片 74LS138 译码器的应用（设计性实验）

（1）将两个 3 线—8 线译码器（74LS138 芯片）组合成一个 4 线—16 线译码器，画出电路连线图，自拟表格记录实验数据（在使用芯片 74LS138 时，一定要注意使能端 E_1、$\overline{E_2}$、E_3 接入正确的电平，使能端高电平不能悬空，必须接至高电平上，或接至 +5 V）。

（2）用芯片 74LS138 和 74LS20 实现逻辑函数（设计性实验）。

利用 3 线—8 线译码器能够产生 3 变量函数的全部最小项，实现 3 变量逻辑函数。

用 74LS138 和 74LS20 实现逻辑函数 $F = \overline{A}\,\overline{B}\,\overline{C} + \overline{A}\,B\,\overline{C} + A\,\overline{B}\,\overline{C} + ABC$。画出实现电路原理图并实验验证。自拟表格记录实验数据（表格必须有使能端、输入端、输出端的数据）。

3. 用芯片 74LS138 实现数据分配器（验证性实验）

用 74LS138 芯片实现数据分配器（如图 2 – 5 – 4 所示）。若在使能端 E3 输入数据信息，使 $\overline{E_1} = \overline{E_2} = 0$，地址码所对应的输出是 E_3 数据的反码；若从 $\overline{E_2}$ 端输入数据信息，令 $E_3 = 1$，$\overline{E_1} = 0$，地址码所对应的输出是 $\overline{E_2}$ 端数据信息的原码。若输入信息是时钟脉冲，则数据分配器便成为时钟脉冲分配器。

取时钟脉冲 CP 的频率约为 10 kHz，要求分配器输出端 $\overline{Y_0} \sim \overline{Y_7}$ 的信号与 CP 输入信号同相。参照图 2 – 5 – 4 所示的电路，用示波器观察和记录在地址端 C、B、A 分别取 000 ~ 111 这 8 种不同状态时 $\overline{Y_0} \sim \overline{Y_7}$ 端的输出波形，注意输出的波形与输入 CP 波形的相位关系。

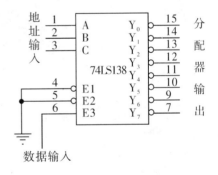

图 2 – 5 – 4　74LS138 实现数据分配器

五、预习要求

（1）复习有关译码器与数据分配器的原理。
（2）根据实验任务，画出所需的实验线路及记录表格。

六、实验报告与思考题

（1）画出实验内容 2 的逻辑电路图，记录实验结果，进行分析和小结。
（2）掌握用 3 线—8 线译码器实现逻辑函数的方法。

实验 2.6　数码管显示电路及其应用

一、实验目的

（1）熟悉七段共阴、共阳 LED 数码管的结构及其使用方法。
（2）熟悉共阴译码驱动电路的原理及使用方法。
（3）掌握数码显示电路的应用。

二、实验设备及材料

数字逻辑电路实验箱共阴、共阳数码管和扩展板，数字万用表，4 线—七段译码/驱动器 78LS48 或集成芯片 74LS248、二—五—十进制计数器 74LS90 计数器等。

三、实验原理

4 线—七段译码/驱动器是对给定的代码进行翻译，直观地用七段显示数字。显示与译码是配套使用的。在数字测量仪表和各种数字系统中，将数字量直观地显示出来。人们一方面可直接读取测量和运算的结果；另一方面可用于监视数字系统的工作情况。因此，数字显示电路是许多数字设备不可缺少的部分。数字显示电路通常由译码器、驱动器和显示器等部分组成，如图 2-6-1 所示。

图 2-6-1　数字显示电路组成方框图

1. LED 数码管

数码的显示方式一般有三种：①字型重叠显示式；②分段显示式；③点阵显示式。以分段显示式应用最为普遍。主要器件是七段发光二极管（LED）显示器。它可分为两种形式：一种是共阳极显示器（发光二极管的阳极都接在一个公共点上），即笔段电极接低电平，公共阳极接高电平时，相应的笔段可以发光。另一种是共阴极显示器（发光二极管的阴极都接在一个公共点上，使用时公共点接地）。图 2-6-2 是七段共阴数码管电路和引脚图。图 2-6-3 为七段共阳数码管电路和引脚图。

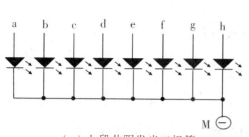

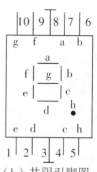

（a）七段共阴发光二极管　　　　　（b）共阴引脚图

图 2 - 6 - 2　七段共阴数码管

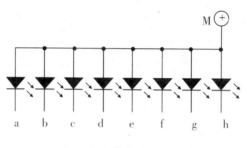

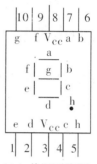

（a）七段共阳发光二极管　　　　　（b）共阳引脚图

图 2 - 6 - 3　七段共阳数码管

一个数码管可以显示一位 0 ~ 9 十进制数和一个小数点。小型数码管（0.5 英寸和 0.36 英寸）每段发光二极管的正向压降，随着显示光（通常为红、绿、黄、橙色）的颜色不同而略有差别，通常约为 2 ~ 2.5 V，每个发光二极管的点亮电流在 5 ~ 10 mA。LED 数码管要显示 BCD 码所表示的十进制数字需要有一个专门的译码器，该译码器不但要有译码功能，还要有相当的驱动能力。

2. 译码驱动器

（1）4 线—七段显示共阴极译码驱动器 74LS48。

半导体数码管可以用 TTL 或 CMOS 集成电路直接驱动，为此就需要用显示译码器将 BCD 代码译成数码管所需要的驱动信号，以便使数码管用二进制数字显示出 BCD 代码所表示的数值。

74LS48 是 BCD 输入，有上拉电阻能够配合七段发光二极管工作的 4 线—七段译码/驱动器，它的逻辑符号如图 2 - 6 - 4（b）所示。D、C、B、A 是 BCD 码的输入端，Y_a，Y_b，Y_c，…，Y_g，是译码输出端，用"1"表示数码管中笔段的点亮状态，用"0"表示数码管中的笔段的熄灭状态。译码/驱动器集成芯片引脚排列如图 2 - 6 - 4（a）所示。LT 为试灯端，$\overline{RBI}$ 为灭零输入端，它们都是低电平有效。当 LT 为低电平、$\overline{RBI}$ 为高电平时，数码管输出全为"1"，显示笔段"$\boxminus$"字。当 $\overline{RBI}$ 为低电平且 D、C、B、A 为 0000时，数码管不显示，处于灭零状态。$\overline{BI}/\overline{RBO}$ 为灭灯输入/灭零输出。$\overline{BI}$ 为灭灯输入端，当 $\overline{BI}=0$ 是输出全为零；$\overline{RBO}$ 是灭零输出端，该器件处于灭零状态时，$\overline{RBO}=0$，否则，$\overline{RBO}=1$。$\overline{BI}/\overline{RBO}$ 主要是用来控制相邻的灭零功能。

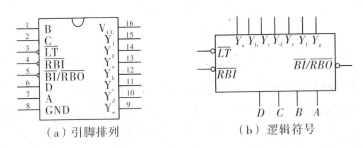

（a）引脚排列　　　　　　（b）逻辑符号

图 2-6-4　4 线—七段译码/驱动器 74LS48（74LS248）的引脚排列和逻辑符号

（2）4 线—七段显示共阳极译码/驱动器 74LS47 芯片。

74LS47 芯片是驱动共阳极显示数码管的译码驱动集成芯片，引脚排列与 74LS48 相同。使用时，注意 74LS47 为集电极开路输出，需要外接上拉电阻。而 74LS48 芯片内部有升压电阻，可以直接与数码管相连。

（3）74LS248 芯片共阴极译码/驱动器。

74LS248 芯片与 74LS48 芯片的功能和使用方法完全相同，不同的是共阴极数码管显示 6 与 9 数字的笔画有一点差别，如图 2-6-5 所示。

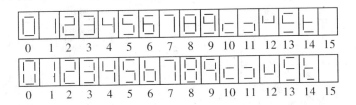

图 2-6-5　74LS248 与 74LS48 的显示区别（上为 74LS248，下为 74LS48）

（4）CD4511 共阴极译码/驱动器。

CD4511 的功能和显示效果与 74LS48 基本一样，二者的区别在于 CD4511 的输入码超过 1001（即大于 9）时，它的输出全为 "0"，数码管熄灭。$\overline{LT}$ 为灯测试输入端，而且使用 CD4511 时，输出端与数码管之间要串入限流电阻，如图 2-6-6 所示。

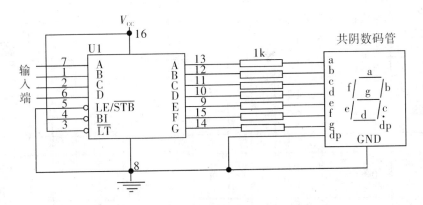

图 2-6-6　CC4511 数码管译码/驱动电路图

四、实验内容

1. 芯片 74LS48 译码/驱动器与数码管连接功能测试（验证性实验）

将 74LS48 集成芯片的输入端 D、C、B、A（按左高右低）分别接逻辑拨位开关，输出端 Y_a、Y_b、Y_c、Y_d、Y_e、Y_f、Y_g 分别接共阴极数码管对应的字符。74LS48 的③脚 $\overline{LT}$ 端、④脚 $\overline{BI}/\overline{RBO}$、⑤脚 $\overline{RBI}$ 接逻辑拨位开关，⑯脚为电源 +5 V，⑧脚接地。数码管与译码/驱动器 74LS48 连接使用时，数码管的③脚引线必须接一个 100～200 Ω 小电阻再连到电路的地端，以限制数码管工作电流，否则可能会烧坏数码管。

当芯片 74LS48 的③脚 $\overline{LT}$ 端为低电平，④和⑤脚为高电平时，七段数码管全亮，用此方法可以检查译码器及数码管的好坏。译码器输入二进制代码（0000～1111）时，③、④、⑤脚应全为高电平。记录数码管中的七段显示高、低电平和显示的数字，将结果填入表 2-6-1 中。

表 2-6-1　译码/驱动器 74LS48 与共阴数码管连接功能测试表

十进制或功能	输入							输出							数码管显示记录
	试灯 $\overline{LT}$	灭灯 $\overline{RBI}$	D	C	B	A	$\overline{BI}/\overline{RBO}$	Y_a	Y_b	Y_c	Y_d	Y_e	Y_f	Y_g	
0	1	1	0	0	0	0	×	1	1	1	1	1	1	0	
1	1	1	0	0	0	1	1	0	1	1	0	0	0	0	
2	1	1					1								
3															
4															
5															
6															
7															
8															
9															
10															
11															
12															
13															
14															
15															
灭灯	×	×	×	×	×	×	0								灭
测灯	0	1	×	×	×	×	1								⌐a⌐ f|g|b e|_|c d
灭零	1	0	0	0	0	0	0								灭

2. 共阳极译码器 74LS47 与数码管连接，测试其功能（验证性实验）

3. 数码显示电路在计数器中的应用（综合性实验）

74LS90 芯片是二—五—十进制中规模集成计数器。它由二进制计数器和五进制计数器构成，具有二分频、五分频和十分频功能。引脚排列如图 2 - 6 - 7 所示。

计数脉冲从 CKA 端输入，Q_A 输出，为二进制计数器。计数器脉冲从 CKB 输入，$Q_B \sim Q_D$ 输出，为五进制计数器。将 Q_A 与 CKB 相连，计数脉冲从 CKA 输入，$Q_A \sim Q_D$ 端输出，为 8421 码十进制计数器。

74LS90 芯片功能如表 2 - 6 - 2 所示。从表中可以看出，当复位输入 $R_{0(1)} = R_{0(2)} = 1$，且置位输入 $R_{9(1)} \cdot R_{9(2)} = 0$ 时，74LS90 的输出被直接置零。当置位输入 $R_{9(1)} \cdot R_{9(2)} = 1$，则 74LS90 的输出将被直接置 9，即 $Q_D Q_C Q_B Q_A = 1001$；当 $R_{0(1)} \cdot R_{0(2)} = 0$ 和 $R_{9(1)} \cdot R_{9(2)} = 0$ 时，在计数脉冲（下降沿）作用下实现二—五—十进制加法计数。

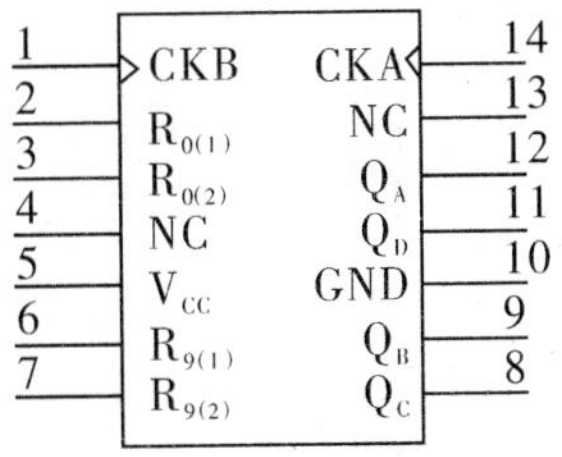

图 2 - 6 - 7　74LS90 的引脚排列

表 2 - 6 - 2　中规模二—五—十进制集成计数器 74LS90 功能表

复位输入		置位输入		时钟	输出			
$R_{0(1)}$	$R_{0(2)}$	$R_{9(1)}$	$R_{9(2)}$	CAK/CAB	Q_A	Q_B	Q_C	Q_D
1	1	0	×	×	0	0	0	0
1	1	×	0	×	0	0	0	0
×	×	1	1	×	1	0	0	1
0	×	×	0	↓	计数			
×	0	0	×	↓	计数			
×	0	×	0	↓	计数			

实验时，分别将集成芯片 74LS90 连接为二进制、五进制和一位十进制脉冲计数器（脉冲源由 1 Hz 连续脉冲提供），计数器输出接入译码/驱动器 74LS48（或 74LS248）的输入端，观察并记录发光二极管显示二进制的数据和数码管显示的数据（自拟表格）。

五、预习要求

（1）复习译码器和七段发光数码管的原理。

（2）熟悉实验内容，分别绘出实验内容 1、实验 2 中译码器与数码管连接电路。

（3）分别画出实验内容 3 中用 74LS90 连接成二进制、五进制和一位十进制计数器显示电路图（根据实验室提供的条件选取译码器和数码管）。

六、实验报告与思考题

（1）整理实验电路和实验数据，分析实验结果，验证数码显示电路的功能。

（2）译码器输出与数码管显示引脚之间为什么要接 $100 \sim 200\ \Omega$ 的小电阻？

实验 2.7　数据选择器及其应用

一、实验目的

（1）熟悉数据选择器集成芯片的逻辑功能。
（2）掌握数据选择器的工作原理。
（3）掌握用数据选择器构成组合逻辑电路、实现逻辑函数的方法。

二、实验设备及材料

数字逻辑电路实验箱和扩展板，集成芯片 74LS151、74LS153、74LS00、74LS04、74LS08 和四 2 输入或门 74LS32。

三、实验原理

数据选择是指通过选择，把多个通道的数据传送到唯一的公共数据通道上去。实现数据选择功能的逻辑电路称为数据选择器。数据选择器的特点是仅有 1 个输出端，而输入部分有地址输入端和数据输入端两部分。它相当于一个多输入的单刀多掷开关，如图 2-7-1 所示。

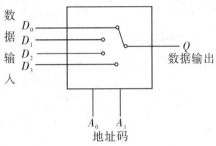

图 2-7-1　4 选 1 数据选择器示意图

图中有四路数据输入 $D_0 \sim D_3$，通过选择控制信号 A_1、A_0（地址码），从四路数据中选中一路数据送至数据输出端。

1. 8 选 1 数据选择器集成芯片 74LS151

74LS151 是一种典型的集成数据选择器。它有 3 个地址输入端 C、B、A 和 $\overline{G}$ 选通端，有 8 位数据输入 $D_0 \sim D_7$，有两个互补输出端，分别是同相输出端 Y 和反相输出端 $\overline{Y}$。芯片引脚排列如图 2-7-2 所示。

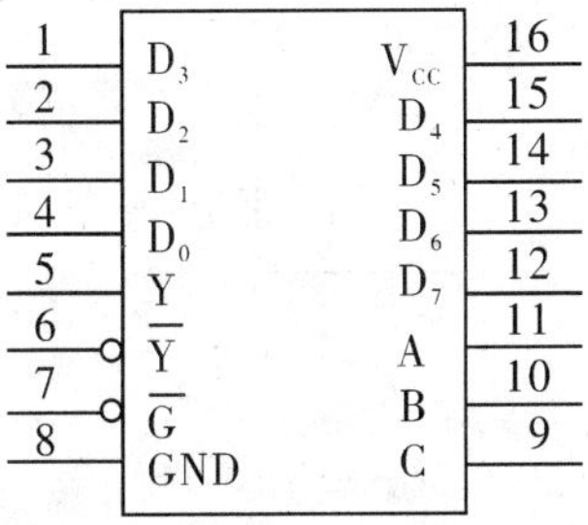

1	D_3	V_{CC}	16
2	D_2	D_4	15
3	D_1	D_5	14
4	D_0	D_6	13
5	Y	D_7	12
6	$\overline{Y}$	A	11
7	$\overline{G}$	B	10
8	GND	C	9

图 2-7-2　74LS151 的引脚排列

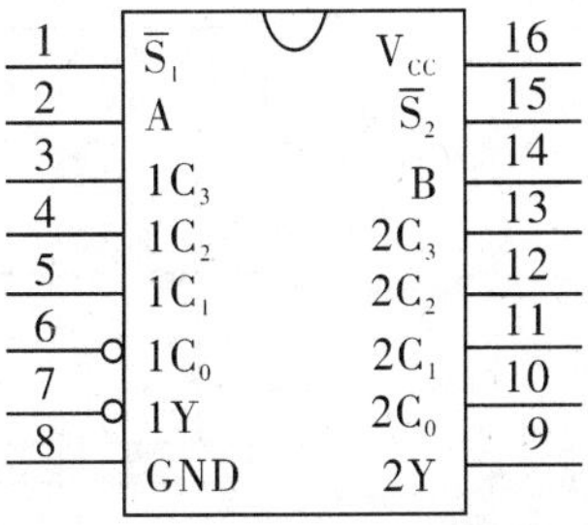

1	$\overline{S}_1$	V_{CC}	16
2	A	$\overline{S}_2$	15
3	$1C_3$	B	14
4	$1C_2$	$2C_3$	13
5	$1C_1$	$2C_2$	12
6	$1C_0$	$2C_1$	11
7	$1Y$	$2C_0$	10
8	GND	$2Y$	9

图 2-7-3　74LS153 引脚排列

2. 双 4 选 1 数据选择器集成芯片 74LS153

集成芯片 74LS153 是两个完全独立的 4 选 1 数据选择器，每个数据选择器有 4 个数据输入端 $C_0 \sim C_3$，两位地址输入端 A、B 和选通端。芯片引脚如图 2 - 7 - 3 所示。芯片 $\overline{S}_1$、$\overline{S}_2$（①、⑮脚）分别为 A 路和 B 路的选通信号，D_0、D_1、D_2、D_3 为数据输入端，$1Y$（⑦脚）、$2Y$（⑨脚）分别为两路的输出端。A（②脚）、B（⑭脚）为地址信号，⑧脚为 GND，⑯脚为电源 +5 V。利用选通端可以对数据选择器进行性能的扩展。

3. 用 8 选 1 数据选择器芯片 74LS151 组成 16 选 1 数据选择器

用低三位 A_2、A_1、A_0 作为每块芯片 74LS151 的片内地址码，用高位 A_3 作为两片 74LS151 的片选信号。当 $A_3 = 0$ 时，选中 74LS151（1）工作，74LS151（2）禁止；当 $A_3 = 1$ 时，选中 74LS151（2）工作，74LS151（1）禁止。如图 2 - 7 - 4 所示。

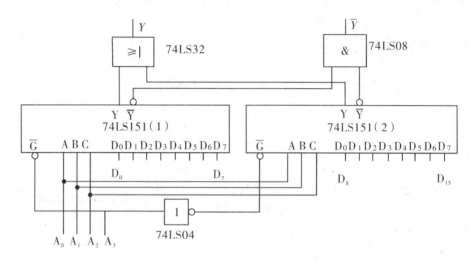

图 2 - 7 - 4　用 74LS151 组成 16 选 1 数据选择器

4. 数据选择器的应用

（1）用 8 选 1 集成芯片 74LS151 实现逻辑函数 $Y = \overline{A}\,\overline{B}\,\overline{C} + AC\,(B + \overline{B}) + \overline{A}BC$。

先将函数表达式写成最小项逻辑加的形式：

$$Y = \overline{A}\,\overline{B}\,\overline{C} + ABC + A\,\overline{B}C + \overline{A}BC = m_0 + m_7 + m_5 + m_3$$

显然，输入数据 $D_0 = D_3 = D_5 = D_7 = 1$，$D_1 = D_2 = D_4 = D_6 = 0$，电路如图 2 - 7 - 5 所示。

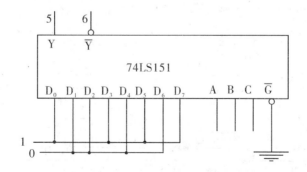

图 2 - 7 - 5　74LS151 实现逻辑函数

（2）用 74LS153 实现逻辑函数 $F = \overline{A}B\overline{C} + \overline{A}B\overline{C} + A\overline{B}\overline{C} + ABC$。

函数 F 有三个地址输入端 A、B、C，而 74LS153 数据选择器只有两个地址输入端 A_1、A_2。先将 A、B 分别接选择器的地址端 A、B，并令 $1C_0 = 0$、$1C_2 = 1C_1 = C$、$1C_3 = 1$，实现逻辑函数 $F = \overline{A}B\overline{C} + A\overline{B}\overline{C} + AB\overline{C} + ABC$ 的 4 选 1 数据选择器，接线如图 2−7−6 所示。

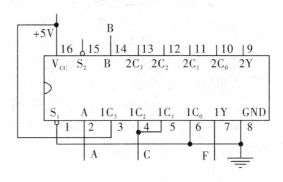

图 2−7−6　74LS153 实现逻辑函数

四、实验内容

1. 测试 8 选 1 集成芯片 74LS151 的逻辑功能（验证性实验）

在数字逻辑电路实验箱的扩展板插上芯片 74LS151，芯片⑧脚接地（GND），芯片⑯脚接电源 +5 V。输出端 Y 接到发光二极管。记录实验结果，将结果记入表 2−7−1 中。

2. 测试 4 选 1 集成芯片 74LS153 的逻辑功能（验证性实验）

测试方法同上，记录测试结果，将结果记入表 2−7−2 中。

表 2−7−1　74LS151 逻辑功能测试

输入				输出
$\overline{G}$	C	B	A	Y
1	×	×	×	
0	0	0	0	
0	0	0	1	
0	0	1	0	
0	0	1	1	
0	1	0	0	
0	1	0	1	
0	1	1	0	
0	1	1	1	

表 2−7−2　74LS153 逻辑功能测试

输入			输出
$\overline{S}_1$	A_1	A_2	$1Y$
1	×	×	
0	0	0	
0	0	1	
0	1	0	
0	1	1	

3. 数据选择器的应用

（1）用两片 74LS151 组成 16 选 1 数据选择器（验证性实验）。

按图 2−7−4 接线，方法同上，自拟表格记录并分析实验结果。

（2）用芯片 74LS151 实现逻辑函数（设计性实验）。

参考图 2 - 7 - 5 电路，要求实现逻辑函数 $F = A\bar{B}(C + \bar{C}) + \bar{A}C(B + \bar{B}) + B\bar{C}(A + \bar{A})$，写出设计过程，画出电路图，验证逻辑功能。

（3）用芯片 74LS153 实现逻辑函数（设计性实验）。

方法同上，要求实现 $F = \bar{A}B + A\bar{B}$，写出设计过程，画出接线图，验证逻辑功能。

（4）用芯片 74LS151 和 74LS10 实现逻辑函数（设计性实验）。

要求实现 $Y = \bar{A}\,\bar{B}\,\bar{C} + ABD + \bar{B}C\bar{D} + \bar{A}BD$，写出化简步骤的逻辑表达式，画出接线图，列出测试表格，记录实验结果。

五、预习要求

（1）复习数据选择器理论知识。

（2）完成实验内容 3 中用数据选择器实现逻辑函数的电路设计，画出接线图。

六、实验报告与思考题

（1）分析实验内容，总结 74LS153 和 74LS151 的逻辑功能。写出设计的过程，画出接线图。

（2）能否用数据选择器实现全加器功能？画出 74LS153 实现全加器的接线图。

（3）论证自己设计各逻辑电路的正确性。

实验2.8　加法器、数值比较器及其应用

一、实验目的

（1）熟悉半加器和全加器的工作原理和逻辑功能的测试方法。

（2）掌握中规模集成芯片四位全加器74LS83芯片构成并行加法电路及应用。

（3）掌握中规模集成芯片四位数值比较器74LS85的逻辑功能及应用。

二、实验设备及材料

数字逻辑电路实验箱和扩展板，数字万用表，集成芯片74LS83、74LS85、74LS04、74LS08，四2输入或门74LS32，四2输入异或门74LS86。

三、实验原理

1. 加法器

在数字系统中，经常需要进行算术运算、逻辑操作及数字大小比较等，这些运算功能可以用加法来实现。所以，加法器是一种常用的组合逻辑电路。它的主要功能是实现二进制的算术加法运算。

（1）半加器。

表2-8-1是半加器的逻辑功能真值表，半加器运算只考虑了两个加数，而没考虑到由低位来的进位。

由真值表可得：

$$S = \overline{A}B + A\overline{B}$$

$$C = AB$$

用异或门74LS86和与门74LS08组成的半加器原理图如图2-8-1所示。

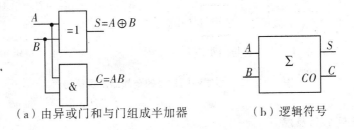

（a）由异或门和与门组成半加器　　（b）逻辑符号

图2-8-1　用逻辑门构成的半加器及逻辑图

表 2 - 8 - 1　两个一位二进制的加法真值表

被加数 A	加数 B	和数 S	进位数 C
0	0	0	0
0	1	1	0
1	0	1	0
1	1	0	1

（2）一位全加器。

全加器有 3 个输入端，2 个输出端。加数 A_i、被加数 B_i 和低位进位 C_{i-1} 的信号相加。根据求和的结果来确定该位的进位信号。

根据全加器的功能，列出的真值表见表 2 - 8 - 2。在表中，C_{i-1} 为相邻低位来的进位数，S_i 为本位和数（称为全加和），C_i 为相邻高位的进位数。

由真值表写出全加器 S_i 和 C_i 的逻辑表达式：

$$S_i = A_i \oplus B_i \oplus C_{i-1}, \quad C_i = A_i B_i + (A_i \oplus B_i) C_{i-1}$$

由逻辑门构成的全加器原理图如图 2 - 8 - 2 所示。

表 2 - 8 - 2　一位全加器的真值表

A_i	B_i	C_{i-1}	S_i	C_i
0	0	0	0	0
0	0	1	1	0
0	1	0	1	0
0	1	1	0	1
1	0	0	1	0
1	0	1	0	1
1	1	0	0	1
1	1	1	1	1

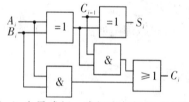

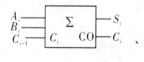

（a）由异或门、或门和与门组成全加器　　　　（b）逻辑符号

图 2 - 8 - 2　由逻辑门构成的全加器及逻辑符号

2. 数值比较器的原理

在数字电子系统中，需要比较两个数的数值大小。数值比较器是对两数 A、B 进行比较，来判断输出逻辑电路的大小。比较结果有 $A > B$、$A < B$、$A = B$ 三种情况。表 2 - 8 - 3 是一位数值比较器的真值表，逻辑电路如图 2 - 8 - 3 所示。

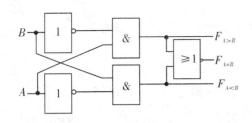

图 2-8-3 一位数值比较器的逻辑电路图

表 2-8-3 一位数值比较器的真值表

输入		输出		
A	B	$F_{A>B}$	$F_{A<B}$	$F_{A=B}$
0	0	0	0	1
0	1	0	1	0
1	0	1	0	0
1	1	0	0	1

对于多位数值比较器，在比较两个多位数的大小时，必须自高而低地逐位比较，而且只有在高位相等时，才需要比较低位。也就是说，由高位到低位逐位进行比较。首先对两数的高位比较，当高位不等时，两数的比较结果由高位的值确定；当两数高位相等时，再比较两数的下一位，依次进行两数的逐位比较。

3. 四位数值比较器实验用的芯片 74LS85

集成芯片 74LS85 是四位数值大小比较器。引脚排列如图 2-8-4 所示。集成芯片⑮、⑬、⑫、⑩脚和①、⑭、⑪、⑨脚分别是两组数值的输入端，两组数的每位数值先进行高位比较。②、③、④脚为扩展端，⑤、⑥、⑦脚为比较结果输出端，⑧脚为地端，⑯脚为电源 +5 V。

图 2-8-4 74LS85 芯片引脚排列

四、实验内容

1. 四位二进制全加器（验证性实验）

集成芯片 74LS83 是四位二进制全加器，引脚排列如图 2-8-5 所示。芯片⑤脚为电源 +5 V，⑫脚为接地端。A_n、B_n 为操作数输入端，$\sum_n$ 为和数输出端，C_n 为进位输出端，C_{n-1} 为低位进位输入端。将二组数据 A_4、A_3、A_2、A_1 及 B_4、B_3、B_2、B_1 分别接入逻辑开关，输出 C_n、$\sum_4$、$\sum_3$、$\sum_2$、$\sum_1$ 分别接至发光二极管显示。接线时注意各组数据的输入、输出顺序，一般习惯左边是高位，右边是低位。实验只做四位全加器时，C_{n-1} 必须接地。

观察发光二极管显示结果，将结果填入表 2-8-4 中。

图 2-8-5 74LS83 芯片引脚排列

表 2-8-4 四位二进制全加器数据测试

A_4	A_3	A_2	A_1	B_4	B_3	B_2	B_1	C_n	$\sum_4$	$\sum_3$	$\sum_2$	$\sum_1$
1	0	0	1	1	1	0	0					
0	1	0	1	0	0	1	1					
1	0	1	0	0	1	0	1					
0	1	1	1	0	1	0	1					
0	1	0	0	1	0	1	1					

2. 全加器电路设计（设计性实验）

用两片四位二进制全加器集成芯片 74LS83，设计出八位二进制全加器电路，画出接线图并实验验证。自行设计表格，记录测试结果。

3. 四位二进制数值比较器（验证性实验）

实验芯片 74LS85 是四位数值比较器，引脚排列如图 2 - 8 - 4 所示。$A_3 \sim A_0$ 和 $B_3 \sim B_0$ 为两组四位二进制的比较输入端，分别接至逻辑开关，A_3、B_3 是最高位。引脚⑤、⑥、⑦为比较输出端接发光二极管显示，引脚②、③、④为扩展端，扩展输出的②、④脚接低电平，③脚接高电平。

输入两组二进制数值，观察发光二极管显示结果，将结果记入表 2 - 8 - 5 中。

表 2 - 8 - 5　四位二进制数值比较器数据

A_3	A_2	A_1	A_0	B_3	B_2	B_1	B_0	$A>B$　　$A=B$　$A<B$
0	0	1	1	0	1	0	1	
1	0	0	1	1	0	0	1	
1	0	0	0	0	1	1	1	
0	1	0	1	0	0	1	0	
1	0	1	1	1	1	0	1	

4. 数值比较器的扩展实验（综合性实验）

数值比较器的扩展方式有串联和并联两种。如果两数的位数较少，比较常用串联方式；如果两数位数较多且要满足一定的速度要求时，用并联方式。

实验采用串联方式，用 2 片集成芯片 74LS85 组成八位数值比较器。对于两个八位数，若高四位相同，它们的大小将由低四位的比较结果确定。因此，低四位的比较结果作为高四位的条件，即低四位比较器的输出端，分别与高四位比较器的 $I_{A>B}$、$I_{A<B}$ 和 $I_{A=B}$ 端连接，实现八位数值大小比较器，如图 2 - 8 - 6 所示。

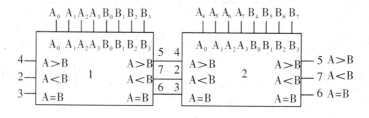

图 2 - 8 - 6　用 2 片集成芯片 74LS85 组成八位数值比较器

五、预习要求

（1）复习半加器、全加器和数值比较器的工作原理。

（2）掌握用四位二进制全加器 74LS83，四位数值大小比较器 74LS85 设计电路。

（3）实验前画好实验所需的电路图和表格。

六、实验报告与思考题

（1）整理实验结果，分析逻辑功能。

（2）用集成 74LS83、74LS85 测试表 2 – 8 – 4 和表 2 – 8 – 5 中的数据，并进行小结。

（3）用 2 片 74LS85 芯片组成八位芯片数值大小比较器，画表并验证，记录结果。

（4）如何用 2 片 74LS83 芯片设计八位二进制全加器？画出连接电路并验证，自拟表格记录结果。

实验 2.9　同步时序逻辑电路的设计

一、实验目的

（1）掌握同步时序电路的分析方法和功能测试。

（2）学会自行设计同步时序逻辑电路。

二、实验设备及材料

数字逻辑电路实验箱及扩展板，双 JK 触发器 74LS112，四 2 输入与非门 74LS00，非门 74LS04，四 2 输入与门 74LS08，三 3 输入与门 74LS11 和四 2 输入异或门 74LS86。

三、实验原理

在同步时序电路中，所有触发器都是在同一时钟信号操作下工作，各个触发器的变化都是在同一时刻发生的。

（1）分析时序电路时，要找出给定时序电路的逻辑功能，即找出电路的状态和输出的状态在输入变量和时钟信号作用下的变化规律。时序电路的逻辑功能可以用输出方程、驱动方程和状态方程全面描述。根据这三个方程，就能够得到在任何给定输入变量状态和电路状态下电路的输出和次态。

由逻辑图求出时序电路的逻辑功能称为时序电路的分析。同步时序电路分析步骤：

① 由给定的逻辑图，写出每个触发器的驱动方程（即存储电路中每个触发器输入信号的逻辑函数式）和输出方程。

② 将驱动方程代入相应触发器的特性方程，得出每个触发器的状态方程（或次态方程），从而得到由这些状态方程组成的整个时序电路的状态方程组。

③ 依次设定初态，代入状态方程，得到电路的状态转换表（或画出状态转换图）。

④ 由状态转换图画出电路的时序图，或直接说明电路的逻辑功能。

（2）在设计时序逻辑电路时，要求设计者根据给出的具体逻辑问题，求出实现这一逻辑功能的逻辑电路。所得到的设计结果应力求简单（在选用小规模集成电路设计时，所用的触发器和门电路的数目最少，而且触发器和门电路数目也最少。在使用中、大规模集成电路设计时，应使集成电路的数目、种类最少，电路的相互连线也最少）。

同步时序逻辑电路的设计过程如图 2 - 9 - 1 所示。其步骤是：

① 把要求实现的时序逻辑功能表示为时序逻辑函数，可用状态转换表的形式，也可用状态转换图的形式（通常取原因作为输入逻辑变量，取结果作为输出逻辑变量）。

② 在两个电路状态相同的输入下有相同的输出，且转换到同样一个次态时，可以合

并为一个电路的状态，以求得最简的状态转换图。

③ 时序逻辑电路的状态是用触发器状态的不同组合来表示。首先，要确定触发器的数目 n。因为 n 个触发器共有 2^n 种状态组合，所以要获得时序电路所需的 M 个状态必须取

$$2^{n-1} < M < 2^n \qquad\qquad (2-9-1)$$

其次，要给每个电路状态规定对应的触发器状态组合，又称状态编码。

④ 选定触发器的类型，应力求减少系统中使用的触发器种类。根据状态转换图（状态转换表）选定的状态编码、触发的类型，就能写出电路的状态方程、驱动方程和输出方程。

⑤ 根据得到的方程式画出逻辑图。

⑥ 检查设计的电路能否自启动（所谓电路能否自启动是指没有进入有效循环的触发器输出的其他组合，能否在 CP 脉冲下自动返回有效状态，若能，称为自启动，否则为不能自启动）。

图 2 - 9 - 1 同步时序逻辑电路的设计过程方框图

例：试用集成芯片 74LS112 双下降沿 JK 触发器（引脚排列如图 2 - 9 - 2 所示）设计一个七进制计数器，要求电路能够自启动。计数器的状态转换图如图 2 - 9 - 3 所示。

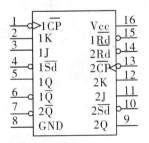

图 2 - 9 - 2 74LS112 引脚排列

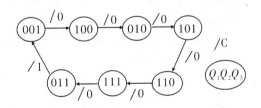

图 2 - 9 - 3 七进制状态转换图

解：由图 2 - 9 - 3 所示的七进制状态转换图画出设计电路的次态（Q_1^{n+1}、Q_2^{n+1}、Q_3^{n+1}）的卡诺图，如图 2 - 9 - 4 所示。图中这七种状态以外的 000 状态为无效状态。

现将图 2 - 9 - 4 中的卡诺图分解为图 2 - 9 - 5 所示的三个卡诺图，分别表示 Q_1^{n+1}、

Q_1^n \ $Q_2^n Q_3^n$	00	01	11	10
0	× × ×	100	001	101
1	010	110	011	111

图 2 - 9 - 4 电路次态 $Q_1^{n+1} Q_2^{n+1} Q_3^{n+1}$ 的卡诺图

Q_2^{n+1}、Q_3^{n+1}。从三个卡诺图得出化简状态方程为：

$$\begin{cases} Q_1^{n+1} = Q_2 \oplus Q_3 \\ Q_2^{n+1} = Q_1 \\ Q_3^{n+1} = Q_2 \end{cases} \qquad (2-9-2)$$

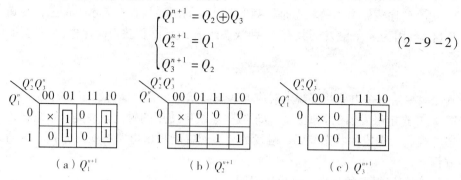

（a）Q_1^{n+1} （b）Q_2^{n+1} （c）Q_3^{n+1}

图 2-9-5 图 2-9-4 卡诺图的分解

由图 2-9-5 可知，化简时将所有的 × 全部作 0 了。这也就意味着把图 2-9-4 中 000 状态的次态仍旧当成 000，电路一旦进入 000 状态后，就不可能在时钟信号作用下脱离这个无效状态而进入有效循环，所以电路不能自启动。为使电路能够自启动，应将图 2-9-4 中的 ××× 取为一个有效状态，如取 010。这时 Q_2^{n+1} 的卡诺图改为图 2-9-6 的形式，

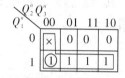

图 2-9-6 修改后的 Q_2^{n+1} 卡诺图

化简后为 $Q_2^{n+1} = Q_1 + \overline{Q_2}\,\overline{Q_3}$，故式（2-9-2）的状态方程修改为：

$$\begin{cases} Q_1^{n+1} = Q_2 \oplus Q_3 \\ Q_2^{n+1} = Q_1 + \overline{Q_2}\,\overline{Q_3} \\ Q_3^{n+1} = Q_2 \end{cases} \qquad (2-9-3)$$

根据题意，选用 JK 触发器来实现电路的设计，式（2-9-3）应化简为 JK 触发器的标准形式，便得到：

$$\begin{cases} Q_1^{n+1} = (Q_2 \oplus Q_3)(Q_1 + \overline{Q_1}) = (Q_2 \oplus Q_3)\overline{Q_1} + (Q_2 \oplus Q_3)Q_1 \\ Q_2^{n+1} = Q_1(Q_2 + \overline{Q_2}) + \overline{Q_2}\,\overline{Q_3} = (Q_1 + \overline{Q_3})\overline{Q_2} + Q_1 Q_2 \\ Q_3^{n+1} = Q_2(Q_3 + \overline{Q_3}) = Q_2 \overline{Q_3} + Q_2 Q_3 \end{cases} \qquad (2-9-4)$$

由式（2-9-4）可知，各触发器的驱动方程应为：

$$\begin{aligned} J_1 &= Q_2 \oplus Q_3, & K_1 &= \overline{Q_2 \oplus Q_3} \\ J_2 &= \overline{\overline{Q_1 Q_3}}, & K_2 &= \overline{Q_1} \\ J_3 &= Q_2, & K_3 &= \overline{Q_2} \end{aligned} \qquad (2-9-5)$$

计数器的输出进位信号 C 由电路的 011 状态译出，故输出方程为：

$$C = \overline{Q_1} Q_2 Q_3 \qquad (2-9-6)$$

由式（2-9-5）、（2-9-6）画出逻辑图（如图 2-9-7 所示），以及电路能够自启动的状态转换图（如图 2-9-8 所示）。

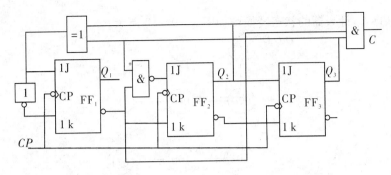

图 2 – 9 – 7　用 *JK* 触发器实现七进制计数器逻辑电路

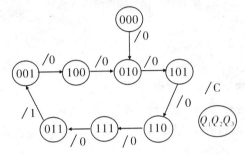

图 2 – 9 – 8　自启电路的状态转换图

四、实验内容

1. 同步时序电路功能测试（验证性实验）

图 2 – 9 – 9 所示的电路为一般的同步时序电路。F_1、F_2 采用 74LS112 双下降沿触发器和与门芯片 74LS08 构成电路。完成电路接线，用点动脉冲作为时钟 *CP*，自拟表格，记录输出结果。写出电路的驱动方程、状态方程和输出方程（各触发器的初始状态均为"0"）。根据状态方程列出状态表，画出时序波形图。说明电路的逻辑功能。

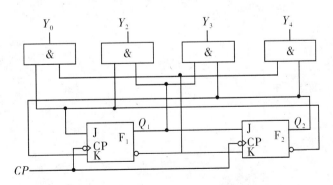

图 2 – 9 – 9　同步时序逻辑功能测试电路

2. 同步时序电路设计（设计性实验）

用两块集成芯片 74LS112 双下降沿 *JK* 触发器，设计同步六进制加法计数器，要求

– 71 –

电路能够自启动。计数器的状态转换图如图 2 - 9 - 10 所示。

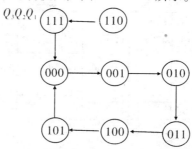

图 2 - 9 - 10　同步时序转换图

五、预习要求

（1）复习时序电路的分析方法和设计步骤。

（2）复习同步时序逻辑电路的设计过程。

（3）熟悉实验内容，自拟表格记录实验数据，完成实验内容 2 的同步时序电路设计。

六、实验报告与思考题

（1）记录、整理实验数据，并对实验结果进行分析。

（2）记录实验内容 2 的电路设计过程和测试数据，总结设计过程。

（3）同步时序电路的特点是什么？测试其功能和测试计数电路相比有什么不同？

（4）在设计同步时序电路时，怎样确定电路的状态编码？

实验 2.10　计数器及其应用

一、实验目的

（1）熟悉中规模集成计数器的功能及使用方法。
（2）掌握时序逻辑部件功能的测试方法。
（3）能熟练地用中规模集成计数器设计时序电路。

二、实验仪器及材料

数字逻辑电路实验箱和扩展板，双踪示波器，芯片 74LS00、74LS04、74LS10，双 D 触发器 74LS74，同步十进制可逆计数器芯片 74LS192（或 CC40192），可预置的 4 位同步二进制计数器 74LS161 等。

三、实验原理

计数器是数字电路系统中应用较多的基本逻辑器件。它的基本功能是统计时钟脉冲的个数，实现计数操作；同时也用于与分频、定时、产生节拍脉冲和脉冲序列等。例如，计算机中的时序发生器、分频器、指令计数器等都要使用计数器。

计数器的种类很多。按构成计数器的各触发器是否使用一个时钟脉冲源来分，可分为同步计数器和异步计数器；按进位体制的不同，分为二进制计数器、十进制计数器和任意进制计数器；按计数过程中数字增、减不同，分为加法计数器、减法计数器和可逆计数器；还有可预制数和可编程计数器，等等。

1. 用 D 触发器构成异步二进制加法/减法计数器

如图 2–10–1 所示，电路由 3 个上升沿触发的 D 触发器组成的三位二进制异步加法计数器。电路的连接特点是将每只 D 触发器转换成为 T' 型触发形式，再由低位触发器反相输出 $\overline{Q}$ 端和高一位的 CP 端相连接，即构成异步计数方式。

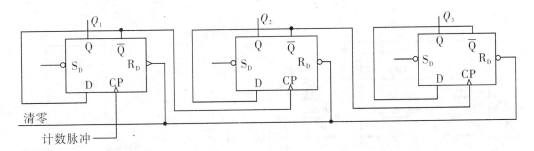

图 2–10–1　用 74LS74 构成三位二进制异步加法计数器

若将图 2 - 10 - 1 所示电路稍加改动（将异步加法器电路的低位触发器的 Q 端与高一位的 CP 端相连），即构成了 3 位二进制异步减法计数器，如图 2 - 10 - 2 所示。

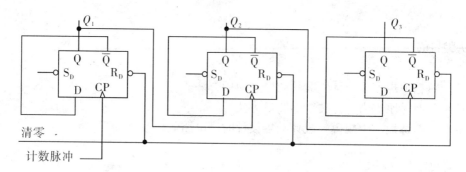

图 2 - 10 - 2　用 74LS74 构成三位二进制异步减法计数器

2. 中规模十进制计数器

中规模集成计数器品种多，功能完善，通常具有预置、保持、计数等多种功能。集成芯片 74LS192 是同步十进制可逆计数器。它具有双时钟输入，可执行十进制加法和减法计数，并具有清零、置数等功能。芯片引脚排列如图 2 - 10 - 3 所示。其中，$\overline{LD}$ 为置数端，CP_u 为加计数脉冲输入端，CP_d 为减计数脉冲输入端，$\overline{TC_u}$ 为非同步进位输出端，$\overline{TC_d}$ 为非同步借位输出端，P_0、P_1、P_2、P_3 为数据输入端，MR 为输出清零端，Q_0、Q_1、Q_2、Q_3 为计数器输出端。芯片 74LS192 功能见表 2 - 10 - 1。

图 2 - 10 - 3　74LS192 的引脚排列

当 MR 清零端为高电平 "1" 时，计数器输出被直接清零（称为异步清零），当执行其他功能时，MR 应为低电平。当 MR 为低电平、置数端 $\overline{LD}$ 为低电平时，数据直接从置数端 P_0、P_1、P_2、P_3 输入计数器。当 MR 为低电平、$\overline{LD}$ 为高电平时，执行计数功能。执行加计数时，减计数端的 CP_d 接高电平，计数脉冲由加计数端 CP_u 输入，在计数脉冲上升沿进行 8421 编码的十进制加法计数。在执行减计数时，加计数端的 CP_u 接高电平，计数脉冲由减计数端的 CP_d 输入，在计数脉冲上升沿进行 8421 编码的十进制减法计数。

表 2 - 10 - 1　74LS192 十进制加、减计数功能表

输入								输出			
MR	$\overline{LD}$	CP_u	CP_d	P_3	P_2	P_1	P_0	Q_3	Q_2	Q_1	Q_0
1	×	×	×	×	×	×	×	0	0	0	0
0	0	×	×	d	c	b	a	d	c	b	a
0	1	↑	1	×	×	×	×	加计数			
0	1	1	↑	×	×	×	×	减计数			

3. 可预置的四位二进制同步计数器 74LS161

可预置的四位二进制同步计数器 74LS161 具有并行预置数据、清零、置数、计数和保持功能，并且有进位输出端，可以串接计数器使用。引脚排列如图 2 - 10 - 4 所示，功能见表 2 - 10 - 2。

从表 2 - 10 - 2 中可知，该计数器具有信号清零 $\overline{MR}$ 端，信号使能端 PE、TE，信号置数端 $\overline{LD}$，时钟信号端 CP，四个数据输入端 P_1、P_2、P_3、P_4，数据输出端 Q_1、Q_2、Q_3、Q_4，以及进位输出端 C_O。

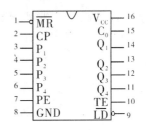

图 2 - 10 - 4　74LS161 引脚排列

表 2 - 10 - 2　74LS161 同步计数器的功能表

清零	预置	使能		时钟	预置数据输入				输出			
$\overline{MR}$	$\overline{LD}$	PE	TE	CP	P_1	P_2	P_3	P_4	Q_1	Q_2	Q_3	Q_4
0	×	×	×	×	×	×	×	×	0	0	0	0
1	0	×	×	↑	A	B	C	D	A	B	C	D
1	1	0	×	×	×	×	×	×	保持			
1	1	×	0	×	×	×	×	×	保持			
1	1	1	1	↑	×	×	×	×	计数			

4. 计数器的级联使用

一位十进制计数器只能表示 0 ~ 9 的十个数。为了扩大计数器范围，常用几个十进制计数器级联使用。同步计数器往往设有进位（或借位）输出端，故可选用其进位（或借位）输出信号来驱动下一级计数器。

同步十进制可逆计数器芯片 74LS192，利用进位输出控制高一位的加计数端构成的加数级联连接电路，如图 2 - 10 - 5 所示。

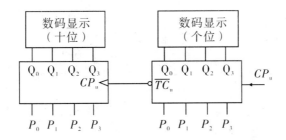

图 2 - 10 - 5　74LS192 构成的加计数级联电路图

5. 实现任意进制计数
（1）用复位法获得任意进制计数器。

假定已有一个 N 进制计数器，而需要得到一个 M 进制计数器时，只要 $M < N$，用复位法使计数器计数到 M 时置零，即获得 M 进制计数器。如图 2 – 10 – 6 所示为一个由 74LS192 十进制计数器接成的六进制计数器。

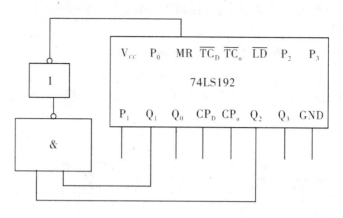

图 2 – 10 – 6　六进制计数器

（2）特殊进制计数器。

特殊的十二进制的计数器常见于时间的小时、分、秒计数。在数字钟里，对十位的计时顺序是 1，2，3，…，11，12，即为十二进制，且无 0 数。当计数到 13 时，通过与非门产生一个复位信号，使 74LS192（第二片的时十位）直接置成 0000，而 74LS192（第一片）即时的个位直接置成 0001，从而实现了从 1 开始到 12 的计数。如图 2 – 10 – 7 所示。

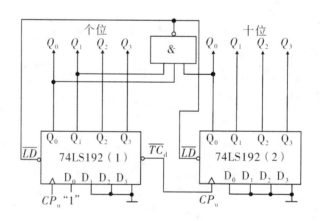

图 2 – 10 – 7　特殊进制计数器

四、实验内容

1. 用两片 74LS74 双 D 触发器构成四位二进制异步加法计数器（综合性实验）

按图 2 – 10 – 1 所示连线，清零脉冲 $\overline{R_D}$ 接至逻辑电平拨位开关，CP 端接单次脉冲源

（或 1 Hz 连续脉冲），输出 Q_4、Q_3、Q_2、Q_1 接发光二极管显示插孔，$\overline{S}_\mathrm{D}$ 接高电平"1"。

清零（将 $\overline{R}_\mathrm{D}$ 接逻辑拨位开关的低电平）后，再拨到高电平，将单次脉冲接 1 Hz 的连续脉冲，观察 CP、$Q_4 \sim Q_1$ 的状态，自拟表格并记录数据。

2. 用两片 74LS74 双 D 触发器构成四位二进制异步减法计数器（综合性实验）

如图 2 - 10 - 2 所示，自拟表格并记录实验数据。

3. 分析并验证实验电路（应用性实验）

分析图 2 - 10 - 8 所示实验电路是如何计数的？ 该电路是几进制的计数器？ 自拟表格并记录实验输出数据。

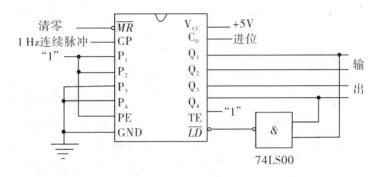

图 2 - 10 - 8　74LS161 构成同步计数器

4. 特殊十二进制计数器功能测试（验证性实验）

按图 2 - 10 - 7 所示连线。自拟表格，记录并分析实验数据。

5. 任意进制计数器电路设计（设计性实验）

（1）用两片 74LS192 构成 n（$10 < n < 20$）进制计数器（自定义 n 值，显示电路采用发光二极管或数码管均可）。对设计电路进行实验验证，自拟表格并记录实验数据。

（2）用 CD4017 构成 n（$2 < n < 20$）进制计数器（自定义 n 值，显示电路采用发光二极管）。对设计电路进行实验验证，自拟表格并记录实验数据。

CD4017 集成电路是十进制计数/时序译码器，又称十进制计数/脉冲分频器。它是 4000 系列 CMOS 数字集成电路中应用最广泛的电路之一，其结构简单，造价低廉，性能稳定可靠，工艺成熟，使用方便，深受广大电子科技工作者和电子爱好者的喜爱。

CD4017 集成块采用标准的双列直插式 16 脚塑封结构，引脚排列如图 2 - 10 - 9 所示，$\overline{EN}$ 信号输入端，脉冲下降沿有效；CP 时钟输入端，脉冲上升沿有效；在清零 R 输入端加高电平或正脉冲时，计数器输出端中 $Y_1 \sim Y_9$ 输出低电平"0"，而 Y_0 输出端为高电平；V_DD 为电源正端，接 3 ~ 18 V 直流电压；V_SS 为电源负端。CD4017 的基本功能是对 CP 输入脉冲的个数进行

1	Y_5	V_DD	16
2	Y_1	R	15
3	Y_0	CP	14
4	Y_2	EN	13
5	Y_6	$\overline{CO}$	12
6	Y_7	Y_9	11
7	Y_3	Y_4	10
8	V_SS	Y_8	9

图 2 - 10 - 9　CD4017 引脚排列

十进制计数，并按输入脉冲的顺序分配在 $Y_0 \sim Y_9$，为 10 个输出端（输出高电平），当计数达 10 个数后计数器清零，同时在 CO 输出一个高电平进位脉冲，在第 6 个计数脉冲之前，CO 端始终保持高电平。

五、预习要求

（1）复习计数器的有关原理。
（2）熟悉实验内容，画出各实验所需的表格。
（3）完成实验内容 4 计数器电路设计。
（4）查阅相关资料，熟悉 CD4017 集成块功能及其应用。

六、实验报告与思考题

（1）画出实验用 D 触发器构成四位异步二进制加、减法计数电路图。
（2）整理、记录实验数据，画出四位异步二进制加、减法计数器的时序图。
（3）画出实验内容 2.3 的电路图，记录实验数据并进行分析。
（4）计数器的脉冲上升沿触发与下降沿触发有什么不同？在使用过程中如何选择？

实验 2.11　移位寄存器及其应用

一、实验目的

（1）掌握四位双向移位寄存器的逻辑功能与使用方法。

（2）熟悉移位寄存器的使用——实现数据的串行、并行转换。

（3）熟悉用移位寄存器构成环形计数器。

二、实验设备及材料

数字逻辑电路实验箱和扩展板，集成芯片 74LS00、74LS04、74LS30（8 输入与非门），两块四位双向移位寄存器 74LS194（或 CC40194）等。

三、实验原理

在数字系统中能寄存二进制信息，且存储的信息在时钟脉冲的控制下向左移动或向右移动的逻辑部件称为移位寄存器。移位寄存器应用很广，可构成移位寄存器型的计数器、顺序脉冲发生器、串行累加器、数据转换等。根据寄存器存取信息的方式不同分为串行输入串行输出、串行输入并行输出、并行输入串行输出及并行输入并行输出 4 种形式。按移位方向有左移、右移两种。常用寄存器有多种型号，实验用的是 4 位双向通用移位寄存器 74LS194 芯片（或 CC40194，其功能相同，可以互换使用）。双向移位寄存器只要改变左、右移的控制信号便可实现数据左移或右移双向移位要求。它的结构是由链型连接的触发器构成，每个触发器输出端依次连接下一级的控制输入端，所有触发器共用同一个时钟脉冲源。

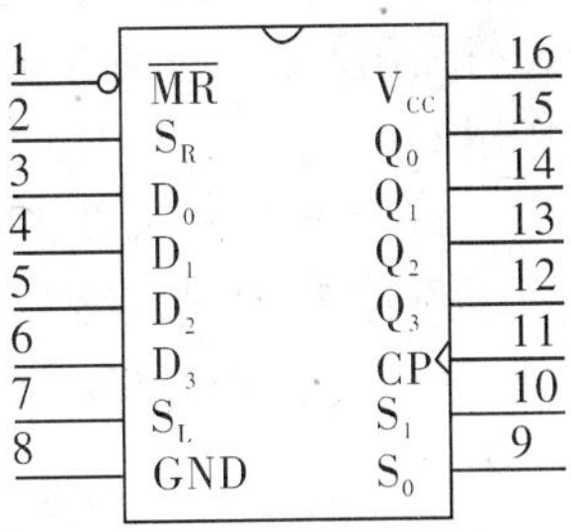

集成电路 74LS194 芯片既能实现二进制信息的存储和信息的双向移动，还可用于二进制数码的串、并行转换和数据转换。芯片的引脚排列如图 2-11-1 所示，其中 D_3、D_2、D_1、D_0 为并行输入端，Q_3、Q_2、Q_1、Q_0 为并行输出端，S_R 为右移串行输入端，S_L 为左移串行输入端，$\overline{MR}$ 为清零端，CP 为时钟脉冲输入端，S_1、S_0 为操作模式控制端。四位双向通用移位寄存器的 S_1、S_0 和端控制功能如表 2-11-1 所示。

图 2-11-1　74LS194 引脚排列

表 2 - 11 - 1　四位双向通用移位寄存器 74LS194 的功能表

CP	$\overline{MR}$	S_1	S_0	功能	$Q_3Q_2Q_1Q_0$
×	0	×	×	清除	$\overline{MR}=0$，使 $Q_3Q_2Q_1Q_0=0000$，寄存器正常工作时，$\overline{MR}=1$
↑	1	1	1	送数	CP 上升沿作用后，并行输入数据进入寄存器。$Q_3Q_2Q_1Q_0=D_3D_2D_1D_0$，此时串行数据（$S_R$、$S_L$）被禁止
↑	1	0	1	右移	串行数据送至右移输入端 S_R，CP 上升沿进行右移 $Q_3Q_2Q_1Q_0=S_LQ_3Q_2Q_1$
↑	1	1	0	左移	串行数据送至左移输入端 S_L，CP 上升沿进行左移 $Q_3Q_2Q_1Q_0=Q_2Q_1Q_0S_R$
↑	1	0	0	保持	CP 作用后寄存器内容保持不变 $Q_3Q_2Q_1Q_0=Q_3^nQ_2^nQ_1^nQ_0^n$
↓	1	×	×	保持	$Q_3Q_2Q_1Q_0=Q_3^nQ_2^nQ_1^nQ_0^n$

74LS194 芯片有 5 种不同的操作模式：并行送数寄存、数据右移（方向由 $Q_3 \rightarrow Q_0$）、数据左移（方向由 $Q_0 \rightarrow Q_3$）、数据保持和输出清零。

1. 环形计数器

环形计数器实际上就是一个自循环的移位寄存器。根据初态设置的不同，这种电路的有效循环常常是循环移位一个 1 或 0。

把移位寄存器的输出信息反馈到它的串行输入端，就可以进行循环移位，如图 2 - 11 - 2 所示。

将输出端 Q_3 与输入端 S_R 相连后，在时钟脉冲 CP 的作用下，Q_0、Q_1、Q_2、Q_3 将依次右移。同理，将输出端 Q_0 与输入端 S_L 相连后，在时钟脉冲的作用下，Q_0、Q_1、Q_2、Q_3 将逐位左移。

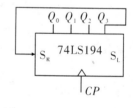

图 2 - 11 - 2　环形计数器示意图

2. 设计串行输入四位右移位寄存器

用两片双 D 触发器 74LS74（引脚功能如图 2 - 4 - 3 所示）构成串行输入/并行输出移位寄存器。如图 2 - 11 - 3 所示。

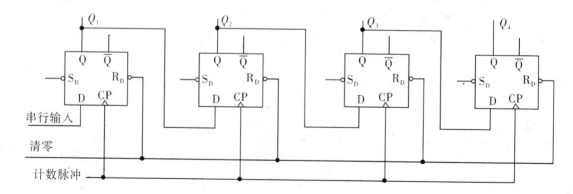

图 2 - 11 - 3　用两片 74LS74 构成四位移位寄存器

3. 实现数据串、并行转换

（1）串行/并行转换器。

串行/并行转换是指串行输入的数据，经过转换电路之后的数据并行输出。图 2 – 11 – 4 是用两片 74LS194 构成的七位串行/并行转换电路。

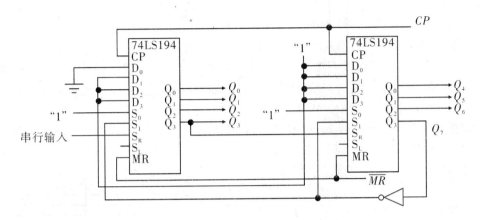

图 2 – 11 – 4　七位串行/并行转换电路图

图 2 – 11 – 4 所示电路中 S_0 端接高电平 1，S_1 受 Q_7 控制，两片寄存器连接成串行输入右移工作模式；Q_7 是转换结束标志。当 $Q_7 = 1$ 时，S_1 为 0，使之成为 $S_1 S_0 = 01$ 的串入右移工作方式；当 $Q_7 = 0$ 时，S_1 为 1，有 $S_1 S_0 = 11$，则串行送数结束，标志着串行输入的数据已转换成为并行输出。

（2）并行/串行转换器。

并行/串行转换是指并行输入的数据，经过转换电路之后串行输出。用两片 74LS194 构成的七位并行/串行转换电路如图 2 – 11 – 5 所示。与图 2 – 11 – 4 相比，此电路多用两个与非门，而且还多了一个转换启动信号（负脉冲或低电平），工作方式同样为右移。

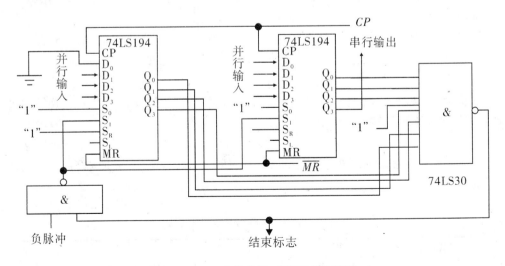

图 2 – 11 – 5　七位并行/串行转换电路图

对于中规模的集成移位寄存器，其位数以四位居多，当所需要的位数多于四位时，可以把几片集成移位寄存器用连级的方法进行扩展位数。

四、实验内容

1. 用两片集成芯片 74LS74 构成四位移位寄存器

按图 2-11-3 所示连接电路。置"1"端 S_D 悬空或接高电平，置"0"端 R_d 连一起接逻辑拨位开关，清零后应拨高电平。4 个 D 触发器的 CP 端连接后接入 1 Hz 连续脉冲。输出 Q_1、Q_2、Q_3、Q_4 接发光管显示，串行输入 D_0 接逻辑开关作为数据输入。

自拟表格记录数据，画 CP、Q_4、Q_3、Q_2、Q_1 时序图。

2. 验证双向移位寄存器 74LS194（或 CC40194）逻辑功能（验证性实验）

按图 2-11-6 所示接线，S_L、S_R、D_0、D_1、D_2、D_3 分别接逻辑开关，Q_0、Q_1、Q_2、Q_3 接至发光管显示，CP 接单次脉冲。按表 2-11-2 所规定的输入状态，逐项进行测试。

（1）清零。

令 $\overline{MR} = 0$，其他输入均为任意状态，这时寄存器输出 Q_0、Q_1、Q_2、Q_3 均为零，清零功能完成后置 $\overline{MR} = 1$。

（2）送数。

令 $\overline{MR} = S_1 = S_0 = 1$，送入任意四位二进制数，如 D_0、D_1、D_2、$D_3 = abcd$，加 CP 脉冲，观察 $CP = 0$、CP 由 $0 \to 1$、CP 由 $1 \to 0$ 三种情况下寄存器输出状态的变化，分析寄存器输出状态变化是否发生在 CP 脉冲上升沿并记录。

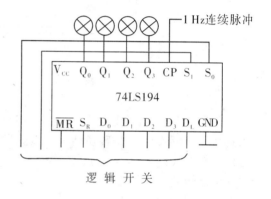

图 2-11-6　功能测试接线图

（3）右移。

令 $\overline{MR} = 1$、$S_1 = 0$、$S_0 = 1$，用并行送数预置寄存器输出。由右移输入端 S_R 送入二进制数码如 0100，由 CP 端连续加 4 个脉冲，观察输出端情况并作记录。

（4）左移。

令 $\overline{MR} = 1$、$S_1 = 1$、$S_0 = 0$，由左移输入端 S_L 送入二进制数码如 1110，连续加 4 个 CP 脉冲，观察输出端情况并记录。

（5）保持。

寄存器预置任意四位二进制数码 $abcd$，令 $\overline{MR} = 1$、$S_1 = S_0 = 0$，加 CP 脉冲，观察寄存器输出状态并作记录。

表 2-11-2　74LS194 功能测试表

清除	模式		时钟	串行		输入				输出				功能总结
$\overline{MR}$	S_1	S_0	CP	S_L	S_R	D_0	D_1	D_2	D_3	Q_0	Q_1	Q_2	Q_3	

（续上表）

清除	模式		时钟	串行		输入				输出	功能总结
0	×	×	×	×	×	×	×	×	×		
1	1	1	↑	×	×	a	b	c	e		
1	0	1	↑	×	0	×	×	×	×		
1	0	1	↑	×	1	×	×	×	×		
1	0	1	↑	×	0	×	×	×	×		
1	0	1	↑	×	0	×	×	×	×		
1	1	0	↑	1	×	×	×	×	×		
1	1	0	↑	1	×	×	×	×	×		
1	1	0	↑	1	×	×	×	×	×		
1	1	0	↑	1	×	×	×	×	×		
1	0	0	↑	×	×	×	×	×	×		

3. 环形计数器（设计性实验）

设计环形计数器电路，实现右移/左移循环。用并行送数法预置计数器为某二进制代码（如 $D_3D_2D_1D_0 = 0100$），观察寄存器输出数据状态的变化，自拟表格并记录结果。

4. 串行/并行数据转换测试（综合性实验）

按图 2-11-4 所示连线，进行右移串行输入、并行输出实验。串行输入数据自定，自拟表格并记录实验数据。

5. 并行/串行数据转换测试（综合性实验）

按图 2-11-5 连线，进行右移并行输入、串行输出实验。并行输入数据自定，自拟表格并记录实验数据。

6. 设计用两片 74LS194 设计成的七位左移串/并行转换器电路

7. 设计用两片 74LS194 设计成的七位左移并/串行转换器电路

五、预习要求

（1）复习有关寄存器内容，掌握移位寄存器工作的基本原理。

（2）查阅资料，熟悉 74LS194（或 CC40194）逻辑功能及其应用。画出实验记录表格并记录实验数据。

（3）完成实验内容 5.6 的设计，画出电路图。

六、实验报告与思考题

（1）按实验内容的要求，记录和整理实验数据。

（2）若要进行循环左移，图 2-11-4、图 2-11-5 所示接线应如何修改？

实验 2.12　555 集成时基电路及其应用

一、实验目的

（1）熟悉 555 集成时基电路的电路结构、工作原理及其特点。
（2）掌握 555 集成时基电路的基本应用。

二、实验设备及材料

数字逻辑电路实验箱和扩展板，数字万用表，双踪示波器，集成芯片 NE555，低频信号发生器（可选）。

三、实验原理

1. 555 定时器的电路结构与工作原理

集成芯片 555 是一种能够产生时间延迟和多种脉冲信号的控制电路，是数字、模拟混合型的中规模集成电路。芯片引脚排列如图 2 - 12 - 1 所示，内部电路如图 2 - 12 - 2 所示。电路使用灵活、方便，只需外接少量的阻容元件就可以构成单稳、多谐和施密特触发器，广泛应用于信号的产生、变换、控制与检测。它的内部电压标准使用了 3 个 5 kΩ 的电阻，故取名 555 电路。电路类型有双极型和 CMOS 型两大类，两者的工作原理和结构相似。几乎所有的双极型产品型号最后的 3 位数码都是 555 或 556；所有的 CMOS 产品型号最后 4 位数码都是 7555 或 7556，两者的逻辑功能和引脚排列完全相同，易于互换。555 和 7555 是单定时器，556 和 7556 是双定时器。双极型的 555 电路电源电压为 +5 ~ +15 V，输出的最大电流可达 200 mA；CMOS 型的电源电压是 +3 ~ +18 V。

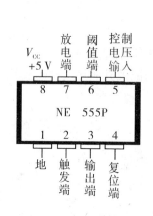

图 2 - 12 - 1　555 定时器引脚图

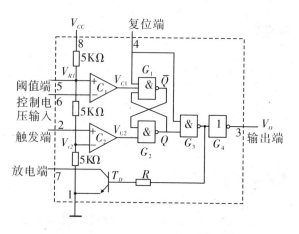

图 2 - 12 - 2　555 定时器内部电路

555 内部电路有两个电压比较器、基本 RS 触发器和放电开关管 T。比较器的参考电压由 3 只 5 kΩ 的电阻分压提供，比较器 A_1 同相端参考电平为 $\frac{2}{3}V_{CC}$、比较器 A_2 的反相端参考电平为 $\frac{1}{3}V_{CC}$。A_1 和 A_2 的输出端控制 RS 触发器状态和放电管开关状态。当输入信号超出 $\frac{2}{3}V_{CC}$ 时，比较器 A_1 翻转，触发器复位，555 的输出端③脚输出低电平，开关管导通，电路放电。当输入信号低于 $\frac{1}{3}V_{CC}$ 时，比较器 A_2 翻转，触发器置位，开关管截止，电路充电，555 的③脚输出高电平。

$\overline{R}_D$ 是复位端，当其为 0 时，555 输出低电平。应用时通常开路或接 V_{CC}。

⑤脚是控制电压端，平时输出 $\frac{2}{3}V_{CC}$ 作为比较器 A_1 的参考电平，当⑤脚外接一个输入电压，即改变了比较器的参考电平，从而实现对输出的另一种控制，在不接外加电压时，通常接一个 0.01 μF 的电容器至地，起滤波作用，以消除外来的干扰，确保参考电平的稳定。

T 为放电管，当 T 导通时，经过脚⑦至电容器，提供低阻放电电路。

2.555 定时器的典型应用

（1）555 定时器构成单稳态触发器。

图 2-12-3 为由 555 定时器和外接定时元件 R、C 构成的单稳态触发器。D 为钳位二极管，稳态时 555 电路输入端处于电源电平，内部放电开关管 T 导通，输出端 V_o 输出低电平。当有一个外部负脉冲触发信号加到 V_i 端，并使②端电位瞬时低于 $\frac{1}{3}V_{CC}$ 低电平时，比较器动作，单稳态电路即开始一个稳态过程，电容 C 开始充电，V_C 按指数规律增长。当 V_C 充电到 $\frac{2}{3}V_{CC}$ 高电平时，比较器动作，比较器 A_1 翻转，输出 V_o 从高电平返回低电平，放电开关管 T 重新导通，电容 C 上的电荷很快经放电开关管放电，暂态结束，恢复稳定，为下个触发脉冲的到来做好准备。波形如图 2-12-4 所示。

暂稳态的持续时间 T_w（即延时时间）决定

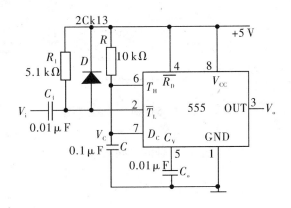

图 2-12-3　555 构成单稳态触发器

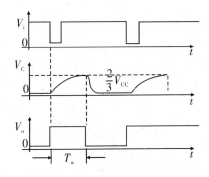

图 2-12-4　单稳态触发器波形

于外接元件 R、C 的大小。

$$T_w = 1.1RC \qquad (2-12-1)$$

通过改变 R、C 的大小，延时时间可在几个微秒和几十分钟之间变化。单稳态电路作为计时器时，可直接驱动小型继电器，并可采用复位端接地的方法来终止暂态，重新计时。此外需用一个续流二极管与继电器线圈并接，以防继电器线圈反电势损坏内部功率管。

（2）555 定时器构成多谐振荡器。

如图 2-12-5 所示，由 555 定时器和外接元件 R_1、R_2、C 构成多谐振荡器，脚②与脚⑥直接相连。电路没有稳态，仅存在两个暂稳态，电路不需要外接触发信号，电源通过 R_1、R_2 向 C 充电，以及 C 通过 R_2 向放电端 D_C 放电，使电路产生振荡。电容 C 在 $\frac{2}{3}V_{CC}$ 和 $\frac{1}{3}V_{CC}$ 之间充电和放电，从而在输出端得到一系列的矩形波，其波形如图 2-12-6 所示。

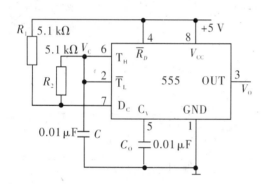

图 2-12-5　555 构成多谐振荡器

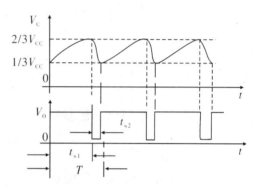

图 2-12-6　多谐振荡器的波形

振荡器输出信号的时间参数是：

$$\begin{cases} T = t_{w1} + t_{w2} \\ t_{w1} = 0.7(R_1 + R_2)C \\ t_{w2} = 0.7R_2C \end{cases} \qquad (2-12-2)$$

式中，t_{w1} 为 V_C 由 $\frac{1}{3}V_{CC}$ 上升到 $\frac{2}{3}V_{CC}$ 所需的时间，t_{w2} 为电容 C 放电所需的时间。

555 电路要求 R_1 与 R_2 均应不小于 1 kΩ，但两者之和应不大于 3.3 MΩ。

外部元件的稳定性决定了多谐振荡器的稳定性，555 定时器配以少量的元件即可获得较高精度的振荡频率和具有较强的功率输出能力。因此，这种形式的多谐振荡器应用广泛。

（3）555 定时器组成施密特触发器。

电路如图 2-12-7 所示，只要将脚②和脚⑥连在一起作为信号输入端，即可得到施密特触发器。图 2-12-8 画出了 V_S、V_i 和 V_o 的波形图。

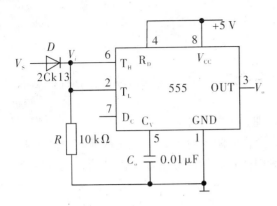

图2-12-7　555构成施密特触发器

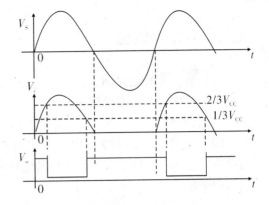

图2-12-8　555构成施密特触发器的波形

设被整形变换的电压为正弦波 V_S，其正半波通过二极管 D 同时加到555定时器的脚②和脚⑥，得到的 V_i 为半波整流波形。当 V_i 上升到 $\frac{2}{3}V_{CC}$ 时，输出电压 V_o 从高电平转换为低电平；当 V_i 下降到 $\frac{1}{3}V_{CC}$ 时，输出电压 V_o 又从低电平转换为高电平。

回差电压：

$$\Delta U = \frac{2}{3}V_{CC} - \frac{1}{3}V_{CC} = \frac{1}{3}V_{CC} \tag{2-12-3}$$

四、实验内容

1. 单稳态触发器电路测试（验证性实验）

按图2-12-3所示接线，R 为 10 kΩ，C 为 0.1 μF（或 0.01 μF）时，输入端加500 Hz 的连续方波脉冲，双踪示波器观察并记录 V_i、V_C、V_o 波形。测量幅度与暂稳态时间。

2. 多谐振荡器电路测试（设计性实验）

用555电路构成多谐振荡器，要求振荡波形的频率为 1 kHz 的方波。画出设计电路图，按电路图接线，双踪示波器观察并记录 V_C 与 V_o 的波形，验证频率。

3. 施密特触发器电路测试（验证性实验）

按图2-12-7所示接线，输入信号由低频信号发生器提供（也可以由实验箱中信号源部分的正弦信号模拟），预先调好 V_i 的频率为 1 kHz，接通电源，逐渐加大 V_S 的幅度，观测输出波形，测绘电压传输特性，计算回差电压 ΔU。

五、预习要求

（1）复习有关555的工作原理及其应用。

（2）拟定各实验内容的步骤和方法，列出实验所需的数据表格并作记录。

（3）按实验内容2要求选定各电路参数，并进行理论计算，求出输出脉冲的宽度和频率。

六、实验报告与思考题

（1）画出实验电路图，记录、整理实验测试数据，绘出观察到的波形并分析，总结实验结果（注意每个波形频率）。

（2）叙述集成芯片555应用电路的工作原理和主要功能。

（3）用两个时基电路EN556，8 Ω喇叭1个，电阻、电容若干，设计低频对高频调制的救护车警铃电路（参考555时基电路多谐振荡器，示波器观察输出波形，最后接上喇叭调试参数）。

实验 2.13　数/模转换器

一、实验目的

（1）了解数/模（D/A）转换器的工作原理、基本结构和性能。
（2）熟悉集成数/模（D/A）转换器 DAC0832 的功能及其典型应用。

二、实验设备及材料

数字逻辑电路实验箱，数字万用表，DAC0832，D/A 转换实验板等。

三、实验原理

1. D/A 转换器 DAC0832

DAC0832 是采用 CMOS 工艺制成的单片电流输出型八位 8 通道逐次比较型数/模转换器，引脚排列如图 2 – 13 – 1 所示。它有 8 个输入端，每个输入端是八位二进制数的一位，一个模拟输出端，输入有（2^8）256 个不同的二进制组态，输出为 256 个电压之一，即输出电压不是整个电压范围内任意值，而只能是 256 个可能值。各引脚功能含义为：

$D_0 \sim D_7$：数字信号输入端。可通过 PC 机用软件来发送数字信号或者用实验箱逻辑拨位开关输入数字量。

ILE：输入寄存器允许，高电平有效。

$\overline{CS}$：片选信号，低电平有效，与 ILE 信号合起来共同控制是否起作用。

$\overline{WR1}$：写信号 1，低电平有效，用来将数据总数的数据输入锁存于 8 位输入寄存器中，$\overline{WR1}$ 有效时，必须使和 ILE 同时有效。

$\overline{XFER}$：传送控制信号，低电平有效，用来控制是否起作用。

$\overline{WR2}$：写信号 2，低电平有效，用来将锁存于八位输入寄存器中的数字传送到八位 D/A 寄存器锁存起来，此时 WFER 应有效。

I_{OUT1}：D/A 输出电流 1，当输入数字量全为 1 时，电流值最大。

I_{OUT2}：D/A 输出电流 2。

V_{CC}电源：电压范围（$+5 \sim +15$ V）。

V_{REF}：基准电压。

$AGND$：模拟地。

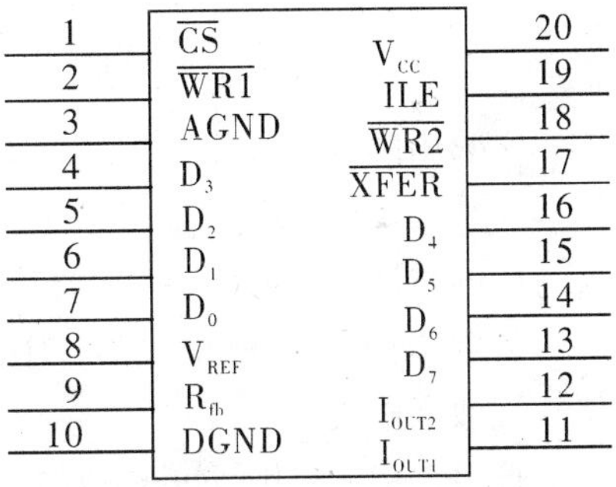

1	$\overline{CS}$	V_{CC}	20
2	$\overline{WR1}$	ILE	19
3	$AGND$	$\overline{WR2}$	18
4	D_3	$\overline{XFER}$	17
5	D_2	D_4	16
6	D_1	D_5	15
7	D_0	D_6	14
8	V_{REF}	D_7	13
9	R_{fb}	I_{OUT2}	12
10	$DGND$	I_{OUT1}	11

图 2 – 13 – 1　DAC0832 引脚排列

DGND：数字地。

R_{fb}：反馈电阻。DAC0832 为电流输出型芯片，可外接运算放大器，将电流输出转换成电压输出，电阻 R_{fb} 是集成在内的运算放大器的反馈电阻，并将其一端引出片外，为在片外连接运算放大器提供方便。R_{fb} 的引出端（脚⑨）直接与运算放大器的输出端相连接。

2. 实验原理电路

DAC0832 的 *D/A* 转换器原理电路如图 2 – 13 – 2 所示。DAC0832 的输出是电流，要转换为电压，需经过外接的运算放大器。若要求 *D/A* 转换器输出为双极性，需用两个集成运放来实现。

单极性输出电压为：

$$V_{\text{OUT1}} = -V_{\text{REF}} \text{（数字码/256）} \qquad (2-13-1)$$

双极性输出电压为：

$$V_{\text{OUT2}} = \frac{\text{（数字码} - 128\text{）}}{128} \times V_{\text{REF}} \qquad (2-13-2)$$

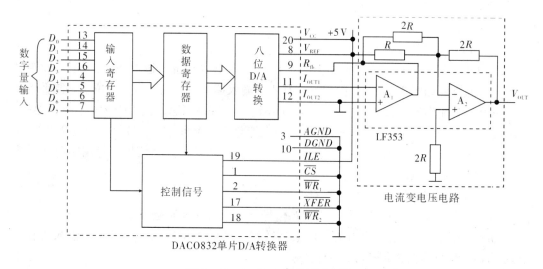

图 2 – 13 – 2　D/A 转换原理框图

四、实验内容

DAC0832 数/模（*D/A*）转换电路测试（验证性实验）

按图 2 – 13 – 2 电路接线，$D_7 \sim D_0$ 分别接逻辑电平输出（拨位开关）插口，输出端接直流数字电压表。

按表 2 – 13 – 1 所列的输入数字信号，参考电压 V_{REF} 分别接 +5 V 和 –5 V，用直流数字电压表测量单极性输出电压 V_{OUT1} 和双极性输出电压 V_{OUT2}，并将结果填入表 2 – 13 – 1 中。

表 2-13-1 D/A 转换实验测试数据记录

输入数字量								单极性输出		双极性输出	
D_7	D_6	D_5	D_4	D_3	D_2	D_1	D_0	+5 V	-5 V	+5 V	-5 V
0	0	0	0	0	0	0	0				
0	0	0	0	0	0	0	1				
0	0	0	0	0	0	1	0				
0	0	0	0	0	1	0	0				
0	0	0	0	1	0	0	0				
0	0	0	1	0	0	0	0				
0	0	1	0	0	0	0	0				
0	1	0	0	0	0	0	0				
1	0	0	0	0	0	0	0				
1	1	1	1	1	1	1	1				

五、预习要求

（1）复习有关 D/A 转换的工作原理。

（2）查阅资料，熟悉 DAC0832 功能及其应用。

六、实验报告与思考题

（1）叙述数/模（D/A）转换的工作原理。

（2）记录实验数据，分析实验数据，并与理论值对比，找出误差产生的原因。

实验 2.14 模/数转换器

一、实验目的

(1) 了解模/数 (A/D) 转换器的基本工作原理和基本结构。

(2) 掌握集成模/数 (A/D) 转换器 ADC0809 的功能及其典型应用。

二、实验设备及材料

数字逻辑电路实验箱、信号源 (使用实验箱中所带信号源)、数字万用表。

三、实验原理

1. 模/数 (A/D) 转换器

A/D 转换是把模拟量信号转换为与其大小成正比的数字量信号。A/D 转换的种类很多, 根据转换原理可以分为逐次逼近式和双积分式。完成转换的线路有很多种, 特别是大规模集成电路 A/D 转换器的问世, 为实现模/数 (A/D) 转换提供了极大的方便。使用者可借助于手册提供的器件性能指标和典型应用电路, 正确使用这些器件。

逐次逼近式转换的基本原理是用计量单位使连续量整量化 (简称量化), 即用计量单位与连续量作比较, 把连续量变为计量单位的整数倍, 略去小于计量单位的连续量部分, 得到的整数量即数字量。显然, 计量单位越小, 量化的误差就越小。

转换时间与分辨率是 A/D 转换器的两个主要技术指标。A/D 转换器完成一次转换所需要的时间即转换时间, 反映了 A/D 转换的快慢。分辨率是指最小的量化单位, 这与 A/D 转换的位数有关, 位数越多, 分辨率越高。

2. A/D 转换器集成芯片 ADC0809

ADC0809 是采用 CMOS 工艺制成的单片八位 8 通道逐次渐近型模/数转换器, 转换时间约为 100 μs, 引脚排列如图 2 - 14 - 1 所示。各引脚含义为:

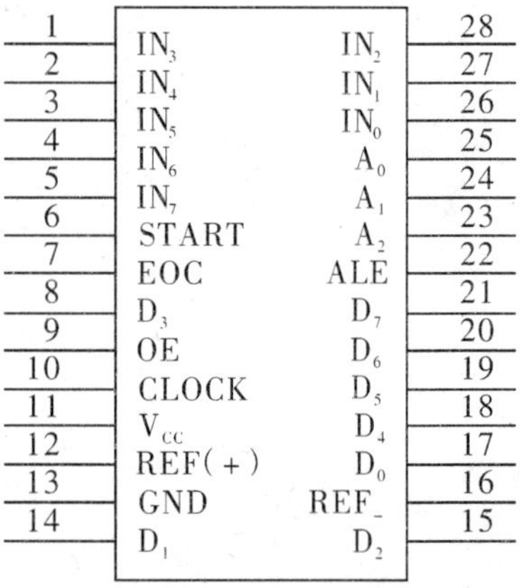

$IN_0 \sim IN_7$: 八路模拟信号输入端。

A_2、A_1、A_0: 地址输入端。

ALE: 地址锁存允许输入信号, 应在此脚施加正脉冲, 上升沿有效, 此时锁存地址码, 从而选通相应的模拟信号通道, 以便进行 A/D 转换。

$START$: 启动信号输入端, 应在此脚施加正

1	IN_3	IN_2	28
2	IN_4	IN_1	27
3	IN_5	IN_0	26
4	IN_6	A_0	25
5	IN_7	A_1	24
6	START	A_2	23
7	EOC	ALE	22
8	D_3	D_7	21
9	OE	D_6	20
10	CLOCK	D_5	19
11	V_{CC}	D_4	18
12	REF(+)	D_0	17
13	GND	REF_	16
14	D_1	D_2	15

图 2 - 14 - 1 ADC0809 引脚排列图

脉冲，当上升沿到达时，内部逐次逼近寄存器 $START$ 复位，在下降沿到达后，开始 A/D 转换过程。

EOC：转换结束输出信号（转换结束标志），高电平有效，转换在进行中 EOC 为低电平，转换结束 EOC 自动变为高电平，标志 A/D 转换已结束。

$OVTEN$（OE）：输入允许信号，高电平有效，即当 $OE = 1$ 时，将输出寄存器中的数据放到数据总线上。

$CLOCK$（CP）：时钟信号输入端，外接时钟频率一般为 640 kHz。

REF（+）、REF（−）：基准电压的正极和负极。一般 $VREF$（+）接 +5 V 电源，$VREF$（−）接地。

$D_7 \sim D_0$：数字信号输出端，D_7—MSB、D_0—LSB。

ADC0809 通过引脚 $IN_0 \sim IN_7$ 输入八路单边模拟输入电压，ALE 将三位地址端 A_2、A_1、A_0 进行锁存，然后由译码电路选通八路模拟信号中的某一路进行 A/D 转换，地址译码与模拟输入通道的选通关系如表 2 – 14 – 1 所示。

一旦选通通道 IN（0 ~ 7 通道之一），其转换关系为：

$$数字码 = V_{INX} \times \frac{256}{V_{REF}} \qquad 且 0 \leq V_{INX} \leq V_{REF} = +5 \text{ V} \qquad (2-14-1)$$

表 2 – 14 – 1　ADC0809 地址译码与模拟输入通道的选通关系

被选模拟通道（CH）	A_2	A_1	A_0
IN_0	0	0	0
IN_1	0	0	1
IN_2	0	1	0
IN_3	0	1	1
IN_4	1	0	0
IN_5	1	0	1
IN_6	1	1	0
IN_7	1	1	1

四、实验内容

$ADC0809$ 模/数（A/D）转换电路测试（验证性实验）

使用数字逻辑电路实验箱，用手动输入模拟量的方式进行 A/D 转换的实验。实验电路如图 2 – 14 – 2 所示。

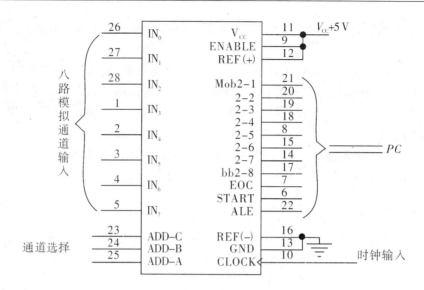

图 2 – 14 – 2　A/D 转换器 ADC0809 实验电路

（1）将 A/D 转换所需要的时钟接入数字电路实验箱中信号源单元的 500 kHz 信号，即"CLOCK"接 500 kHz，"START"和"ALE"均接单次脉冲源的负脉冲信号。"A_0、A_1、A_2"分别接逻辑电平拨位开关中的插孔，按表 2 – 14 – 1 所示的选通关系选择通道，如均拨至低电平时，选择通道"CH_0"，转换所用的模拟量是从通道 IN_0（CH_0）输入。

（2）从选通通道输入 4.5 V 直流电压。直流电压可使用实验箱中分立元件单元的可调电位器获得。方法是：将可调电位器的中间抽头作为直流电压输出端，中间抽头的电压输出可为 0 ~ 5 V 任意电压值，作为所选的模拟量通道的输入电压。电位器的两个固定端一端接 +5 V，一端接 GND。

（3）将 D_0 至 D_7 分别接电平显示发光二极管的 8 个插孔。发光二极管的亮、暗状态便是相应的转换数字量。自拟表格并记录电平显示结果。

这里需要注意的是，A/D 转换器每次都必须有一个负脉冲来启动。启动负脉冲可在 A/D 转换器各单元电路已接通电源的状态下，再按一次单次脉冲源信号源开关，即可产生一个负脉冲来启动 A/D 转换。

（4）用同样的方法测试直流电压 4 V、3.5 V、3 V、2.5 V、2 V、1.5 V、1 V 的转换结果（同样要注意每次直流电压转换数字量都必须使用一个负脉冲来启动 A/D 转换器）。自拟转换表格，记录测量的直流电压值、发光二极管电平显示的亮、暗状态和相对应数字量。

五、预习要求

（1）复习 A/D 转换的工作原理。

（2）查阅资料，熟悉 ADC0809 功能及其应用。

六、实验报告与思考题

（1）记录实验数据，分析实验数据，并与理论值对比，找出误差产生的原因。

（2）如果 A/D 转换输入的模拟量的电压值不是 0～5 V，而是有负值，转换的结果有什么不同？

3 低频电子电路实验

实验 3.1 常用电子仪器的使用

一、实验目的

（1）初步掌握低频电子线路实验常用仪器的使用方法，了解实验仪器的主要技术性能指标及其含义。

（2）掌握函数信号发生器和交流电压表（毫伏表）的使用方法。

（3）掌握双踪示波器的基本操作方法，掌握使用示波器测量电信号的基本参数：幅度（有效值、峰值或峰峰值）、周期（频率）和相位的方法。

二、实验设备及材料

函数信号发生器（DF1641B1 型）、双踪示波器（MOS – 620/640 型）、交流毫伏表（MVT171 或 D – 171 型）、直流稳压电源、万用表等。

三、实验原理

（一）函数信号发生器

函数信号发生器是在电子电路实验中最常用的电子仪器之一，用来产生各种波形的信号（正弦波、三角波、方波等）。函数信号发生器所产生的各种信号的参数（如电压幅度、频率等）一般都可以通过仪器面板上设置的开关和旋钮进行调节。

实验介绍的 DF1641B1 型函数信号发生器，是一多功能函数信号发生器。它可以输出正弦波、三角波和方波，频率范围为 0.3 Hz ~ 3 MHz。其最大输出电压幅度大于 20 V 峰峰值（对正弦波，最大电压输出有效值大于 7 V），提供放大器信号。函数信号发生器与其他设备配合，还可作扫频信号发生器，这里仅介绍作为振荡器的使用方法。

1. DF1641B1 型函数发生器面板中各旋钮介绍（如图 3 – 1 – 1 所示）

2. 操作步骤

（1）打开电源开关①后，按下波形选择开关④以选择信号类型，例如正弦波。

（2）用频率范围选择开关②③和微调旋钮⑲配合调节将输出信号的频率确定，此时只要读出显示屏上的数值即可。

（3）调节输出衰减选择开关⑨和幅度微调旋钮⑫，可以调节输出信号的电压幅度大小。

注意：信号有效值大小在信号发生器上不能读出，而必须用交流电压表才能测出，信号发生器上面的读数为信号的峰峰值 V_{p-p}。

此外，由于函数信号发生器可以输出正弦波、三角波、方波信号，因此，输出电压的幅度通常用有效值、峰峰值 V_{p-p} 等来表示。

DF1641B1 型函数信号发生器产生的几种常用波形的参数如表 3-1-1 所示。

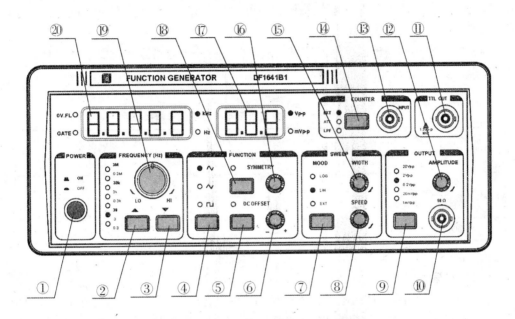

图 3-1-1　DF1641B1 型函数发生器面板图

①——电源开关；②——频率范围选择（向上）；③——频率范围选择（向下）；④——波形选择开关；⑤——直流偏置开关；⑥——直流偏置调节；⑦——扫频方式选择；⑧——扫描速率；⑨——输出衰减选择；⑩——电压输出；⑪——TTL 输出；⑫——输出幅度微调；⑬——计数器输入；⑭——内接/外测选择；⑮——扫频宽度；⑯——对称度调节；⑰——输出信号幅度显示；⑱——对称度控制开关；⑲——频率微调；⑳——频率显示

表 3-1-1　DF1641B1 型函数信号发生器产生的几种常用输出电压波形的参数

信号波形	有效值 U	平均值 $\overline{U}$	波形因数 $K_F = U/\overline{U}$	波峰因数 $K_P = U_P/U$
正弦波	$\dfrac{U_P}{\sqrt{2}} \approx 0.707U_P$	$\dfrac{2U_P}{\pi} \approx 0.637U_P$	$\dfrac{\pi}{2\sqrt{2}} \approx 1.11$	$\sqrt{2} \approx 1.414$
方波	U_P	U_P	1	1
三角波	$\dfrac{U_P}{\sqrt{3}} \approx 0.577U_P$	$\dfrac{U_P}{2}$	$\dfrac{2}{\sqrt{3}} \approx 1.15$	$\sqrt{3} \approx 1.732$

DF1641B1 型函数信号发生器输出电压峰峰值最大不小于 20 V_{p-p}，在输出信号幅度显示窗口⑰可直接读出输出电压的峰峰值。

输出衰减选择开关有 4 挡："0 dB" 表示输出信号未经过衰减器，不对信号进行衰减；" −20 dB" 表示输出电压衰减 10 倍；" −40 dB" 表示输出电压衰减 100 倍；" −60 dB" 表示输出电压衰减 1 000 倍。输出幅度微调旋钮可以对输出电压的大小作均匀的调节。输出情况如表 3−1−2 所示。

（4）信号发生器输出已调好的信号，输出探极与外接电路连接时要注意的是，红色线是正极，黑色线是负极（信号地）。

表 3−1−2　DF1641B1 型函数信号发生器信号输出幅度

输出衰减选择开关位置	输出信号的峰峰值	正弦波输出最大有效值
0 dB（20 V_{p-p}）	>20 V_{p-p}	>7 V
−20 dB（2 V_{p-p}）	>2 V_{p-p}	> 700 mV
−40 dB（20 mV_{p-p}）	>200 mV_{p-p}	> 70 mV
−60 dB（2 mV_{p-p}）	>20 mV_{p-p}	>7 mV

（二）双踪示波器

示波器是一种用途广泛的电子测量仪器，它可以直观地显示各种周期电压（或电流）波形及各种瞬时参数，灵敏度高，对被测电路的工作状态影响小，因此被广泛地应用于电子测量领域中。双踪示波器可以同时观测两个电信号。实验使用的 MOS−620/640 型示波器，可以观测到的最高信号频率为 20 MHz/40 MHz。

1. 双踪示波器的工作原理

双踪示波器有两个独立的输入通道和前置放大器，通过垂直方式（或称为显示方式）开关切换，共用垂直（Y 轴）输出放大器，由转换逻辑电路控制。当此开关置于交替位置（ALT）时，在机内扫描信号的控制下，交替地对 CH$_1$ 通道（YA）与 CH$_2$ 通道（YB）的信号扫描显示，即第一次扫描显示 CH$_1$ 通道的信号，第二次扫描显示 CH$_2$ 通道的信号，第三次又扫描显示 CH$_1$ 通道的信号……由于人眼的视觉残留现象将会在屏幕上同时观察到两个通道的信号波形，从而实现双踪显示，因此这种显示方式一般在输入信号频率比较高时使用。

当显示方式开关置于断续位置（CHOP）时，则在一次扫描的第一个时间间隔显示 CH$_1$ 通道的信号波形的某一段，第二个时间间隔显示 CH$_2$ 通道的信号波形的某一段，以后各间隔轮流显示两信号波形的其余段，以实现双踪显示。这种方法通常用在输入信号较低时使用。

2. MOS−620/640FG 型双踪示波器的面板旋钮介绍

MOS−620FG 型双踪示波器的面板图如图 3−1−2 所示。640FG 型示波器的面板与620FG 型完全相同，只是 640FG 型 Y 轴通道频带宽度为 40 MHz。而 MOS−620/640 型示波器没有频率显示。

　　3. 双踪示波器的基本操作

　　（1）打开电源开关⑥，预热 1min，参照使用说明书中关于示波器基本操作（单通道操作）和双通道操作时有关控制旋钮的设置，将各旋钮调节到合适的位置，此时将出现时基线，再调节亮度旋钮②和聚焦旋钮③，使时基线的光迹清晰明亮。

　　（2）用示波器的探极线接上示波器自身的标准信号 CAL 是 1 KHz、$2V_{p-p}$输出端①，然后调节水平扫描速度开关㉙和垂直灵敏度调节旋钮⑦㉒，使信号波形能有两至三个完整的周期稳定出现在屏幕上，此时，示波器就算初步调节好了。双踪示波器有两个输入通道可以输入被测信号，每个通道的输入探极与被测信号的连接方法是：红色线是正极，黑色线是负极。

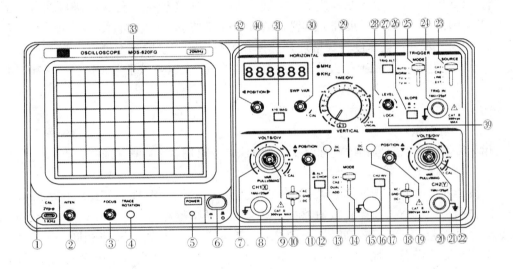

图 3 - 1 - 2　MOS - 620FG 型双踪示波器的面板图

①——校准信号输出端；②——亮度控制钮；③——聚焦调整钮；④——轨迹旋转调整钮；
⑤——电源指示灯；⑥——电源开关；⑦㉒——垂直衰减（灵敏度）调节；⑧——CH_1（X）输入；
⑨㉑——垂直灵敏度微调；⑩⑱——输入信号耦合方式选择；⑪⑲——垂直位置调整；
⑫——ALT/CHOP（交替/断续方式选择按钮）；⑬⑰——垂直直流平衡调整；
⑭——垂直（显示）模式选择；⑮——机箱接地端；⑯——CH_2 INV 按键；⑳——CH_2（Y）输入；
㉓——触发源选择；㉔——外触发输入；㉕——触发模式选择开关；㉖——触发极性选择；
㉗——触发源交替设定键；㉘——触发电平调节；㉙——水平扫描速度（灵敏度）调节；
㉚——水平扫描速度微调；㉛——扫描扩展开关；㉜——水平位置调整；㉝——滤光镜片；
㊴——触发电平锁定；㊵——频率显示

　　注意：使用示波器时，一般可先将输入信号耦合方式选择开关⑩⑱置 GND（地），将示波器水平位置调整（X 轴位移）旋钮㉜和垂直位置调整（Y 轴位移）旋钮⑪⑲放在中间位置。接通电源预热 1 min，屏幕上显示出光迹后，将水平扫描速度（X 轴灵敏度）调节旋钮㉙置于 0.5 ms/div，使屏幕上显示出一条细的水平扫描线。微调水平位置调整旋钮㉜和垂直位置调整旋钮⑪⑲，使水平扫描时基线位于屏幕中央。

切忌将光点长时间停留在某一点上，以免烧坏荧光屏。

4. 用示波器测量电信号参数的基本方法

（1）幅度测量。

将垂直灵敏度微调旋钮⑨㉑置 CAL（校准）位置（即顺时针旋到底），这时被测信号的幅度（峰峰值）等于"VOLTS/DIV"垂直衰减（灵敏度）选择开关⑦（或㉒）所在挡位的刻度值（V/div）乘以示波器显示波形高度在 Y 轴上所占的格数。注意：这里是指示波器探极线上的衰减开关通常置"×1"位置，即探极线没有对输入信号进行衰减时的情形。若探极线上的衰减开关置"×10"位置，被测信号的幅度（峰峰值）还要再乘以 10。

（2）周期（频率）测量。

将"SWP. VAR."水平扫描速度微调旋钮㉚置 CAL（校准）位置（即顺时针旋到底），"×10 MAG"扫描扩展开关㉛置释放位置（未按下），这时被测信号的周期等于"TIME /DIV"水平扫描速度（灵敏度）选择开关㉙所在挡位的刻度值（s/div）乘以示波器显示波形宽度在 X 轴上所占的格数。若扫描扩展开关㉛被按下置于扩展"×10"位置时，则被测信号的周期要再除以 10。

测量频率，则为周期的倒数：$f = 1/T$。

（3）相位测量。

用示波器测量两信号相位差可用双踪测量法，也可用 X－Y 测量法。

① 双踪测量法。

示波器的"MODE"垂直（显示）模式选择开关⑭置"DUAL"双通道显示。ALT/CHOP（交替/断续方式选择）按钮⑫：当测量信号频率较低时，置"CHOP"断续位置（按下）；当测量信号频率较高时，置"ALT"交替位置（释放）。频率相同、相位不同的两路正弦波信号分别加到示波器的 CH$_1$ 和 CH$_2$ 输入端。然后分别调节示波器 CH$_1$、CH$_2$ 的"POSITION"位移钮、"VOLTS /DIV."垂直衰减（灵敏度）选择开关⑦㉒及垂直灵敏度微调旋钮⑨㉑，使在荧光屏上显示出如图 3－1－3 所示的两个高度相等的正弦波。为了使显示的波形稳定，可将"SOURCE"触发源选择开关㉓置相位比较滞后的那路输入信号处（如图 3－1－3 所示，置 CH$_2$ 处），这样选择便于比较两信号的相位。

图 3－1－3 中两信号的相位差为：

$$\varphi = \frac{ab}{ac} \times 360°$$

其中，ac 和 ab 分别为显示波形中信号周期和两信号相位差长度所占的格数。

双踪法测量两信号的相位差也可以由图 3－1－3 显示图形中直接读出 Y 和 Y_m 所占的格数，由下式求出：

$$\varphi = \arctan \sqrt{\left(\frac{Y_m}{Y}\right)^2 - 1}$$

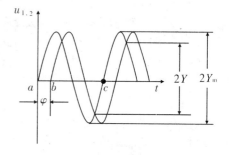

图 3－1－3　双踪法测量相位差

② X – Y 测量法。

示波器的"TIME /DIV"水平扫描速度（灵敏度）调节开关㉙置"X – Y"工作方式，同频率不同相位的两路正弦波信号分别加到示波器的 CH_1 和 CH_2 输入端。然后分别调节示波器 CH_1、CH_2 的"POSITION"位移钮、"VOLTS /DIV"垂直衰减（灵敏度）选择开关⑦㉒以及垂直灵敏度微调旋钮⑨㉑，使在荧光屏上显示出如图 3 – 1 – 4 所示的椭圆图形。由显示图形中读出 Y 和 Y_m 的格数，则两信号的相位差为：

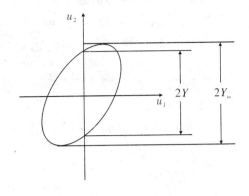

图 3 – 1 – 4　X – Y 法测量相位差

$$\varphi = \arcsin\left(\frac{Y}{Y_m}\right)$$

注意：用示波器定量测量电信号参数时，每次进行读数前，都应按测量要求仔细调节示波器，使信号波形能有两至三个完整的周期稳定出现在屏幕上，然后再读取具体参数。

（三）交流电压表（毫伏表）

交流电压表（毫伏表）是用来测量正弦波信号电压有效值的仪表，仪器输出也是一个高增益的宽频带放大器。

本实验采用的 MVT171 单针毫伏表，能测量 AC 电压范围为：1 mV ~ 300 V（有效值），频率范围为：5 Hz ~ 1 MHz。而 D – 171 单针毫伏表，它的测量频率范围同样为 5 Hz ~ 1 MHz，而幅度有效值为 300 μV ~ 300 V 的正弦信号电压。

MVT171 型交流毫伏表的仪器面板图如图 3 – 1 – 5 所示。

1. 分贝挡位的应用说明

表盘上提供有两个分贝刻度，校准为：

0 dB = 1 V

0 dBm = 0.775 V（1 mW，600 Ω）

（1）dB。

"Bel"是计量功率比值的对数单位，一个分贝（decibel，缩写为 dB）为一个贝尔（Bel）的 1/10。

dB 的定义为：

dB = 10 lg(P_2/P_1)

若 $R_1 = R_2$，功率比值为：

1 dB = 20 lg(U_2/U_1) = 20 lg(I_2/I_1)

dB 的定义最初用以表示功率的比值，但在应用中，其他值的比率（电压比或电流比）对数也可称为 dB。

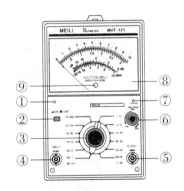

图 3 – 1 – 5　MVT171 毫伏表前面板

①——电源指示灯；②——电源开关；

③——量程选择开关；④——信号输入端；

⑤——信号输出端；⑥——相对参考控制（校正）；

⑦——工作状态指示灯；⑧——表头；

⑨——零点调节

例如，一个放大器的输入电压为 10 mV，输出电压为 10 V，放大等级为 10 V/10 mV = 1 000 倍。因此也可以 dB 为单位表示为：

放大等级 = 20 lg(10 V/10 mV) = 60 dB

（2）dBm。

"dBm"为 dB（mW）的缩写。表示相对于 1 mW 的功率比值，通常是指 600 Ω 阻抗下的功率。因此，"0 dBm"定义为：

0 dBm = 1 mW 或 0.775 V 或 1.291 mA

（3）功率或电压的级别由刻度读值和选择的挡位来确定。例如：

刻度读数	挡位	级别
（-1 dB） +	（+20 dB） =	+19 dB
（+2 dB） +	（+10 dB） =	+12 dB

D - 171 型交流毫伏表面板与 MVT171 型基本相同，不同的有：D - 171 型表的量程选择范围多一个 -70 dB（300 μV）挡位；表头第一行刻度指示单位缩小 10 倍；此外没有设置相对参考控制（校正）旋钮⑥和工作状态指示灯⑦。

2. 交流电压表的使用方法及一般操作步骤

（1）调零。在接通电源前，对表头进行机械零点的校准。先将量程开关放在量程最大挡，接通电源预热 1 min。将连接线的输入端的红、黑端子相互短接后，把量程开关放在最小挡，调节"调零旋钮"，使表针指在零位。此时，交流电压表即已完成调零。

（2）将被测信号输入交流电压表进行测量时应注意：由于交流电压表灵敏度较高，为避免因 50 Hz 交流电的感应将表头指针打弯，在测量时应先将量程开关放在大于 10V 挡，并应先接地线后再接信号线，测量结束后拆连线时则应先拆信号线后再拆接地线。

（3）估计被测电压的大小，选出合适的量程；若事先不知道被测电压大小，应将量程置最大挡，然后逐次减小，使表针偏转大于满刻度的 1/3 以上区域，以提高测量精度。

（4）使用完毕后，应将量程开关转换到最大量程挡，以免下次使用时损坏仪表。

注意：由于电压表指示值是以正弦电压有效值为刻度的，若被测电压波形为非正弦波，测量电压的读数会有一定误差。

（四）常用电子仪器的使用实验电路

本实验中采用的三种常用电子仪器，即函数信号发生器、交流电压表（毫伏表）和双踪示波器，它们之间的连接方式如图 3 - 1 - 6 所示。

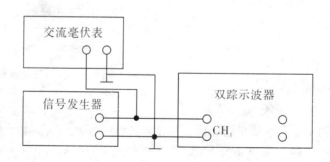

图 3 - 1 - 6　常用电子仪器的使用实验电路

四、实验内容

1. 示波器的使用（基本操作实验）

实验内容中涉及的面板旋钮编号均指 MOS－620FG 型双踪示波器。

（1）检验示波器的灵敏度。

利用示波器进行定量测量前，一般都应该对示波器的灵敏度进行检验。检验的方法是：把示波器下列控制旋钮进行如下设置：

"TIME/DIV" 水平扫描速度开关㉙：0.5 ms/div 挡；

"SWP. VAR." 水平扫描速度微调旋钮㉚：CAL（校准）位置（即顺时针旋到底）；

"×10 MAG" 扫描扩展开关㉛：释放位置（未按下）；

"VOLTS/DIV" 垂直灵敏度调节旋钮⑦㉒：0.5 V/div 挡；

垂直灵敏度微调旋钮⑨㉑：CAL（校准）位置（即顺时针旋到底）；

然后用示波器的探极线（衰减开关置 "×1" 位置）接上示波器自身的校准信号 CAL 为 1 kHz、2 V_{p-p} 输出端①，此时在荧光屏上出现校准信号方波波形。仔细调节水平和垂直方向的 "POSITION" 位移旋钮，观察显示的方波，波形幅度（峰峰值）应刚好占满 4 格，一个周期刚好占满 2 格，如图 3－1－7 所示，否则应对示波器的灵敏度重新进行校准。

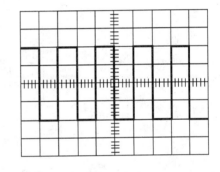

图 3－1－7　校准信号波形

示波器灵敏度的校准一般由实验教师或实验技术人员完成，校准方法可参考仪器使用说明书。

（2）用示波器测量信号波形。

用示波器测量信号发生器输出的信号波形，实验电路如图 3－1－6 所示，暂时不连接交流电压表（毫伏表）。要求当信号发生器输出为最大（信号发生器输出衰减选择置于 0 dB，输出微调顺时针旋至最大）时，分别观察输出频率为 50 Hz、100 Hz、1 kHz、100 kHz、1 MHz、3 MHz 的正弦波、三角波和方波信号。调节示波器垂直灵敏度旋钮，尽量使屏幕上显示高度为 4 ～ 6 格左右，同时，根据信号频率合理选择水平扫描速度，使荧光屏上显示出一至两个完整周期、稳定的波形。

用绘图方格纸描绘记录 $f=1$ kHz、15 V_{P-P} 时观察到的正弦波、三角波和方波信号波形，并注明波形的幅度（峰峰值）、周期和测量时示波器 X 轴和 Y 轴的灵敏度及输入探头上衰减开关的位置。

注意：进行定量测量时，应把示波器上所有灵敏度微调旋钮和扩展开关置校准位置，并用示波器本身的校准信号对示波器进行校准。

表 3 - 1 - 3　用示波器测量信号波形记录　　　$f=1$ kHz; 15 V_{p-p}

正弦波	三角波	方波
X 轴: 0.5 ms /div	X 轴:　　　　ms /div	X 轴:　　　　ms /div
Y 轴: 5 V/div	Y 轴:　　　　V/div	Y 轴:　　　　V/div
探头衰减开关: × 1	探头衰减开关:	探头衰减开关:
峰峰值:	峰峰值:	峰峰值:
周期:	周期:	周期:

（3）用双踪法测量相位差。

实验仪器接线如图 3 - 1 - 8 所示。信号发生器输出 $f=1$ kHz，幅度 $U_m=2$ V 的正弦波信号，经过 RC 移相网络获得频率相同、相位不同的两路正弦波信号。用双踪法测量两正弦波信号的相位差，将测量数据记入表 3 - 1 - 4 中并与理论计算值比较。

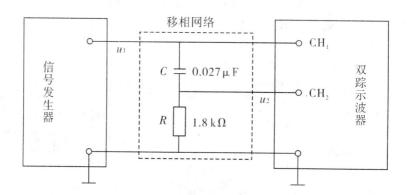

图 3 - 1 - 8　相位测量实验仪器接线图

表 3 - 1 - 4　双踪法测量相位差记录　　　$f=1$ kHz; $U_m=2$ V

信号周期长度 （ac 格数）	信号相位差长度 （ab 格数）	相位差 φ （°）	相位差 φ 测量平均值	相位差 φ 理论计算值
波形高度 Y_m （格数）	两交点间垂直距离 Y （格数）	相位差 φ （°）		
			相对误差 $\gamma=$	

注意：表格中参数符号的含义如图 3 - 1 - 3 所示。

2. 交流电压表（毫伏表）的使用（基本操作实验）

按图 3 - 1 - 6 实验电路连接信号发生器和交流毫伏表，不接示波器。

先将 DF1641B 型函数信号发生器置于正弦波挡，频率调至 1 kHz，衰减置于 0 dB（20 V_{p-p}），用 MVT171 或 D - 171 型交流毫伏表直接测量其输出信号。

调节函数信号发生器输出幅度调节旋钮⑫，使输出电压峰峰值为 15V_{p-p}，用交流毫伏表测量出对应的电压有效值。然后将信号发生器"输出衰减选择"开关⑨分别设置为 -20 dB（$2\ V_{p-p}$）、-40 dB（$0.2\ V_{p-p}$）和 -60 dB（$20\ mV_{p-p}$）挡上，用交流毫伏表测量出对应的电压有效值，记入表 $3-1-5$ 中。

表 $3-1-5$　交流毫伏表测量信号电压记录（正弦波）

信号源衰减档位	0 dB	-20 dB	-40 dB	-60 dB
示波器测量 信号源输出波形	$15\ V_{p-p}$	$1.5\ V_{p-p}$	$0.15\ V_{p-p}$	$15\ mV_{p-p}$
毫伏表读数（V）				

注意：测量时应根据信号发生器输出信号的变化，合理选择交流毫伏表的量程。

3. 三种仪器的配合使用（基本操作实验）

（1）将三种仪器按图 $3-1-6$ 所示连接好，然后将函数信号发生器的波形选择开关置于正弦波挡，根据表 $3-1-6$ 中的数据调节信号频率和衰减开关。

（2）选择合适的交流电压表的量程，测量输出电压有效值。

（3）示波器输入探头上衰减开关置"×1"位置。调节示波器垂直灵敏度，尽量使荧光屏上的波形幅度占 4～6 格左右，并根据信号频率合理选择水平扫描速度，使荧光屏上显示出 1～2 个完整周期、稳定的波形，以便于观察。

注意：用示波器进行定量测量时，应把示波器上所有灵敏度微调旋钮和扩展开关置校准位置，并用示波器本身的校准信号对示波器进行校准。

（4）将各项测量数据记入表 $3-1-6$ 中，计算示波器测量结果并进行比较。

五、预习要求

（1）认真阅读实验使用的函数信号发生器、双踪示波器、交流毫伏表、直流稳压电源和万用表等常用电子仪器的说明书（使用手册），了解仪器的主要技术性能指标，熟悉各仪器面板旋钮的作用。

（2）到实验室熟悉实验使用的常用电子仪器，初步掌握仪器的使用方法。

（3）了解实验内容，设计并画出实验过程中需要的数据记录表。

六、实验报告与思考题

（1）根据实验记录，整理实验数据并按要求描绘观察到的波形图。

（2）用交流电压表（毫伏表）测量交流电压时，信号频率的高低对读数有无影响？能否用交流电压表测量三角波或方波电压的有效值？

（3）为什么不用一般的万用表的交流挡来测量高频交流电压的有效值？

（4）用 MOS -620 型双踪示波器观察某一正弦波电压时，荧光屏上出现如图 $3-1-9$

所示情形，试分别说明是由于哪些开关旋钮的调节不合适，应如何调节？

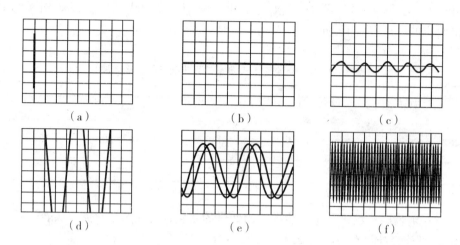

图 3 - 1 - 9 示波器的几种不正确波形显示

表 3 - 1 - 6 三种仪器的配合使用测量数据记录

信号发生器指示值			毫伏表测量值	示波器测量原始数据		数据处理（示波器测量）结果		
频率	输出指示（峰峰值）	衰减 dB		周期 × /div	峰峰值 × /div	周期	频率	有效值
100 Hz			0.5 V					
500 Hz			0.2 V					
1 kHz			100 mV					
50 kHz			50 mV					
1 MHz			20 mV					
2 MHz			10 mV					
3 MHz			5 mV					

实验 3.2　共射极单管放大器

一、实验目的

（1）掌握放大器静态工作点的调试方法，熟悉静态工作点对放大器性能的影响。

（2）掌握放大器电压放大倍数、输入电阻、输出电阻及最大不失真输出电压的测试方法。

（3）熟悉低频电子线路实验设备，进一步掌握常用电子仪器的使用方法。

二、实验设备及材料

函数信号发生器，双踪示波器，交流毫伏表，万用表，直流稳压电源，实验电路板。

三、实验原理

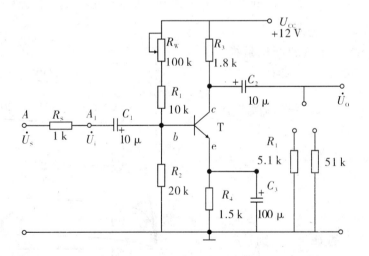

图 3 – 2 – 1　共射极单管放大器

电阻分压式共射极单管放大器电路如图 3 – 2 – 1 所示。它的偏置电路采用 $(R_W + R_1)$ 和 R_2 组成的分压电路，发射极接有电阻 R_4（R_E），稳定放大器的静态工作点。在放大器的输入端加入输入微小的正弦信号 U_i，经过在输出端放大即有与 U_i 相位相反、幅值被放大了的输出信号 U_o，从而实现了电压放大。

在图 3 – 2 – 1 所示电路中，当流过偏置电阻 R_1 和 R_2 的电流远大于晶体管 T 的基极电流 I_B 时（一般 5～10 倍），则它的静态工作点可用下式进行估算（其中 U_{CC} 为电源电压）：

$$U_{BQ} \approx \frac{R_2}{R_w + R_1 + R_2} U_{CC} \qquad (3-2-1)$$

$$I_{EQ} = \frac{U_B - U_{BE}}{R_4} \approx I_C \qquad (3-2-2)$$

$$U_{CEQ} = U_{CC} - I_C \ (R_3 + R_4) \qquad (3-2-3)$$

电压放大倍数 $\qquad A_u = -\beta \dfrac{R_3 \parallel R_L}{r_{be}} \qquad (3-2-4)$

输入电阻 $\qquad R_i = \ (R_w + R_1) \ \parallel R_2 \parallel r_{be} \qquad (3-2-5)$

输出电阻 $\qquad R_0 \approx R_3 \qquad (3-2-6)$

1. 放大器静态工作点的测量与调试

（1）静态工作点的测量。

测量放大器的静态工作点，应在输入信号 $U_i = 0$ 的情况下进行，即将放大器输入端与地端短接，然后选用量程合适的万用表，分别测量晶体管的集电极电流 I_C 及各电极对地的电位 U_B、U_C 和 U_E。一般实验中，为了避免测量集电极电流时断开集电极，采用先测量电压，然后计算出 I_C 的方法。例如，只要测出 U_E，即可用 $I_C \approx I_E = \dfrac{U_E}{R_E}$ 计算出 I_C（也可根据 $I_C = \dfrac{U_{CC} - U_C}{R_C}$，由 U_C 确定 I_C），同时也能计算出 $U_{BE} = U_B - U_E$，$U_{CE} = U_C - U_E$。

（2）静态工作点的调试。

放大器静态工作点的调试是指对三极管集电极电流 I_C（或 U_{CE}）的调整与测试。

静态工作点是否合适，对放大器的性能和输出波形都有很大的影响。如工作点偏高（如图 3-2-2 中的 Q_1 点），放大器在加入交流信号以后易产生饱和失真，此时 U_o 的负半周将被削底。如工作点偏低（如图 3-2-2 中的 Q_2 点），则易产生截止失真，即 U_o 的正半周被削顶（一般截止失真不如饱和失真明显）。这些情况都不符合不失真放大的要求。所以在选定工作点以后还必须进行动态调试，即在放大器的输入端加入一定的 U_i，检查输出电压 U_o 的大小和波形是否满足要求。如不满足，则应调节静态工作点的位置。

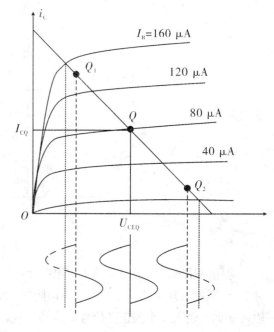

图 3-2-2　静态工作点对 U_o 波形失真的影响

改变电路的参数 U_{CC}、R_C、R_B（R_W，R_2）会引起静态工作点的变化。通常采用调节偏电阻 R_W 的方法来改变静态工作点，如减小 R_W，可提高静态工作点等。

注意：静态工作点的"偏高"或"偏低"是相对信号的幅度而言。如果信号幅度很小，即使工作点较高或较低也不会出现失真。所以说，波形失真是信号幅度与静态工作点设置不匹配而导致的。如需满足较大的输入信号，静态工作点最好尽量靠近交流负载线的中点。

2. 放大器动态指标测试

放大器动态指标测试包括电压放大倍数、输入电阻、输出电阻、最大不失真输出电压（动态范围）和通频带等。

（1）电压放大倍数 A_u 的测量。

调整放大器到合适的静态工作点，然后加入输入电压 u_i，在输出电压 u_o 不失真的情况下，用交流毫伏表测出输入和输出电压的有效值 U_i 和 U_o，则

$$A_u = \frac{U_o}{U_i} \qquad (3-2-7)$$

（2）输入电阻 R_i 的测量。

为了测量放大器的输入电阻，在被测放大器的输入端与信号源之间串入一已知电阻 R_S，如图 3-2-3 所示。在放大器正常工作的情况下，用交流毫伏表测出 U_S 和 U_i，则根据输入电阻的定义可得：

$$R_i = \frac{U_i}{I_i} = \frac{U_i}{\dfrac{U_R}{R_S}} = \frac{U_i}{U_S - U_i} R_S \qquad (3-2-8)$$

测量时应注意：

① 测量 R_S 两端电压 U_R 时必须分别测出 U_S 和 U_i，然后按 $U_R = U_S - U_i$ 求出 U_R 值。

② 电阻 R_S 的值不宜取得过大或过小，以免产生较大的测量误差，通常 R_S 与 R_i 为同一数量级为宜，本实验可取 $R_S = 1 \text{ k}\Omega$。

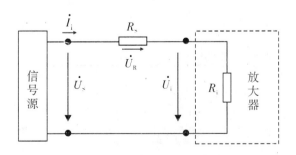

图 3-2-3　输入电阻测量电路

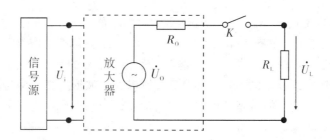

图 3 - 2 - 4　输出电阻测量电路

（3）输出电阻 R_o 的测量。

输出电阻 R_o 的测量电路如图 3 - 2 - 4 所示，同样应取 R_L 的值接近 R_o 为宜。在放大器正常工作条件下，测出输出端不接负载 R_L 的输出电压 U_∞ 和接入负载后输出电压 U_L，根据：

$$U_L = \frac{R_L}{R_o + R_L} U_\infty \qquad (3 - 2 - 9)$$

即可求出 R_o：

$$R_o = \left(\frac{U_\infty}{U_L} - 1 \right) R_L \qquad (3 - 2 - 10)$$

在测试中应注意的是，必须保持 R_L 接入前后的输入信号大小不变。

（4）最大不失真输出电压 U_{omp-p} 的测量（最大动态范围）。

为了得到最大动态范围，首先应将静态工作点调在交流负载线的中点。为此，在放大器正常工作情况下，逐步增大输入信号的幅度，并同时调节 R_W（改变静态工作点），用示波器观察 U_o，当输出波形在正、负峰附近同时开始出现削底和削顶现象（如图 3 - 2 - 5 所示）时，说明静态工作点已调在交流负载线的中点。然后再反复调整输入信号，使波形输出幅度最大，且无明显失真时，从示波器上可直接读出最大动态范围 U_{omp-p}，或用交流毫伏表测出 U_o（有效值），则最大动态范围 $U_{omp-p} = 2\sqrt{2} U_o$。

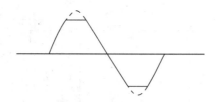

图 3 - 2 - 5　波形同时出现削底和削顶现象的失真

（5）放大器频率特性的测量。

放大器的频率特性是指放大器的电压放大倍数 A_u 与输入信号频率 f 之间的关系曲线。单管阻容耦合放大电路的幅频特性曲线如图 3 - 2 - 6 所示。A_{um} 为中频电压放大倍数，通常规定电压放大倍数随频率变化下降到中频放大倍数的 $1/\sqrt{2}$ 倍，即 0.707 A_{um} 所对应的频率分别称为下限频率 f_L 和上限频率 f_H，则通频带为：

$$BW = f_{\mathrm{H}} - f_{\mathrm{L}} \qquad\qquad (3-2-11)$$

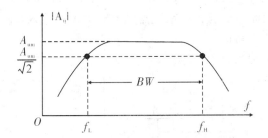

图 3 – 2 – 6　放大器的幅频特性曲线

　　测量放大器的幅频特性就是测量不同频率信号时的电压放大倍数 A_{u}。可以采用前面测 A_{u} 的方法，每改变一个信号频率，测量其相应的电压放大倍数即可。测量时注意取点要恰当，在低频段与高频段要多测几个点，在中频可以少测几个点。此外，在改变频率时，要保持输入信号的幅度不变，且输出波形不能失真。

　　实验中通常只要求测量出通频带。利用示波器可以进行 BW 的简易测量，方法是在示波器上测量出输入中频段信号时的输出信号幅度后，在保持输入信号幅度不变的情况下，减小或增大输入信号的频率，再通过在示波器上观测输出信号幅度，找到输出信号幅度降低至中频段输出的 $1/\sqrt{2}$ 时的输入信号频率即为 f_{L} 或 f_{H}。

四、实验内容

　　如图 3 – 2 – 1 所示连接共射极单管放大器实验电路。注意：当检查电路无误后，调节直流电源电压至 U_{CC} 选定值 12 V，方可接通电源。

　　1. 静态工作点的测量与调整（验证性实验）

　　（1）静态工作点的测量。

　　静态工作点的测量条件：没有输入信号，即 $U_i = 0$。实验时将电路信号输入端接地。

　　调节电位器 R_{W}，使 $I_{\mathrm{CQ}} = 1.5$ mA。实验时为了避免直接测量电流，可采取测量晶体管发射极电压 U_{E} 或测量晶体管集电极电压 U_{C} 的方法：调节电位器 R_{W}，使 $U_{\mathrm{E}} = 2.25$ V 或 $U_{\mathrm{C}} = 9.3$ V 又或 $I_{\mathrm{CQ}} = 1.5$ mA。调整好 I_{CQ} 后，用万用表直流电压挡测量 U_{BQ}、U_{EQ}、U_{CQ} 值，记入表 3 – 2 – 1 中。根据测量值计算 $U_{\mathrm{BEQ}} = U_{\mathrm{BQ}} - U_{\mathrm{EQ}}$ 和 $U_{\mathrm{CEQ}} = U_{\mathrm{CQ}} - U_{\mathrm{EQ}}$，再与理论计算值比较。

表 3 – 2 – 1　静态工作点测量数据记录

测　量　值						理论计算值	
U_{BQ}（V）	U_{EQ}（V）	U_{CQ}（V）	U_{BEQ}（V）	U_{CEQ}（V）	I_{CQ}（mA）	$U_{\mathrm{BEQ}}{}'$（V）	$U_{\mathrm{CEQ}}{}'$（V）
						0.7	

（2）观察静态工作点对输出波形失真的影响。

在前面实验设定的静态工作点（$R_C = 1.8$ kΩ、$I_C = 1.5$ mA）的基础上，取 $R_L = \infty$。按图 3 - 2 - 7 所示连接测量仪器，用示波器观测放大器的输入、输出信号波形，交流毫伏表测量放大器的输入信号电压。

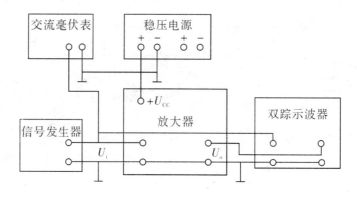

图 3 - 2 - 7   放大器性能测试系统

① 调节信号发生器，输出频率为 1 kHz、有效值为 5 mV 的正弦波从 A_1 端输入信号 U_i，用示波器观察并记录输出电压的输出波形，将数据记入表 3 - 2 - 2 中。

② 保持输入信号 U_i 不变，增大电位器 R_W 的值，使波形出现失真，定性绘出 U_o 的波形，并测出失真情况下的 I_C 和 U_{CE} 值，记入表 3 - 2 - 2 中。

③ 仍保持输入信号 U_i 不变，减小电位器 R_W 的值，使波形出现失真，定性绘出 U_o 的波形，并测出失真情况下的 I_C 和 U_{CE} 值，记入表 3 - 2 - 2 中。

注：表 3 - 2 - 2 中工作状态的判断：输出波形是否存在失真？存在的失真是截止失真还是饱和失真？晶体管工作点状态是否基本合适，是偏高还是偏低？

表 3 - 2 - 2   测量静态工作点对输出波形失真的影响数据记录 $R_C = 1.8$ kΩ；$R_L = \infty$

工作条件		U_o 波形	工作状态判断
① $U_i = 5$ mV R_W 适中	$U_{EQ} = 2.25$ V $U_{CQ} = \quad$ V $I_{CQ} = 1.5$ mA $U_{CEQ} = \quad$ V		失真情况：基本不失真 晶体管工作点状态： 基本合适
② $U_i = \quad$ mV R_W 偏小	$U_{EQ} = \quad$ V $U_{CQ} = \quad$ V $I_{CQ} = \quad$ mA $U_{CEQ} = \quad$ V		失真情况： 晶体管工作点状态：

（续上表）

工作条件		U_o 波形	工作状态判断
③ $U_i =$　mV R_W 偏大	$U_{EQ} =$　V $U_{CQ} =$　V $I_{CQ} =$　mA $U_{CEQ} =$　V		失真情况： 晶体管工作点状态：

2. 放大器性能指标测试（验证性实验）

放大器性能指标测量仪器的连接如图 3 – 2 – 7 所示。

（1）测量电压放大倍数 A_u。

调节信号发生器，输出频率 $f = 1$ kHz、有效值为 5 mV 的正弦波（用毫伏表测量）作为输入信号 U_i，同时用双线示波器观察放大器输入电压 U_i 和输出电压 U_o 的波形，在 U_o 波形不失真的条件下，用示波器测量不同负载时放大器输出电压 U_o 波形，计算放大器的电压放大倍数 A_u。将测量数据记入表 3 – 2 – 3 中，并记录其中一组输入、输出电压波形，注意用双线示波器观察 U_o 和 U_i 的相位关系。

表 3 – 2 – 3　电压放大倍数 A_u 测量数据记录

R_L（kΩ）	U_{op-p}（V）	U_{orms}（V）	A_u	测试条件
5.1				$R_C = 1.8$ kΩ
51				$I_C = 1.5$ mA
∞				$U_{irms} =$　mV
u_i 和 u_o 波形				

注意：由于晶体管元件参数的分散性，定量分析时所给 U_i，根据具体实际情况输入适当的 U_i 值，在表 3 – 2 – 3 中测试条件栏记入实际输入的 U_i 值。由于用示波器所测 U_o 的值为峰峰值，故需要转化为有效值或用毫伏表测得的 U_o 来计算 A_u 值。

（2）测量输入电阻 R_i 和输出电阻 R_o。

①输入电阻 R_i。电路连接如图 3 – 2 – 3 所示，从 A 端输入 $f = 1$ kHz、有效值分别为 5 mV、8 mV 的正弦信号 U_S，在输出电压 U_o 不失真的情况下，用毫伏表分别测出 U_S、U_i，

记入表 3 – 2 – 4 中，利用式（3 – 2 – 8）计算出 R_i 和 R_i 平均值，并与理论计算值比较。

表 3 – 2 – 4　输入电阻 R_i 测量数据记录　　$R_C = 1.8$ kΩ；$I_C = 1.5$ mA

R_S（kΩ）	U_S（mV）	U_i（mV）	R_i（kΩ）	R_i平均值（kΩ）
1	5			
1	8			

②输出电阻 R_o。电路连接如图 3 – 2 – 4 所示。保持输入信号 U_i（3 mV、5 mV）不变的条件下，分别在断开 R_L 与接入 $R_L = 5.1$ kΩ 的情况下，用示波器测量输出电压 U_∞ 和 U_L 的峰峰值，记入表 3 – 2 – 5 中，利用式（3 – 2 – 10）计算 R_o 和 R_o 平均值，并与理论计算值比较。

表 3 – 2 – 5　输出电阻 R_o 测量数据记录　　$R_C = 1.8$ kΩ；$I_C = 1.5$ mA

U_i（mV）	U_∞（mV）$_{p-p}$（$R_L = \infty$）	U_L（mV）$_{p-p}$（$R_L = 5.1$ kΩ）	R_o（kΩ）	R_o平均值（kΩ）
3				
5				

（3）测量通频带 BW。

取 $I_C = 1.5$ mA，$R_C = 1.8$ kΩ，$R_L = 5.1$ kΩ。输入频率 $f = 1$ kHz，$U_i = 5$ mV（有效值）的正弦波信号，用示波器测出放大器的输出电压 U_{oLp-p}。调节示波器的垂直灵敏度"VOLTS/DIV"及其微调旋钮，使放大器输出波形的幅度正好占 5 格。

① 保持输入信号 $U_i = 5$ mV（有效值）不变，逐步减小输入信号频率，输出波形的幅度将会随着信号频率的降低而逐渐减小。当输出电压的幅度降低为原来幅度的 0.7 倍，即 3.5 格时，其对应的输入信号频率即为放大器的下限频率 f_L。

② 保持输入信号 $U_i = 5$ mV（有效值）不变，逐步增大输入信号频率，直至输出电压降低为 $0.7\,U_{op-p}$，即 3.5 格时，其对应的输入信号频率即为放大器的上限频率 f_H。

注：随着输入信号的频率变化，输入信号的幅度也可能会改变，应及时调整，以保持 $U_i = 5$ mV 不变，在测量过程中不要改变示波器的垂直灵敏度。将通频带测量数据记入表 3 – 2 – 6 中。

表 3 – 2 – 6　通频带测量数据　　$I_C = 1.5$ mA；$R_C = 1.8$ kΩ；$R_L = 5.1$ kΩ

$U_i = 5$ mV	$U_{om} = U_{op-p}$：5.0 格	$f = 1$ kHz
$U_i = 5$ mV	$U_{oL} = 0.7U_{op-p}$：3.5 格	$f_L =$
$U_i = 5$ mV	$U_{oH} = 0.7U_{op-p}$：3.5 格	$f_H =$
	$BW = f_H - f_L =$	

（4）测量最大不失真输出电压。

在 $R_C = 1.8$ kΩ、$R_L = 5.1$ kΩ 时，输入 $f = 1$ kHz 的正弦波信号 U_i，用示波器观察输出

信号 U_o 波形。逐步增大输入信号的幅度，同时反复调节电位器 R_W，使输入信号增大时，输出波形的正、负峰附近同时开始出现削底和削顶现象（如图 3-2-5 所示）为止。此时，固定电位器 R_W，逐步减小输入信号的幅度，找到在输出信号 U_o 不失真的情况下的最大输出。用示波器（或毫伏表）测量最大输出 U_{omp-p}（或 U_{om}）及此时输入信号的幅度 U_{im} 值，并用万用表测量放大器的静态工作点（由 U_E 计算 I_C），记入表 3-2-7 中，计算 A_u。

表 3-2-7　最大不失真输出电压测量数据记录　$R_C = 1.8$ kΩ；$R_L = 5.1$ kΩ

U_{im}（mV）（有效值）	U_{omp-p}（V）（峰峰值）	U_{om}（V）（有效值）	A_u
最大输出时的静态工作点			

U_B（V）	U_E（V）	U_C（V）	$I_{CQ} = U_E/R_E$	$U_{BE} = U_B - U_E$	$U_{CE} = U_C - U_E$

五、预习要求

（1）熟悉万用表、交流电压表（毫伏表）、低频信号发生器、双线示波器、直流稳压电源等常用电子仪器的使用。熟悉本实验用的电路板。

（2）复习教材中有关共射极单管放大器的组成、静态工作点和主要性能指标的定义及其计算方法等内容。

（3）阅读本实验全部内容，熟悉放大器静态工作点的测量及调试方法和放大器主要性能指标的测量方法。

（4）按照实验电路的元件参数，估算电路的静态工作点和主要性能指标：A_u、R_i、R_o（设 $I_C = 1.5$ mA，$r_{bb'} = 300$ Ω，$\beta = 100$）。

六、实验报告与思考题

（1）按实验内容整理实验数据并按要求完成有关计算。

（2）实验结果分析：分析实验观察到的现象，得出实验结论。如在实验过程中出现异常现象或测量数据有较大的误差，试分析出现这些现象的原因，并提出相应的改进措施。

（3）调整放大器的静态工作点 Q 时，用了一个固定电阻与电位器 R_W 串联（如图 3-2-1 所示），能否直接用一个电位器？为什么？

（4）在图 3-2-1 所示电路中，说明分别增大 R_1、R_2、R_3、R_4、R_L、U_{CC} 时，对放大器的静态工作点 Q 和性能指标的影响。

（5）试分析在输入电阻测量电路（如图 3-2-3 所示）中，测试电阻 R_S 的阻值与输入电阻 R_i 接近时可减小测量误差的原因。

（6）试分析使用由 NPN 管和 PNP 管组成的放大器，其输出信号的饱和失真与截止失真波形是否相同？

实验 3.3　射极跟随器

一、实验目的

（1）掌握射极跟随器的特性及测试方法。
（2）进一步学习放大器各项性能指标的测试方法。

二、实验仪器及材料

函数信号发生器，双踪示波器，交流毫伏表，万用表，直流稳压电源，实验电路板。

三、实验原理

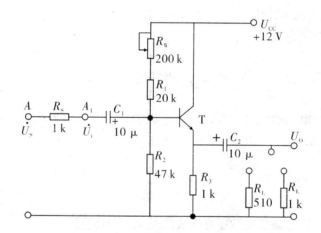

图 3 - 3 - 1　射极跟随器实验电路

图 3 - 3 - 1 所示为共集电极放大电路，输出取自发射极，由于其电压放大倍数近似等于 1，故称之为射极跟随器。射极跟随器的主要特点有：

1. 输入电阻 R_i 高

$$R_i = R_B \parallel [r_{be} + (1 + \beta)(R_E \parallel R_L)] \qquad (3 - 3 - 1)$$

其中，　　　　　　　$R_B = (R_W + R_1) \parallel R_2; \quad R_E = R_3 \qquad (3 - 3 - 2)$

由式（3 - 3 - 1）可知射极跟随器的输入电阻 R_i 比共射极基本放大器的输入电阻 $R_i = R_B \parallel r_{be}$ 要高得多。输入电阻的测试方法同共射极基本放大器，实验电路如图 3 - 3 - 1 所示。

$$R_i = \frac{U_i}{I_i} = \frac{U_i}{U_s - U_i} R_s \qquad (3 - 3 - 3)$$

即只要测得 A、A_1 两点的对地电位即可。

2. 输出电阻 R_o 小

$$R_o = \frac{r_{be}}{1+\beta} \parallel R_E \approx \frac{r_{be}}{\beta} \qquad (3-3-4)$$

如考虑信号源内阻 R_S，则：

$$R_o = \frac{r_{be} + (R_s \parallel R_B)}{1+\beta} \parallel R_E \approx \frac{r_{be} + (R_s \parallel R_B)}{\beta} \qquad (3-3-5)$$

由上式可知射极跟随器的输出电阻 R_o 比共射极基本放大器的输出电阻 $R_o = R_C$ 低得多。三极管的 β 愈高，输出电阻愈小。

输出电阻 R_o 的测试方法亦同基本放大器，即先测出空载输出电压 U_∞，再测接入负载 R_L 后的输出电压 U_L，根据

$$U_L = \frac{R_L}{R_o + R_L} U_\infty \qquad (3-3-6)$$

即可求出 R_o

$$R_o = \left(\frac{U_\infty}{U_L} - 1\right) R_L \qquad (3-3-7)$$

3. 电压放大倍数近似等于 1

对图 3-3-1 所示电路

$$A_u = \frac{(1+\beta)(R_E \parallel R_L)}{r_{be} + (1+\beta)(R_E \parallel R_L)} < 1 \qquad (3-3-8)$$

上式说明射极跟随器的电压放大倍数小于近似 1 且为正值。这是深度电压负反馈的结果。但它的射极电流仍比基极电流大 $(1+\beta)$ 倍，所以它具有一定的电流放大和功率放大的作用。

四、实验内容

1. 射极跟随器性能指标的测试（验证性实验）

按图 3-3-1 所示正确连接实验电路。

（1）静态工作点的调整与测量。

接入 $R_L = 510\ \Omega$，在 A_1 点加入频率为 1 kHz、有效值为 200 mV 的正弦信号 U_i，用示波器观察输出信号。逐渐增大输入信号 U_i 的幅度，同时调节电位器 R_W，使在示波器的屏幕上得到一个最大不失真输出波形。记录最大不失真的输入电压 U_{im}、输出电压 U_{om}，然后置 $U_i = 0$，万用表测量晶体管各极电位，记入表 3-3-1 中。

表 3-3-1 静态工作点测量数据记录　　　　　　　　　　　　　　　　　$R_L = 510\ \Omega$

U_B （V）	U_E （V）	U_{BE} （V）	U_C （V）	$I_E = U_E/R_E$ （mA）	U_{imax} （V）	U_{omax} （V）

注：在以下整个测试过程中应保持电位器 R_W（R_B）值不变，即保持 I_E 不变。

（2）测量电压放大倍数 A_u。

接入负载 $R_L = 510\ \Omega$，在 A_1 点加入频率为 1 kHz、有效值分别为 200 mV、500 mV 的正弦信号 U_i（用毫伏表测量），示波器观察并记录 U_{oLp-p} 的波形，毫伏表测量输出电压 U_{oL}，计算 A_u。数据记入表 3-3-2 中。

表 3-3-2　电压放大倍数 A_u 测量数据记录　　　　　　$R_L = 510\ \Omega$

U_i（mV）（有效值）	U_{ol}（mV）$_{p-p}$（峰峰值）	U_{ol}（mV）（有效值）	$A_u = U_o / U_i$	A_u 平均值
200				
500				

（3）测量输出电阻 R_o。

在 A_1 点加入频率为 1 kHz、峰值分别为 100 mV、200 mV 的正弦信号 U_i 时，用示波器观察输出波形 U_{op-p}，同时用交流毫伏表分别测量空载（R_L 不接入）时输出电压 U_∞ 和带负载时（$R_L = 510\ \Omega$）输出电压 U_L 的有效值，将数据记入表 3-3-3 中，并利用式（3-3-7）计算 R_o 和 R_o 平均值。

表 3-3-3　输出电阻 R_o 测量数据记录

U_i（mV）$_{P-P}$	U_∞（mV）（$R_L = \infty$）	U_L（mV）（$R_L = 510\Omega$）	R_o（Ω）	R_o 平均值（Ω）
100				
200				

（4）测量输入电阻 R_i。

在 A 点加入频率为 1 kHz、有效值分别为 300 mV、500 mV 的正弦信号 U_s，用示波器观察输出波形 U_{oL}，同时用交流毫伏表分别测量 A、A_1 点对地的电位 U_s、U_i，记入表 3-3-4 中并利用式（3-3-3）计算 R_i 和 R_i 的平均值。

表 3-3-4　输入电阻 R_i 测量数据记录　　　　　　$R_L = 510\ \Omega$

U_s（mV）	U_i（mV）	R_i（kΩ）	R_i 平均值（kΩ）
300			
500			

2. 测量射极跟随器的跟随特性（实验设计）

射极跟随器的电压放大倍数 $A_u \approx 1$，即 $U_o \approx U_i$，但对实际电路来说，并非任何情况下都能成立。射极跟随器的跟随特性就是指输出信号与输入信号的变化关系的特性。

试设计一个测量射极跟随器（负载 $R_L = 510\ \Omega$）的跟随特性的实验，测量在输出波形不出现失真的前提下，射极跟随器允许输入的最大电压值 U_{imax}。具体要求：

（2）写出实验内容（实验方法与步骤）。

（3）设计实验数据记录表格，记录数据包括不同输入信号时的 A_u。

（4）进行相应的实验，测量 U_{imax} 和最大不失真输出电压 U_{Lmax} 值。

五、预习要求

（1）复习教材中有关射极跟随器的内容，了解射极跟随器的主要特点。

（2）熟悉放大器静态工作点的测量及调试方法和放大器主要性能指标的测量方法。

六、实验报告与思考题

（1）整理分析实验数据，并与理论计算值作比较，总结射极跟随器的主要特点。

（2）说明射极跟随器在放大器中作为输入级、输出级时所起的作用。

（3）估算射极跟随器的电流的放大倍数。

实验 3.4　场效应管放大器

一、实验目的

（1）了解结型场效应管共源极放大器的性能特点。
（2）进一步掌握放大器主要性能指标的测试方法。

二、实验设备与仪器

实验电路板，数字万用表，交流毫伏表，函数信号发生器，双线示波器，直流稳压电源。

三、实验原理

实验电路如图 3 – 4 – 1 所示。

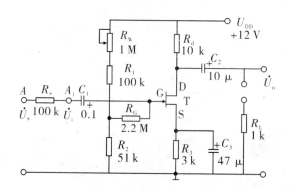

图 3 – 4 – 1　结型场效应管共源放大器

1. 结型场效应管的特性和参数

场效应管的特性主要有输出特性和转移特性。其直流参数主要有饱和漏极电流 I_{DSS}、夹断电压 U_P（U_{GSoff}）等，交流参数主要是低频跨导 g_m：

$$g_m = \frac{\Delta I_D}{\Delta U_{GS}}\bigg|_{U_{DS} = \text{const}}$$

2. 场效应管放大器性能分析

对图 3 – 4 – 1 所示结型场效应管组成的共源极放大电路，其静态工作点为：

$$U_{GS} = U_G - U_S = \frac{R_2}{R_W + R_1 + R_2}U_{DD} - I_D R_3 \qquad (3 - 4 - 1)$$

$$I_D = I_{DSS}\left(1 - \frac{U_{GS}}{U_P}\right)^2 \qquad (3-4-2)$$

中频电压放大倍数 $\qquad A_u = -g_m R_L = -g_m R_d \parallel R_L \qquad (3-4-3)$

输入电阻 $\qquad R_i = R_G + (R_W + R_1) \parallel R_2 \qquad (3-4-4)$

输出电阻 $\qquad R_o \approx R_d \qquad (3-4-5)$

式中，跨导 g_m 可由特性曲线用作图法求得，或用式（3-4-6）计算。但要注意，计算时 U_{GS} 要用静态工作点处的数值。

$$U_{GS} = -\frac{2I_{DSS}}{U_p}\left(1 - \frac{U_{GS}}{U_P}\right) \qquad (3-4-6)$$

2. 输入电阻的测量方法

场效应管放大器静态工作点、电压放大倍数和输出电阻的测量方法，与实验二中共射基本放大器测量方法相同。其输入电阻的测量，从原理上讲，也可采用实验二中所述方法，但由于场效应管的 R_i 比较大，如直接测量输入电压 U_S 和 U_i，由于测量仪器的输入电阻有限，必然会带来较大的误差。因此为了减小误差，常利用被测放大器的隔离作用，通过测量输出电压 U_o 来计算输入电阻。测量电路如图 3-4-2 所示。

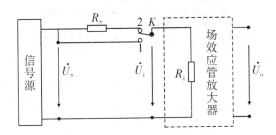

图 3-4-2　场效应管放大器输入电阻测量电路

在放大器的输入端串入电阻 R_S，把开关 K 掷向位置 1（即使 $R_S = 0$），测量放大器的输出电压 $U_{o1} = A_u U_S$；保持 U_S 不变，再把 K 掷向 2（即接入 R_S），测量放大器的输出电压 U_{o2}。由于两次测量中 A_u 和 U_S 保持不变，故有

$$U_{o2} = \frac{R_i}{R_S + R_i} U_S A_u$$

由此可以求出： $\qquad R_i = \frac{U_{o2}}{U_{o1} - U_{o2}} R_S \qquad (3-4-7)$

式中，R_S 和 R_i 不要相差太大，实验一般取 $R_S = 100 \sim 200 \text{ k}\Omega$。

四、实验内容

按图 3-4-1 所示连好实验电路。

1. 调整和测量静态工作点（验证性实验）

使 $U_i = 0$（即在 U_i 端接地），调节 R_W，使 $U_D = 6.0$ V。用数字万用表分别测量 U_G、

U_S 和此时电位器实际接入的电阻值 R_W，把结果记入表 3 – 4 – 1 中，根据测量值完成相关计算。

表 3 – 4 – 1 静态工作点测量数据记录

测　量　值				计　算　值		
U_G（V）	U_S（V）	U_D（V）	R_W（kΩ）	U_{DS}（V）	U_{GS}（V）	I_D（mA）
		6.0				0.6

2. 测量电压放大倍数 A_u、输入电阻 R_i 和输出电阻 R_o（验证性实验）

（1）A_u 和 R_o 的测量。

在图 3 – 4 – 1 中，A_1 输入端加入频率为 1 kHz、有效值为 100 mV 的正弦波信号 U_i，用示波器观察输出 U_o 的波形。在保证输出 U_o 没有失真的情况下，用交流毫伏表分别测量 $R_L = \infty$ 和 $R_L = 1$ kΩ 的输出电压 U_o（注意：在不同负载的情况下要保持 U_i 不变），将数据记入表 3 – 4 – 2 中。用示波器观察并描绘 U_i 和 U_o 的波形，分析它们的相位关系。

表 3 – 4 – 2 A_u 和 R_o 测量数据记录

实际测量值					理论计算值		u_i 和 u_o 波形
	U_i（mV）	U_o（mV）		A_u	R_o（kΩ）	A_u'	R_o'（kΩ）
		U_o	U_{oL}				
$R_L = \infty$	100						
$R_L = 1$ kΩ	100						

注：理论计算 A_u'，取 $U_{DS} = 4$ V 时，$g_m = 1$ mA/V。

（2）R_i 的测量。

从放大器的 A 端接入 $f = 1$ kHz，$U_S = 100$ mV（有效值）的正弦波信号，不接 R_L（$R_L = \infty$），用示波器观察输出 U_o 的波形，交流毫伏表分别测出短接 R_S（$R_S = 0$）和接入 R_S（$R_S = 100$ kΩ）时的输出电压 U_{o1} 和 U_{o2}。注意：在测量过程中要求两种情况均保持 U_S 不变。根据测量数据利用式（3 – 4 – 7）求出 R_i，并记入表 3 – 4 – 3。

表 3 – 4 – 3 R_i 测量数据记录　　　　　　　　$U_S = 100$ mV；$R_L = \infty$

实际测量值			理论计算值
U_{o1}（V）（$R_S = 0$）	U_{o2}（V）（$R_S = 100$ kΩ）	R_i（kΩ）	R_i'（kΩ）

3. 测量通频带 BW（验证性实验）

参考实验 3.2 共射极单管放大器通频带的测量方法，输入频率 $f = 1$ kHz、$U_i = 10$ mV

（有效值）的正弦波信号，测量场效应管放大器的下限频率 f_L 和上限频率 f_H。

五、预习要求

（1）复习场效应管共源极放大器的组成、静态工作点和主要性能指标的计算方法。
（2）熟悉静态工作点和主要性能指标的调试方法和测量方法。

六、实验报告与思考题

（1）整理实验数据并进行实验结果分析：分析实验观察到的现象，得出实验结论。在实验过程中若出现异常现象或测量数据有较大的误差时，试分析出现这些现象的原因，并提出相应的改进措施。
（2）场效应管与双极型三极管有什么区别，它们的应用场合有什么异同？
（3）比较场效应管放大器与双极型三极管放大器，找出它们之间的对应关系。

实验3.5　多级放大器

一、实验目的

（1）熟悉多级放大器的静态分析和动态分析方法。

（2）掌握两级阻容耦合放大器性能指标的测量方法。

二、实验设备与仪器

函数信号发生器，双踪示波器，交流毫伏表，万用表，直流稳压电源，实验电路板。

三、实验原理

晶体管两级阻容耦合放大器实验电路如图3-5-1所示。

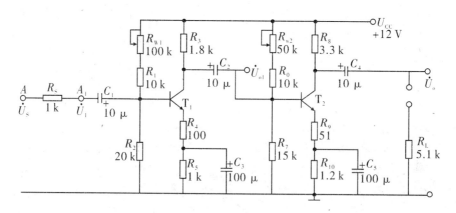

图3-5-1　晶体管两级阻容耦合放大器

1. 静态分析

因耦合电容有隔直作用，故各级静态工作点互相独立，只要按单管基本放大器的分析方法，逐级计算即可。

2. 两级放大器的动态分析

（1）中频电压放大倍数的计算。

$$A_u = \frac{U_{o1}}{U_{i1}} \times \frac{U_{o2}}{U_{o1}} = A_{u1} \times A_{u2} \qquad (3-5-1)$$

单级共射极基本放大器的电压增益（放大倍数）为：

$$A_{u} = \frac{\beta(R_{C} \parallel R_{L})}{r_{be} + (1 + \beta) R_{E}} \qquad (3-5-2)$$

特别提示：分别计算各级电路的放大倍数时，后一级电路的输入电阻即为前一级电路的负载；而前一级电路的输出电阻，应为后一级电路的信号源内阻。

（2）输入电阻的计算。

两级放大器的输入电阻一般可认为是输入级电路的输入电阻，即

$$R_{i} \approx R_{i1} \qquad (3-5-3)$$

（3）输出电阻的估算。

两级放大器的输出电阻一般来说就是输出级电路的输出电阻，即

$$R_{o} \approx R_{o2} \qquad (3-5-4)$$

（4）两级放大电路的频率响应。

① 幅频特性。已知两级放大器总的电压放大倍数是各级放大电路放大倍数的乘积，则其对数幅频特性便是各级对数幅频特性之和，即

$$20\lg \mid \dot{A}_{u} \mid = 20\lg \mid \dot{A}_{u1} \mid + 20\lg \mid \dot{A}_{u2} \mid \qquad (3-5-5)$$

② 相频特性。两级放大器总的相位为各级放大电路相位移之和，即

$$\varphi = \varphi_{1} + \varphi_{2} \qquad (3-5-6)$$

若两级放大器中各级的下限截止频率分别为 f_{L1}、f_{L2}，上限截止频率分别为 f_{H1}、f_{H2}，则两级放大器与单级放大器的频率响应存在如下近似关系：

$$f_{L} = 1.1 \sqrt{f_{L1}^{2} + f_{L2}^{2}} \qquad (3-5-7)$$

$$\frac{1}{f_{H}} = 1.1 \sqrt{\frac{1}{f_{H1}^{2}} + \frac{1}{f_{H2}^{2}}} \qquad (3-5-8)$$

四、实验内容

按图 3-5-1 所示正确连接电路。

1. 测量静态工作点（验证性实验）

在 $U_{i} = 0$ 的情况下，接上电源，分别调节 R_{W1}、R_{W2} 两个电位器，使 $I_{C1} = 1.0$ mA，$I_{C2} = 1.5$ mA。用万用表分别测量表 3-5-1 中第一级和第二级的参数。

表 3-5-1　静态工作点测量数据记录

第一级（T_1）				第二级（T_2）				
I_{C1}（mA）	U_{B1}（V）	U_{E1}（V）	U_{C1}（V）	U_{CE1}（V）	I_{C2}（mA）	U_{B2}（V）	U_{E2}（V）	U_{C2}（V）　U_{CE2}（V）
1.0					1.5			

2. 测量两级放大器的电压放大倍数（验证性实验）

（1）将放大器分为两个单级放大器，第一级不接负载，第二级接入 5.1 kΩ 负载。分别从各自输入端加入正弦信号 $f = 1$ kHz 、$U_{i} = 10 \sim 15$ mV$_{P-P}$，分别测量 $U_{o1}{}'$、$U_{o2}{}'$，

计算 A_{u1}'、A_{u2}' 和 A_u'（$=A_{u1}' \times A_{u2}'$），记入表 3-5-2 中。

（2）将两个放大器连接为级联放大器，从 A_1 输入端加入正弦波信号 $f = 1$ kHz、$U_i = 10 \sim 15$ mV$_{P-P}$，适当调节输入信号幅度，使输出波形不产生失真，测量 U_{o1}、U_{o2}（U_o），计算 A_{u1}、A_{u2} 和 A_u（$A_u = A_{u1} \times A_{u2}$），将结果记入表 3-5-2 中。比较 A_u'（单级）与 A_u（级连）的差别。

表 3-5-2 两级放大器电压放大倍数测量数据记录　　　　　　$R_L = 5.1$ kΩ

单级放大器状态							级连放大器状态					
U_{i1}'(mV)	U_{o1}'(V)	A_{u1}'	U_{i2}'(mV)	U_{o2}'(V)	A_{u2}'	A_u'	U_i(mV)	U_{o1}(V)	U_{o2}(V)	A_{u1}	A_{u2}	A_u

3. 测量两级放大器的输入电阻 R_i 和输出电阻 R_o（验证性实验）

按实验 3.2 中有关放大器的输入电阻和输出电阻的测量方法（参考图 3-2-3、图 3-2-4），测量两级放大器的输入电阻和输出电阻。测量数据分别记入表 3-5-3、表 3-5-4 中，并计算 R_i 和 R_o。

表 3-5-3 输入电阻 R_i 测量数据记录　　　　　$I_{C1} = 1.0$ mA；$I_{C2} = 1.5$ mA

R_S（kΩ）	U_S（mV）	U_i（mV）	R_i（kΩ）	R_i 平均值（kΩ）
1	5			
1	8			

表 3-5-4 输出电阻 R_o 测量数据记录　　　　　$I_{C1} = 1.0$ mA；$I_{C2} = 1.5$ mA

U_i(mV)	U_∞(mV)$_{p-p}$($R_L = \infty$)	U_L(mV)$_{p-p}$($R_L = 5.1$ kΩ)	R_o(kΩ)	R_o 平均值(kΩ)
5				

4. 测量两级放大器的通频带 BW（验证性实验）

参考实验 3.2 共射极单管放大器通频带的测量方法，输入频率 $f = 1$ kHz、$U_i = 10 \sim 15$ mV$_{P-P}$ 的正弦波信号，测量两级放大器的下限频率 f_L 和上限频率 f_H。

5. 最大动态范围调整（实验设计）

在图 3-5-1 所示多级放大器电路中，保持第一级工作点（$I_{C1} = 1.0$ mA）不变的情况下，测量多级放大器的最大动态范围。试设计实验测量方法。具体要求：

（1）说明实验原理，列出实验所需要的主要设备和材料。

（2）写出实验内容（实验方法与步骤）。

（3）进行相应的实验，测量最大不失真输出电压 U_{om} 值及最大输出时的输入信号电压 U_{im} 和第二级放大器的静态工作点。

设计提示：测量前首先应调整第二级放大器的静态点，使之位于交流负载线的中点。

五、预习要求

（1）复习教材中有关多级放大器的内容，了解多级放大器的主要特点及计算方法。
（2）熟悉多级放大器静态工作点和主要性能指标的调试及测量方法。
（3）确定实验设计（实验内容 5）方案。

六、实验报告与思考题

（1）整理实验数据并填写表格，总结测量结果并与理论计算分析比较。
（2）实验中当测量两级放大器的电压放大倍数时，分别单级测量的 A_{u1}' 与级连测量的 A_{u1} 为什么会不相同（$A_{u1}' \neq A_{u1}$）？

实验 3.6　负反馈放大器

一、实验目的

（1）加深理解负反馈放大器的工作原理，以及负反馈对放大器性能的影响。
（2）掌握负反馈放大器性能指标的测试方法。

二、实验设备及材料

函数信号发生器，双踪示波器，交流毫伏表，万用表，直流稳压电源，实验电路板。

三、实验原理

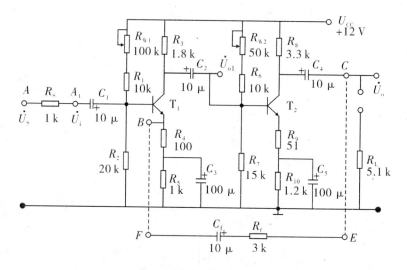

图 3 - 6 - 1　带有负反馈的两级阻容耦合放大器

图 3 - 6 - 1 为带有负反馈的两级阻容耦合放大电路，在电路中通过 R_f 把输出电压 U_o 引回到输入端，加在晶体管 T_1 的发射极上，在发射极电阻 R_4 上形成反馈电压 U_f。根据反馈网络从基本放大器输出端取样方式的不同，可知它属于电压串联负反馈。电压串联负反馈对放大器性能的影响主要有以下 5 点：

1. 负反馈使放大器的放大倍数降低，A_{uf} 的表达式为：

$$A_{uf} = \frac{A_u}{1 + A_u F_u} \qquad (3 - 6 - 1)$$

从上式中可见，加上负反馈后，A_{uf} 比 A_u 降低了（$1 + A_u F_u$）倍，并且 $|1 + A_u F_u|$ 愈大，放大倍数降低愈多。深度反馈时，

$$A_{uf} = \frac{1}{F_u} \tag{3-6-2}$$

2. 反馈系数

$$F_u = \frac{R_{E1}}{R_f + R_{E1}} \tag{3-6-3}$$

3. 负反馈改变放大器的输入电阻与输出电阻

负反馈对放大器输入阻抗和输出阻抗的影响比较复杂。不同的反馈形式，对阻抗的影响不一样。一般来说，并联负反馈能降低输入阻抗，而串联负反馈则能提高输入阻抗；电压负反馈使输出阻抗降低，电流负反馈使输出阻抗升高。

对图 3-6-1 所示电压串联负反馈电路：

输入电阻：
$$R_{if} = (1 + A_u F_u) R_i \tag{3-6-4}$$

输出电阻：
$$R_{of} = \frac{R_o}{1 + A_u F_u} \tag{3-6-5}$$

4. 负反馈扩展了放大器的通频带

引入负反馈后，放大器的上限频率与下限频率的表达式分别为：

$$f_{Hf} = (1 + A_u F_u) f_H \tag{3-6-6}$$

$$f_{Lf} = \frac{1}{(1 + A_u F_u)} f_L \tag{3-6-7}$$

$$BW = f_{Hf} - f_{Lf} \approx f_{Hf} \quad (f_{Hf} \gg f_{Lf}) \tag{3-6-8}$$

可见，引入负反馈后，f_{Hf} 向高端扩展了（$1 + A_u F_u$）倍，f_{Lf} 也向低端扩展了（$1 + A_u F_u$）倍，使通频带加宽。

5. 负反馈提高了放大倍数的稳定性

当反馈深度一定时，有

$$\frac{dA_{uf}}{A_{uf}} = \frac{1}{1 + A_u F_u} \cdot \frac{dA_u}{A_u} \tag{3-6-9}$$

可见引入负反馈后，放大器闭环放大倍数 A_{uf} 的相对变化量 dA_{uf}/A_{uf} 比开环放大倍数的相对变化量 $\frac{dA_u}{A_u}$ 减少至 $\frac{1}{1 + A_u F_u}$ 倍，即闭环增益的稳定性提高至（$1 + A_u F_u$）倍。

四、实验内容

如图 3-6-1 所示连接电路，接入 $R_L = 5.1\ k\Omega$ 负载。

1. 调整、测量静态工作点（验证性实验）

不连接反馈网络 R_f、C_f。在 $U_i = 0$ 的情况下，接通电源，分别调节 R_{W1}、R_{W2} 两个电位器，使 $I_{C1} = 1.0\ mA$，$I_{C2} = 1.5\ mA$。用万用表分别测量第一级、第二级的静态工作点，记入表 3-6-1 中，计算 U_{CE}。

表 3-6-1　静态工作点测量数据记录

第一级（T_1）				第二级（T_2）				
I_{C1}（mA）	U_{B1}（V）	U_{E1}（V）	U_{C1}（V）	U_{CE1}（V）	I_{C2}（mA）	U_{B2}（V）	U_{E2}（V）	U_{C2}（V）	U_{CE2}（V）
1.0					1.5				

2. 测量基本放大器的性能指标（验证性实验）

不连接反馈网络 R_f、C_f。从 A_1 输入 $f=1$ kHz、$U_i=5$ mV 的正弦信号（根据具体实际情况调整 U_i 的输入信号），测量两级基本放大电路的输出电压 $U_{o\infty}$、U_{oL}。在 A 点（U_S）输入 $f=1$kHz、5mV 正弦信号，测量 U_i，数据记录在表 3-6-2 中。计算 A_u、R_i、R_o 和 BW。

3. 测量负反馈放大器的性能指标（验证性实验）

接入反馈网络 R_f、C_f（连接 CE、BF）。从 A_1 输入 $f=1$ kHz、$U_i=5$ mV 的正弦信号。测量两级负反馈放大器的输出电压 $U_{o\infty f}$、U_{oLf}。在 A 点（U_S）输入 $f=1$kHz、5mV 正弦信号，测量 U_{if}，数据记录在表 3-6-2。计算 A_{uf}、R_{if}、R_{of} 和 BW_f，并对表 3-6-2 基本放大器和负反馈放大器进行比较和小结。

表 3-6-2　负反馈放大器的各项性能指标测量数据记录　　$f=1$ kHz

	U_i（mV）	U_o（V）		A_u		U_s（mV）	U_i（mV）	R_i（kΩ）	R_o（kΩ）	f_H（kHz）	f_L（Hz）	BW
基本放大器		$U_{o\infty}$	U_{oL}	$A_{u\infty}$	A_{uL}							
						5						
负反馈放大器（接反馈网络 R_{fCf}）	U_i（mV）	U_{of}（V）		A_{uf}		U_{sf}（mV）	U_{if}（mV）	R_{if}（kΩ）	R_{of}（kΩ）	f_{Hf}（kHz）	f_{Lf}（Hz）	BW_f
		$U_{o\infty f}$	U_{oLf}	$A_{u\infty f}$	A_{uLf}							
						5						

注意：测量值单位应统一，不可将峰峰值和有效值混淆计算。用示波器所测量的为峰峰值，用毫伏表所测量的为有效值。

五、预习要求

（1）复习教材中关于负反馈的基本概念，掌握判断放大电路中是否存在反馈及判断反馈类型的方法。

（2）熟悉电压串联负反馈放大器的工作原理及其对放大电路中性能的影响。

（3）估算实验负反馈放大器的输入电阻、输出电阻及其电压放大倍数（取 $\beta=100$）。

（4）参考实验 3.2，设计并画好完成本实验内容 3.4（测量负反馈放大器的性能指标）需要的原始数据记录表。

六、实验报告与思考题

（1）根据接入反馈网络环节的前后实验数据比较，总结电压串联负反馈对放大器性能的影响。

（2）在图 3 – 6 – 1 所示实验电路中，接入反馈网络 $R_f C_f$ 后，各级和级间共有哪几种类型反馈？这些反馈主要起什么作用？

（3）在图 3 – 6 – 1 所示实验电路中，若将反馈信号取自第二级放大电路晶体管 T_2 的发射极，所构成的电路属什么反馈形式？这种反馈将对电路产生什么影响？

实验 3.7　差动放大器

一、实验目的

（1）理解差动放大器的工作原理、电路特点和抑制零漂的方法。
（2）掌握差动放大器的零点调整及静态工作点的测试方法。
（3）掌握差动放大器的差模放大倍数、共模放大倍数和共模抑制比的测量方法。

二、实验设备及材料

函数信号发生器，双踪示波器，交流毫伏表，万用表，直流稳压电源，实验电路板。

三、实验原理

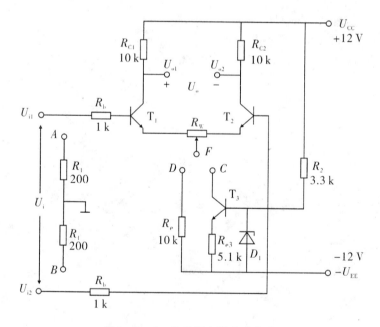

图 3 - 7 - 1　差动放大器实验电路

差动放大器实验电路如图 3 - 7 - 1 所示，其中，晶体管 T_1、T_2 称为差分对管，与电阻 R_{C1}、R_{C2} 及电位器 R_W 共同组成差动放大的基本电路。其中，$R_{C1} = R_{C2}$，R_W 为调零电位器，若电路完全对称，静态时 R_W 应处于中点位置；若电路不对称，调节 R_W，使 U_o

两端静态时的电位相等（$U_o = 0$）。

晶体管 T_3、D_1 与电阻 R_{e3} 和 R_2 组成恒流源电路，可以为差动放大器提供恒定电流 I_0。两个 R_1 为均衡电阻，给差动放大器提供对称的差模输入信号。由于电路参数完全对称，当外界温度变化，或电源电压波动时，对电路的影响都是一样的，因此差动放大器能有效地抑制零点漂移。

1. 差动放大器的输入输出方式，如图 3 – 7 – 1 所示电路

根据输入信号和输出信号的不同方式有以下四种连接方式：

（1）双端输入—双端输出。输入信号 U_i 加在 U_{i1}、U_{i2} 两端：$U_i = U_{i1} - U_{i2}$；输出 U_o 取自 U_{o1}、U_{o2} 两端：$U_o = U_{o1} - U_{o2}$。

（2）双端输入—单端输出。输入信号 U_i 加在 U_{i1}、U_{i2} 两端：$U_i = U_{i1} - U_{i2}$；输出 U_o 取自 U_{o1} 或 U_{o2} 到地的信号：$U_o = U_{o1}$ 或 $U_o = U_{o2}$。

（3）单端输入—双端输出。输入信号加在 U_{i1} 上，U_{i2} 接地（或 U_{i1} 接地而信号加在 U_{i2} 上）；输出 U_o 取自 U_{o1}、U_{o2} 两端：$U_o = U_{o1} - U_{o2}$。

（4）单端输入—单端输出。输入信号加在 U_{i1} 上，U_{i2} 接地（或 U_{i1} 接地而信号加在 U_{i2} 上）；输出 U_o 取自 U_{o1} 或 U_{o2} 到地的信号：$U_o = U_{o1}$ 或 $U_o = U_{o2}$。

连接方式不同，电路的性能参数也将有所不同。

2. 静态工作点的计算

具有恒流源的差动放大器静态时（$U_i = 0$），由恒流源电路得

$$I_o = \frac{U_D - U_{BE}}{R_{e3}} \qquad (3 - 7 - 1)$$

其中，U_D 为稳压管 D_1 的稳压值，U_{BE} 为发射结压降。差动放大器中的 T_1、T_2 参数对称，则

$$I_{C1} = I_{C2} = I_o / 2 \qquad (3 - 7 - 2)$$

$$U_{C1} = U_{C2} = U_{CC} - I_{C1}R_{C1} = U_{CC} - \frac{I_o R_{C1}}{2} \qquad (3 - 7 - 3)$$

由（3 – 7 – 3）式可知，具有恒流源的差动放大器的工作点主要由恒流源 I_0 决定。

3. 差动放大器的主要指标计算

（1）差模放大倍数 A_{ud}。

由分析可知，差动放大器在单端输入或双端输入方式不同时，它们的差模电压增益相同。但是对双端输出和单端输出方式的不同，差模电压增益不同。在此仅分析双端输入情形，单端输入情形可自行分析。

差动放大器的两个输入端分别输入两个大小相等、极性相反的差模信号 U_{id1}、U_{id2}（$U_{id1} = -U_{id2}$），差动放大器的差模输入信号 $U_{id} = U_{id1} - U_{id2}$。

双端输入—双端输出时，差动放大器的差模电压增益为：

$$A_{ud} = \frac{U_{od}}{U_{id}} = \frac{U_{od1} - U_{od2}}{U_{id1} - U_{id2}} = A_{u1} = \frac{\beta R'_L}{R_b + r_{be} + (1 + \beta)\dfrac{R_W}{2}} \qquad (3 - 7 - 4)$$

式中，$R'_L = R_C \parallel \dfrac{R_L}{2}$，$A_{u1}$ 为单管电压增益。

双端输入—单端输出时，差模电压增益为：

$$A_{ud1} \approx \frac{U_{od1}}{U_{id}} = \frac{U_{od1}}{2U_{id1}} = \frac{1}{2}A_{u1} = \frac{\beta R'_L}{2\left[R_b + r_{be} + (1+\beta)\dfrac{R_W}{2}\right]} \qquad (3-7-5)$$

式中，$R'_L = R_C \parallel R_L$。

（2）共模放大倍数 A_{uc}。

差动放大器的两个输入端同时加上两个大小相等、极性相同的共模信号，即 $U_{ic} = U_{i1} = U_{i2}$。

单端输出时的共模电压增益为：

$$A_{uc1} = \frac{U_{oc1}}{U_{ic}} = \frac{U_{oc2}}{U_{ic}} = A_{uc2} = \frac{\beta R'_L}{R_b + r_{be} + (1+\beta)\dfrac{R_W}{2} + (1+\beta)R'_e} \approx \frac{R'_L}{2R'_e} \qquad (3-7-6)$$

式中，R'_e 为恒流源的交流等效电阻。即

$$R'_e = r_{ce3}\left(1 + \frac{\beta_3 R_{E3}}{r_{be3} + R_{E3} + R_B}\right) \qquad (3-7-7)$$

$$r_{be3} = 300\Omega + (1+\beta)\frac{26\ (\text{mV})}{I_{E3}\ (\text{mA})} \qquad (3-7-8)$$

$$R_B = R_2 \parallel r_{D1} \qquad (3-7-9)$$

其中，r_{D1} 为稳压管 D_1 的动态电阻。由于 r_{be3}（T_3 的集电极输出电阻）一般为几百千欧，所以，共模电压增益 $A_{uc} < 1$，在单端输出时，共模信号得到了抑制。

双端输出时，在电路完全对称的情况下，则输出电压 $U_{oc1} = U_{oc2}$，共模增益为：

$$A_{uc} = \frac{U_{oc1} - U_{oc2}}{U_{ic}} = 0 \qquad (3-7-10)$$

式（3-7-10）说明，双端输出时，对零点漂移、电源波动等干扰信号有很强的抑制能力。

如果电路的对称性很好，恒流源恒定不变，则 U_{o1} 与 U_{o2} 的值近似为零，用示波器观测 U_{o1} 与 U_{o2} 的波形近似于一条水平直线。共模放大倍数近似为零，则共模抑制比 K_{CMR} 为无穷大。如果电路的对称性不好，或恒流源不恒定，则 U_{o1}、U_{o2} 为一对大小相等、极性相反的正弦波（示波器幅度调节到最低挡），用长尾式差动放大电路可观察到 U_{o1}、U_{o2} 分别为正弦波，实际上对管参数不一致，受信号频率与对管内部容性的影响，大小和相位可能有出入，但不影响正弦波的出现。

（3）共模抑制比 K_{CMR}。

差动放大电器性能的优劣常用共模抑制比 K_{CMR} 来衡量，即

$$K_{CMR} = \left|\frac{A_{ud}}{A_{uc}}\right| \text{或} K_{CMR} = 20\lg\left|\frac{A_{ud}}{A_{uc}}\right| \text{dB} \qquad (3-7-11)$$

单端输出时，共模抑制比为：

$$K_{CMR} = \frac{A_{ud1}}{A_{uc}} = \frac{\beta R'_L}{R_b + r_{be} + (1+\beta)\cdot\dfrac{R_W}{2}} \qquad (3-7-12)$$

双端输出时，共模抑制比为：

$$K_{\text{CMR}} = \left| \frac{A_{\text{ud}}}{A_{\text{uc}}} \right| = \infty \qquad\qquad (3-7-13)$$

四、实验内容

如图 3-7-1 所示连接实验电路，将 F 点与 C 点相连接。注意正、负电源的接法。

1. 调整静态工作点（操作性实验）

接上正、负电源，不加输入信号，将输入端 U_{i1}、U_{i2} 两点接地，再用万用表直流挡分别测量差分对管 T_1、T_2 的集电极对地的电压 U_{C1}、U_{C2}。如果测量结果 $U_{C1} \neq U_{C2}$，调整电位器 R_W，使 $U_{C1} = U_{C2}$，或者使它们非常接近。若调节 R_W 始终无法满足 $U_{C1} = U_{C2}$ 且相差比较大时，可适当调整电路的参数，如 R_{C1} 或 R_{C2}，使 R_{C1} 与 R_{C2} 不相等以满足电路对称（比如在 R_{C1} 上并接一个电阻，这样，减小 R_{C1} 使电路对称）。再调节 R_W，满足 $U_{C1} = U_{C2}$。然后分别测量 U_{C1}、U_{C2}、U_{B1}、U_{B2}、U_{E1}、U_{E2} 的电压，根据测量数据，计算 I_{C1} 和 I_{C2}，记入表 3-7-1 中左边实际测量值栏内，与右边的理论计算值进行比较。

表 3-7-1　静态工作点测量数据记录　　$I_0 = $　　mA

实际测量值								理论计算值							
T_1				T_2				T_1				T_2			
U_{B1}	U_{E1}	U_{C1}	I_{C1}	U_{B2}	U_{E2}	U_{C2}	I_{C2}	U_{B1}	U_{E1}	U_{C1}	I_{C1}	U_{B2}	U_{E2}	U_{C2}	I_{C2}
(V)	(V)	(V)	(mA)	(V)	(V)	(V)	(mA)	(V)	(V)	(V)	(mA)	(V)	(V)	(V)	(mA)

2. 单端输入电路的测量（验证性实验）

将 U_{i2} 端接地，从 U_{i1} 端输入 $f = 1\ \text{kHz}$、$U_{id} = 50\ \text{mV}_{\text{p-p}}$ 的正弦波信号。

（1）单端输出。

用双踪示波器两个探头，分别测量单端差模输出电压 U_{od1}（U_{o1}）、U_{od2}（U_{o2}）的波形，观察它们的相位关系。记录 U_{od1} 和 U_{od2} 的波形与幅度（峰峰值），以 U_{id} 的相位为参考，表示出它们之间的相位关系。计算单端输出的差模放大倍数 A_{ud}（单），记入表 3-7-2 中。

表 3-7-2　差动放大器测量数据记录（单端输入情形）

单端电路 测量数据	恒流源差动放大器	典型差动放大器 （$R_e = 10\ \text{k}\Omega$）
U_i	$U_{id} = 50\ \text{mV}_{\text{p-p}}$	$U_{id} = 50\ \text{mV}_{\text{p-p}}$
U_{o1}		
U_{o2}		
$U_o = U_{o1} - U_{o2}$		
$A_{u(单)} = U_{o1}/U_i$		
$A_{u(双)} = U_o/U_i$		

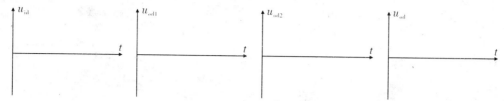

（2）双端输出。

测量双端输出差模电压 U_{od}（ $= U_{od1} - U_{od2}$ ）的波形，方法是在前面测量 U_{od1} 和 U_{od2} 的基础上，调节"VOLTS/DIV"垂直灵敏度及其微调挡，使 CH$_1$、CH$_2$ 两通道完全相同，在"MODE"垂直显示方式中选择"ADD"叠加方式，按下"CH$_2$ INV"CH$_2$ 反相按键，即可得到差分波形 U_{od}。记录 U_{od} 的波形与幅度（峰峰值），计算差模双端输出的放大倍数 $A_{ud(双)}$，记入表 3 - 7 - 2 中。

（3）用固定电阻 $R_e = 10\ k\Omega$ 代替恒流源电路，即将 F 点与 D 点相连接，组成典型的长尾式差动放大电路，静态（ $U_i = 0$ ）时调节 R_W，使 $U_o = 0$。再重复上述实验步骤（1）、（2），记入表 3 - 7 - 2 中，并与恒流源电路相比较后说明。

3. 双端输入情形测量（验证性实验）

（1）共模信号输入。

将输入端 U_{i1}、U_{i2} 两点连接在一起，从 U_{i1} 端输入 $f = 1\ kHz$、有效值为 1 V 的正弦信号 U_{iC} 为共模信号，用双踪示波器观察单端共模输出 U_{oc1}（ U_{o1} ）和 U_{oc2}（ U_{o2} ）波形，注意观察它们的相位关系。用毫伏表分别测量 T_1、T_2 两管集电极对地的共模输出电压 U_{oc1} 和 U_{oc2}（注意表示出它们之间的相位关系），则双端输出的共模电压为 $U_{oc} = U_{oc1} - U_{oc2}$。自拟表格并记录测量数据并计算出单端输出的共模放大倍数 $A_{uc(单)}$（ A_{uc1} 或 A_{uc2} ）、双端输出的共模放大倍数 $A_{uc(双)}$。

（2）差模信号输入。

U_{i1}、U_{i2} 端分别与 A、B 点连接，将两路差模信号 U_{i1}、U_{i2}（预习准备好）分别输入 U_{i1}、U_{i2} 端。与共模输入情形时类似，测量差模输入时单端输出和双端输出的放大倍数 $A_{ud(单)}$、$A_{ud(双)}$ 和共模抑制比 $K_{CMR(单)}$、$K_{CMR(双)}$。自拟表格并记录测量与计算数据。

4. 差动放大器的差模传输特性测试（验证性实验）

差动放大器的 F 点与 C 点相连接。把信号发生器输出 $f = 100\ Hz$、$U_{id} = 50\ mV_{p-p}$ 的正弦波信号输入到差动放大器的 U_{i1} 端，U_{i2} 端接地；同时将此输入信号送至示波器的"TRIG IN"外触发信号输入端。示波器的"SOURCE"触发源选择置"EXT"外触发位置；"TIME/DIV"水平扫描速度开关置"X - Y"位置。差动放大器的两输出端 U_{o1} 和 U_{o2} 分别接至示波器的 CH$_1$、CH$_2$ 输入端。示波器的"MODE"垂直方式开关置"DUAL"两通道同时显示位置，并且 CH$_1$、CH$_2$ 的垂直灵敏度应相同。逐渐增大信号发生器输出的信号幅度，即可在示波器显示屏上显示出差动放大器的差模传输特性曲线，调整 R_W，使曲线对称。

五、预习要求

（1）复习差动放大器的组成、静态工作点和主要性能指标的定义及其计算方法。

（2）熟悉差动放大器静态工作点的调试方法，熟悉放大器主要性能指标的测量方法。

（3）准备实验内容 3 中需要的双端输入的差模信号。

六、实验报告与思考题

（1）详细记录各项数据，计算出差模放大倍数、共模放大倍数及共模抑制比，并分析、总结实验结果。

（2）差动放大器中的发射极 R_e 起什么作用？用恒流源代替 R_e 有什么好处？

实验 3.8　集成运算放大器基本运算电路

一、实验目的

（1）掌握由集成运算放大器组成的比例、加法、减法和积分等模拟运算电路功能。

（2）熟悉运算放大器在模拟运算中的应用。

二、实验设备及材料

函数信号发生器，双踪示波器，交流毫伏表，数字万用表，直流稳压电源，实验电路板。

三、实验原理

集成运算放大器在线性应用方面，可组成比例、加法、减法、积分、微分、对数、指数等模拟运算电路。

1. 反相比例运算电路

反相比例运算电路如图 3 – 8 – 1 所示。对于理想运放，该电路的输出电压与输入电压之间的关系为：

$$U_o = -\frac{R_f}{R_1}U_i \qquad (3-8-1)$$

为减小输入级偏置电流引起的运算误差，在同相输入端应接入平衡电阻 $R' = R_1 \parallel R_f$。实验中采用 10 kΩ 和 100 kΩ 两个电阻并联。

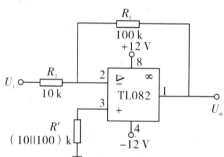

图 3 – 8 – 1　反相比例运算电路

2. 同相比例运算电路

图 3 – 8 – 2 所示是同相比例运算电路，它的输出电压与输入电压之间的关系为：

$$U_o = \left(1 + \frac{R_f}{R_1}\right)U_i \qquad (3-8-2)$$

当 $R_1 \to \infty$ 时，$U_o = U_i$，即为电压跟随器。

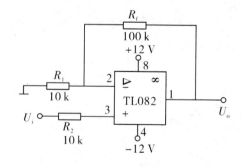

图 3 – 8 – 2　同相比例运算电路

3. 反相加法电路

反相加法电路如图 3-8-3 所示，输出电压与输入电压之间的关系为：

$$U_o = -\left(\frac{R_f}{R_1}U_A + \frac{R_f}{R_2}U_B\right)$$

$$(3-8-3)$$

$$R' = R_1 \parallel R_2 \parallel R_f$$

4. 同相加法电路

同相加法电路如图 3-8-4 所示，输出电压与输入电压之间的关系为：

$$U_o = \frac{R_3 + R_f}{R_3}\left(\frac{R_2}{R_1+R_2}U_A + \frac{R_1}{R_1+R_2}U_B\right)$$

$$(3-8-4)$$

5. 减法运算电路（差动放大器）

减法运算电路如图 3-8-5 所示，输出电压与输入电压之间的关系为：

$$U_o = -\frac{R_f}{R_1}U_A + \left(1+\frac{R_f}{R_1}\right)\left(\frac{R'}{R_2+R'}\right)U_B$$

当 $R_1 = R_2$，$R' = R_f$ 时，图 3-8-5 所示电路为差动放大器，输出电压为：

$$U_o = \frac{R_f}{R_1}(U_B - U_A) \quad (3-8-5)$$

6. 积分运算电路

反相积分电路如图 3-8-6 所示，其中，R_f 是为限制低频增益、减小失调电压的影响而增加的。在理想化条件下，输出电压 U_o 等于

$$U_o(t) = -\frac{1}{RC}\int_0^t U_i \mathrm{d}t + U_C(0)$$

$$(3-8-6)$$

式中，$U_C(0)$ 是 $t = 0$ 时刻电容 C 两端的电压值，

即初始值。

如果 $U_i(t)$ 是幅值为 E 的阶跃电压，并设 $U_C(0) = 0$，则

$$U_o(t) = -\frac{1}{RC}\int_0^t E\mathrm{d}t = -\frac{E}{RC}t$$

$$(3-8-7)$$

此时，显然 RC 的数值越大，达到给

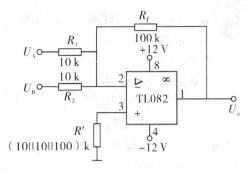

图 3-8-3　反相加法运算电路

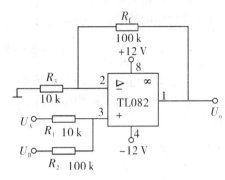

图 3-8-4　同相加法运算电路

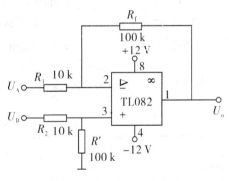

图 3-8-5　减法运算电路

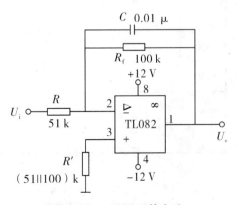

图 3-8-6　积分运算电路

定的 U_o 值所需的时间就越长，改变 R 或 C 的值，积分波形也不同。一般方波变换为三角波，正弦波则产生相移。

7. 微分运算电路

实用微分运算电路如图 3 - 8 - 7
所示，
其中，R_1 是为抑制高频噪声干扰而增加的，而 C_f 可起改善微分波形的作用，通常称之为加速电容。

微分电路的输出电压正比于输入电压对时间的微分，一般表达式为：

$$U_o = - RC \frac{\mathrm{d}u_i}{\mathrm{d}t} \qquad (3 - 8 - 8)$$

利用微分电路可实现对波形的变

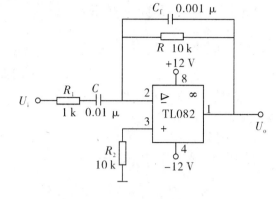

图 3 - 8 - 7 微分运算电路

换，输入矩形波时变换为尖脉冲，输入对称三角波时变换为方波。

四、实验内容

注意正、负电源的接法，切忌将输出端短路，否则将会损坏集成块。信号输入时先按实验所给的值调好信号源再加入运放输入端。

1. 反相比例运算电路测量（验证性实验）

如图 3 - 8 - 1 所示连接实验电路，检查连线正确无误后方可接通电源。

分别输入 $f = 1 \ \mathrm{kHz}$，$U_i = 50 \ \mathrm{mV}$、$100 \ \mathrm{mV}$、$150 \ \mathrm{mV}$（有效值）的正弦波信号，用毫伏表测量 U_i、U_o 值，用示波器观察并记录其中一组 U_i 和 U_o 的波形，记入表 3 - 8 - 1 中。

表 3 - 8 - 1 反相比例运算电路测量数据记录 $f = 1 \ \mathrm{kHz}$

$U_i(\mathrm{mV})$	$U_o(\mathrm{mV})$	$U_{op-p}(\mathrm{mV})$	A_u		u_i、u_o 波形
			测量值	理论计算值	
50					
100					
150					
A_u 测量平均值				相对误差	

2. 同相比例运算电路测量（验证性实验）

按图 3 - 8 - 2 所示连接实验电路。实验步骤同上，将结果记入表 3 - 8 - 2 中。

表 3 - 8 - 2　同相比例运算电路测量数据记录　　　　　　　$f = 1\text{kHz}$

U_i (mV)	U_o (mV)	U_{op-p} (mV)	A_u		u_i、u_o 波形
			测量值	理论计算值	
50					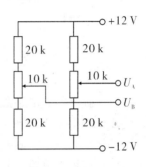
100					
150					
A_u测量平均值			相对误差		

3. 反相加法运算电路测量（验证性实验）

按图 3 - 8 - 3 所示正确连接实验电路。输入信号采用图 3 - 8 - 8 所示电路获得的直流信号源 U_A、U_B。注意实验中必须使 $| U_A + U_B | < 1$ V（U_A、U_B 可为不同数值，不同极性）。

用数字万用表测量输入电压 U_A、U_B 及输出电压 U_o，记入表 3 - 8 - 3 中，注意输出与输入电压波形的相位关系。

图 3 - 8 - 8　可调直流信号源

表 3 - 8 - 3　反相加法运算电路测量数据记录

实际测量值			理论计算值	相对误差 γ
U_A (V)	U_B (V)	U_o (V)	U_o (V)	

4. 减法运算电路测量（验证性实验）

按图 3 - 8 - 5 所示正确连接实验电路。采用直流输入信号，要求同实验内容 3，记入表 3 - 8 - 4 中。

表 3 - 8 - 4　减法运算电路测量数据记录

实际测量值			理论计算值	相对误差 γ
U_A (V)	U_B (V)	U_o (V)	U_o (V)	

5. 积分运算电路测量（验证性实验）

按图 3 – 8 – 6 所示，正确连接积分电路。取 $f = 1$ kHz、峰值为 2 V 的方波作为输入信号 U_i，用双踪示波器同时观察输入、输出信号波形及相位关系，记录波形及参数。

6. 微分运算电路测量（验证性实验）

按如图 3 – 8 – 7 所示，正确连接微分电路。取 $f = 1$ kHz、峰值为 0.5 V 的方波作为输入信号 U_i，用双踪示波器同时观察输入、输出信号波形，记录波形及参数。

五、预习要求

（1）复习集成运算放大器线性应用电路的工作原理和电路分析方法。
（2）熟悉实验内容，推导实验中各电路输出电压的计算公式。
（3）确定自己的综合应用实验（实验内容 7）设计方案。

六、实验报告与思考题

（1）画出实验电路图，整理实验数据及波形图。
（2）如果实验结果与理论值有较大偏差，试分析其可能的原因。
（3）在集成运算放大器线性应用电路实验中，为什么要求 U_i 或 $|U_A + U_B| < 1$ V
（4）在积分电路（如图 3 – 8 – 6 所示）中，输入信号频率有什么要求？说明电路中 R_f 的作用。
（5）在微分电路（如图 3 – 8 – 7 所示）中，输入信号频率有什么要求？说明电路中 C_f 的作用。

实验 3.9　*RC* 正弦波振荡器

一、实验目的

(1) 熟悉用集成运算放大器构成的 *RC* 正弦波振荡器组成。
(2) 掌握 *RC* 振荡器的工作原理、起振条件和稳幅原理。

二、实验设备及材料

双踪示波器，数字万用表，直流稳压电源，函数信号发生器，实验电路板。

三、实验原理

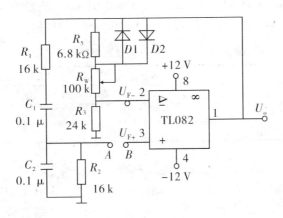

图 3 – 9 – 1　*RC* 正弦波振荡器实验电路

RC 正弦波振荡器实验电路如图 3 – 9 – 1 所示。振荡电路由两部分组成，即放大器和选频网络。运算放大器和 R_3、R_W、$R_5 /\!/ r_D$（r_D 为二极管正向导通电阻）组成负反馈放大电路；R_1、C_1、R_2、C_2 组成选频网络，同时又是正反馈网络，通常，$R_1 = R_2 = R$；$C_1 = C_2 = C$。如去掉正反馈网络，即将 A、B 间的连线断开，从 B 点输入信号，则运算放大器组成一个同相放大电路，放大器的增益 $A_u = (R_3 + R_W + R_5)/R_3$，相移 $\varphi_A = 0°$。而正反馈网络 R_1C_1、R_2C_2 的选频特性，使电路在振荡频率处满足振荡的相位条件。当电路谐振时，$F_u = 1/3$，$\varphi_F = 0°$。而欲使电路起振，必须使 $A_u \geqslant 3$（实际上略大于3），即满足起振条件：$A_u F_u > 1$，$\varphi_A + \varphi_F = 0°$，此时输出端有一个正弦信号输出。

电路的振荡频率为：

$$f_0 = \frac{1}{2\pi RC} \qquad\qquad (3 - 9 - 1)$$

电路起振的幅度条件为：

$$R_W + R_5 \parallel r_D > 2R_3 \qquad\qquad (3-9-2)$$

当电路起振之后，随着振荡的增强，振荡波形将因超出运算放大器的线性区而出现失真。因此电路起振之后，必须使 $A_u = 3$，以维持正常振荡。为此，在同相放大器中往往引入带有非线性元件的负反馈网络，用来自动调整负反馈的深度，达到自动稳幅和改善波形质量。D_1、D_2 具有稳幅功能、消除失真波形。

三、实验内容

1. RC 正弦波振荡器测量（验证性实验）

按图 3-9-1 所示连接实验电路，连接 A、B。

（1）测量振荡器振荡频率 f_0。

① 取 R（R_1、R_2）$= 16$ kΩ，C（C_1、C_2）$= 0.1$ μF。接通电源，用示波器观察输出 U_o 的波形。调节 R_W，使电路起振，并使 U_o 的幅度最大且正弦波无明显失真，从示波器读出信号周期 T，将测量结果记入表 3-9-1 中，计算它的频率 f_0，并与理论值 f_0' 比较。

② 取 R（R_1、R_2）$= 16$ kΩ，C（C_1、C_2）$= 0.01$ μF。测量信号周期 T，计算对应振荡频率 f_0，将测量结果记入表 3-9-1 中，并与理论值 f_0' 比较。

表 3-9-1　RC 振荡器频率测量数据记录

元件值		测量值		理论计算值	相对误差 $\Delta f_0/f_0'$
R	C	T	f_0	f_0'	
16 kΩ	0.1 μF				
16 kΩ	0.01 μF				

（2）测量放大器的增益 A_u 和反馈系数 F。

① 连接 A、B。取 R（R_1、R_2）$= 16$ kΩ，C（C_1、C_2）$= 0.1$ μF。接通电源，用示波器观察输出 U_o 的波形。调节 R_W，使电路起振，并使 U_o 的幅度最大且正弦波无明显失真，记录振荡频率 f_0，输出电压的幅度值 U_{om}，同时用毫伏表测量输出电压有效值 U_o 和正反馈端电压 U_{F+}，将数据记入表 3-9-2 中，计算反馈系数 F_{u+}。

② 保持在上一步骤调整好的 R_W 值，断开 A、B 之间的连接线，从运算放大器的同相输入端 B 点输入接近振荡频率 f_0 的正弦波信号，并调整信号发生器，使运算放大器的输出电压为原来正弦波振荡器时的输出电压的幅度值 U_{om}。用毫伏表分别测量运算放大器输入电压 U_i、输出电压 U_o 和负反馈端电压 U_{F-}，将数据记入表 3-9-2 中，计算放大器的增益 A_u 和反馈系数 F_{u-}。

③ 关掉电源，用数字万用表测量 $R_5 \parallel r_D$（近似为 R_5 两端的在路测量电阻）和 R_W 的电阻值，计算负反馈系数，与理论值比较。

表 3 – 9 – 2 *RC* 振荡器增益和反馈系数测量数据记录 $R = 16 \text{ k}\Omega$; $C = 0.1 \text{ μF}$

振荡器测量值				运算放大器测量值						数字万用表测量值		
f	U_{om}	U_o	U_{F+}	F_{u+}	f_i	U_i	U_o	U_{F-}	A_u	F_{u-}	$R_5 \parallel r_D$	R_W	F_{u-}

2. *RC* 正弦波振荡器电路设计（设计性实验）

设计一个振荡频率从 1 ~ 10 kHz 连续可调的 *RC* 正弦振荡器电路。要求计算出振荡器中各元件的参数，画出标有元件值的电路图，并进行实验验证。

五、预习要求

（1）熟悉 *RC* 正弦波振荡器的工作原理、起振条件和稳幅原理。

（2）推导实验电路振荡频率 f_0、放大器的增益 A_u 和反馈系数 F_{u+} 的计算公式。

（3）确定设计实验（实验内容 2）方案。

六、实验报告与思考题

（1）整理实验数据，并根据实验测量值与理论值进行比较，分析产生误差的原因。

（2）当 *RC* 振荡器输出信号出现上下限幅的严重失真时，应当增大还是减小 R_W 的值？

实验 3.10　比较器、方波—三角波发生器

一、实验目的

（1）熟悉比较器的工作原理和应用，掌握比较器翻转点的测量方法。

（2）理解方波、三角波发生器的工作原理。

二、实验设备及材料

双踪示波器，万用表，直流稳压电源，函数信号发生器，实验电路板等。

三、实验原理

1. 过零电压比较器

图 3 - 10 - 1 中，令参考电平 $U_\zeta = 0$，则输入信号 U_i 与零比较，当输入电压 U_i 过零时，比较器发生翻转。$U_i > 0$，输出则为低电平（U_{OL}）；而 $U_i < 0$，输出则为高电平。这种电路可作为零电平检测器。该电路也可用于"整形"，将不规则的输入波形整形成规则的矩形波。

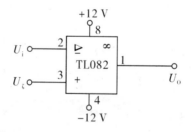

图 3 - 10 - 1　过零电压比较器电路

2. 迟滞电压比较器

图 3 - 10 - 2 所示是用集成运算放大器组成的同相输入迟滞比较器实验电路。当输入电压 U_i 与输出电压 U_o 在 E 点合成的电压过零时，比较器发生翻转。

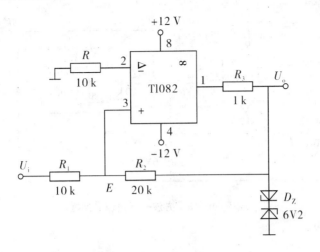

图 3 - 10 - 2   迟滞比较器电路

由图 3 - 10 - 2 可知：
$$U_E = \frac{U_i}{R_1 + R_2}R_2 + \frac{U_o}{R_1 + R_2}R_1$$

电路翻转时 $U_E = 0$，代入上式有：
$$U_i = -\frac{R_1}{R_2}U_o \qquad\qquad (3 - 10 - 1)$$

3. 方波—三角波发生器

方波—三角波发生器由迟滞电压比较器和积分器闭环构成，电路如图 3 - 10 - 3 所示。积分器输出电压 U_{o2} 是比较器的输入电压 U_i，U_{o1}（U_o）是比较器的输出电压。根据式（3 - 10 - 1），可知三角波的峰值电压为：
$$U_{o2m} = \left| \pm \frac{R_1}{R_2}U_Z \right| \qquad\qquad (3 - 10 - 2)$$

式中，U_Z 为稳压管 D_Z 的稳压值（忽略稳压管的正向导通电压）。

由于 U_{o2} 由 0 上升到 U_{o2m} 所需时间为 $T/4$，故
$$U_{o2m} = \frac{R_1}{R_2}U_Z = \frac{1}{C}\int_0^{\frac{T}{4}} \frac{U_Z}{R_4}dt$$

可得三角波的频率为：
$$f = \frac{1}{T} = \frac{R_2}{4R_1R_4C} \qquad\qquad (3 - 10 - 3)$$

由式（3 - 10 - 3）可知，振荡频率 f 取决于电路电阻和电容之值，而与 U_Z 无关。若要维持三角波的峰值电压不变，由式（3 - 10 - 2）可见，R_1、R_2 不宜改变，这时若要改变输出频率，可通过调节 R_4 来实现。

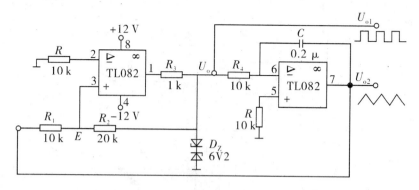

图 3 - 10 - 3 方波—三角波发生器

四、实验内容

1. 用万用表测量电压比较器的翻转点（验证性实验）

（1）按图 3 - 10 - 2 所示接好电压比较器电路；再按图 3 - 10 - 4 所示接好可调直流信号源。

（2）调节直流信号源，给电压比较器提供一直流输入信号 U_i。用万用表直流挡测量电压比较器输入电压 U_i 和输出电压 U_o（对地端）。注意调节直流信号源的 R_W，使输出 U_o 为正极性高电平。

（3）按图 3 - 10 - 5 所示接好发光二极管显示电路，D 点接入比较器输出 U_o 点，E 点接地。接入显示电路后发光二极管发亮。

（4）接入万用表监测电压比较器的输入电压 U_i，缓慢调节直流信号源电位器 R_W 减小比较器的输入电压 U_i，调节至发光管刚刚熄灭时的输入电压，即为翻转电压 U_r'。

（5）测量电路状态翻转后的输入、输出电压 U_i、U_o。

（6）电路状态翻转后再反方向调节直流信号源的 R_W 增大比较器的输入电压 U_i，调节至发光管由熄灭转为发亮时的翻转电压 U_r。

将上述测量的实验数据记入表 3 - 10 - 1 中，并与理论值比较。

注意：调节直流信号源测量翻转电压时，一定要用万用表同时监测电压比较器的输入电压 U_i，读出发光管刚刚从发亮转熄灭或者由熄灭转为发亮瞬间的输入电压值，不能待电路翻转后再测量。

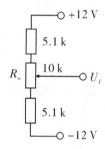

图 3 - 10 - 4 可调直流信号源

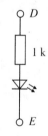

图 3 - 10 - 5 二极管显示电路

表 3 – 10 – 1   用万用表测量比较器的翻转点数据记录   单位：V

	实际测量值				理论计算值	
	U_i	U_o	U_r	U_r'	U_r	U_r'
电路翻转前						
电路翻转后						

2. 用示波器测量比较器的翻转点（验证性实验）

（1）用信号发生器为电压比较器提供 $f = 1$ kHz、幅度为 10 V_{p-p} 的正弦波输入信号 U_i。

（2）用双踪示波器观测并记录电压比较器的输入、输出信号波形（要求输入输出波形的相位对齐），在波形图中标出翻转电压 U_r 和 U_r' 的值。

3. 电压比较器电路设计（设计性实验）

设计一个电压比较器电路，当输入电压 $U_i \geq 5$ V 时，输出高电平；当 $U_i < 5$ V 时，输出低电平。具体要求：

（1）设计实验电路（给出各元件的具体参数），列出实验所需要的主要设备和材料。

（2）写出实验内容（实验方法与步骤）。

（3）设计实验数据记录表格。

（4）进行相应的实验，验证翻转电压值。

4. 用示波器观测方波—三角波发生器的波形（验证性实验）

（1）按图 3 – 10 – 3 所示连接电路。

（2）用双踪示波器观测 U_{o1} 和 U_{o2} 的波形，注意其相位关系，测量幅值和频率。将结果记入表 3 – 10 – 2 中。

（3）在方波输出端 U_{o1} 接入图 3 – 10 – 4 所示的二极管显示电路，观察波形发生的变化并解释原因。

表 3 – 10 – 2   三角波、方波发生器测量数据记录 $R_4 = $ kΩ

				工作波形
测量值	U_{o1m}	（V）		
	U_{o2m}	（V）		
	f_0	（Hz）		
理论值	U_{om}'	（V）		
	U_{o2m}'	（V）		
	f_0'	（Hz）		
频率相对误差 $r = \dfrac{\lvert f_0 - f_0' \rvert}{f_0'} \times 100\%$				

五、预习要求

（1）复习比较器、方波—三角波发生器的工作原理与调试方法。

（2）推导、计算方波—三角波发生器电路（如图 3 - 10 - 3 所示）产生信号的幅度及频率。

（3）确定设计实验（实验内容 3）方案。

六、实验报告与思考题

（1）整理记录的比较器实验数据，并根据实验，画出比较器的电压传输特性。

（2）画出方波—三角波发生器输出的波形图，从理论上计算频率和振幅，并说明两列波的相位关系。

（3）用万用表测量电压比较器的翻转点时，要读出发光管刚刚从发亮转熄灭或者由熄灭转为发亮瞬间的输入电压值，为什么不能待电路翻转后再测量？

（4）在图 3 - 10 - 3 所示方波—三角波发生器中，如何实现输出方波的频率和占空比调整？

实验 3.11　有源滤波器

一、实验目的

（1）了解滤波器的性能特点。
（2）掌握滤波器的调试及有关参数的测量方法。

二、实验设备及材料

双踪示波器，万用表，毫伏表，直流稳压电源，函数信号发生器，实验电路板，面包板，运算放大器及电阻，电容等元件。

三、实验原理

滤波器是一种能让一定频率或一定频率范围内的信号通过，同时又能阻止其他频率的信号通过的电路。

由有源器件（晶体管或集成运放）和电阻、电容构成的滤波器称为 RC 有源滤波器。

根据滤波器所能通过信号的频率范围或阻止信号频率范围的不同，滤波器可分为低通、高通、带通与带阻等 4 种滤波器。按性能滤波器分为一阶、二阶和高阶滤波器。阶数越高，其幅频特性越接近于理想特性，滤波器的性能就越好。

1. 低通滤波器（LPF）

低通滤波器是一种用来传输低频段信号，抑制高频段信号的电路。当信号的频率高于某一特定的截止频率 f_c 时，通过该电路的信号会被衰减（或被阻止），而低于 f_c 的信号则能够畅通无阻地通过该滤波器。能够通过的信号频率范围定义为通带；阻止信号通过的频率范围定义为阻带；通带与阻带之间的分界点就是截止频率 f_c。A_{up} 为通带内的电压放大倍数，当输入信号的频率由小到大增加到使滤波器的电压放大倍数等于 $0.707A_{up}$ 时，所对应的频率称为截止频率 f_c。

（1）一阶低通滤波器。

图 3-11-1 所示是一种简单的一阶低通滤波器，它由同相电压放大器和 RC 低通电路组成。对于频率低于 f_c 的输入信号 u_i，电容器的容抗 X_C 很大，输入信号的电压几乎都降落在电容 C 上，因此，u_+ 增大，输出电压增大。如果输入信号的频率增加到高于 f_c，则电容器的容抗 X_C 减小，输入信号的大部分电压降落在电阻上，结果电容上的压降减小，因此，u_+ 减小和输出电压减小。

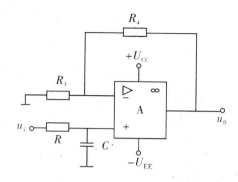

图 3 – 11 – 1 一阶低通滤波器

该电路的传递函数为：

$$A_u(s) = \frac{U_o(s)}{U_i(s)} = \frac{1}{1+sCR} \cdot A_{up} \qquad (3-11-1)$$

其中，$A_{up} = 1 + \dfrac{R_4}{R_3}$，在式（3 – 11 – 1）的分母中，由于 s 为一次幂，故称为一阶低通滤波器。

令 $\omega_c = \dfrac{1}{RC} = 2\pi f_c$，$\omega = 2\pi f_c$，将 $s = j\omega$（复数频率）代入式（3 – 11 – 1），得：

$$\dot{A}_u = \frac{\dot{U}_o}{\dot{U}_i} = \frac{1}{1+j\dfrac{f}{f_c}} \cdot A_{up} \qquad (3-11-2)$$

由式（3 – 11 – 2）可知，当 $f = f_c$ 时，$|\dot{A}_u| = \dfrac{1}{\sqrt{2}} A_{up}$，所以通带截止频率为：

$$f_c = \frac{1}{2\lambda\pi RC}$$

由式（3 – 11 – 2）可得到幅频特性为：

$$\frac{A_u}{A_{up}} = \frac{1}{\sqrt{1+j\left(\dfrac{f}{f_c}\right)^2}} \qquad (3-11-3)$$

对应的幅频特性曲线如图 3 – 11 – 2 所示。

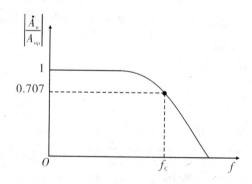

图 3 – 11 – 2 一阶低通滤波器的幅频特性曲线

由式（3 – 11 – 3）可得到对数幅频特性为：

$$20\lg\left|\frac{A_u}{A_{up}}\right| = 20\lg\frac{1}{\sqrt{1 + (\frac{f}{f_c})^2}} \qquad (3 – 11 – 4)$$

根据（3 – 11 – 4）式作出的对数幅频特性曲线如图 3 – 11 – 3 所示。

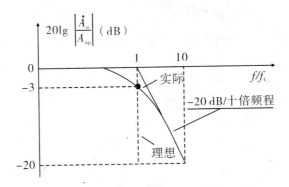

图 3 – 11 – 3 一阶低通滤波器的对数幅频特性曲线

如图 3 – 11 – 3 所示"20 dB/十倍频"是指当频率从 f_c 增加到 $10 f_c$ 时，电压增益衰减 20 dB。

一阶低通滤波器电路虽然简单，但幅频特性的衰减斜率只有 – 20 dB/十倍频，与理想幅频特性的垂直衰减相差太远，故选择性较差，只适用于要求不高的场合。

（2）有源二阶低通滤波器。

常用的有源二阶低通滤波器电路有两种形式，一种是无限增益多路负反馈有源二阶低通滤波器电路，另一种是压控电压源（VCVS）有源二阶低通滤波器电路。这里主要介绍压控电压源（VCVS）有源二阶低通滤波器。具体电路如图 3 – 11 – 4 所示，信号从运放的同相端输入，故滤波器的输入阻抗很大，输出阻抗很小，运放 A 和 R_1、R_f 组成电压控制的电压源，因此称为压控电压源 LPF。优点是电路性能较稳定，增益容易调节。

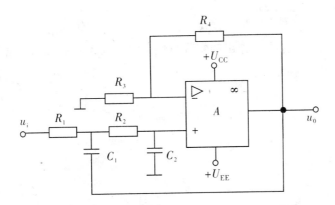

图 3 – 11 – 4 压控电压源（VCVS）有源二阶低通滤波器

这种滤波器的传递函数为:

$$A_u(s) = \frac{U_o(s)}{U_i(s)} = \frac{1}{s^2 + \left[\dfrac{1}{R_1C_1} + \dfrac{1}{R_2C_2} + (1-A_{up})\dfrac{1}{R_2C_2}\right]s + \dfrac{1}{R_1R_2C_1C_2}}$$

$$= \frac{A_{up}\omega_c^2}{s^2 + \dfrac{\omega_c}{Q}s + \omega_c^2} \qquad (3-11-5)$$

在上式分母中,由于 s 为二次幂,故称为二阶 LPF。其中,截止频率为:

$$\omega_c = \frac{1}{\sqrt{R_1R_2C_1C_2}} \qquad (3-11-6)$$

即

$$f_c = \frac{1}{2\pi\sqrt{R_1R_2C_1C_2}} \qquad (3-11-7)$$

通带增益为:

$$A_{up} = 1 + \frac{R_4}{R_3} \qquad (3-11-8)$$

$$\frac{\omega_c}{Q} = \frac{1}{R_1C_1} + \frac{1}{R_2C_1} + (1-A_{up})\frac{1}{R_2C_1} \qquad (3-11-9)$$

Q 称为滤波器的品质因数,由以上四式可知,当按比例调节 R_1、R_2 或 C_1、C_2 时,可以改变 ω_c 的值,但对 Q 和 A_{up} 的值没有影响。为了使幅频特性不出现凸峰,Q 通常取 0.7。

图 3-11-4 所示电路的复数频率特性为:

$$A_u = \frac{A_{up}}{1-(\dfrac{\omega}{\omega_c})^2 + j\dfrac{1}{Q}\cdot\dfrac{\omega}{\omega_c}} = \frac{A_{up}}{1-(\dfrac{f}{f_c})^2 + j\dfrac{1}{Q}\cdot\dfrac{f}{f_c}} \qquad (3-11-10)$$

对数幅频特性为:

$$20\lg\left|\frac{A_u}{A_{up}}\right| = 20\lg\frac{1}{\sqrt{\left[1-(\dfrac{f}{f_c})^2\right]^2 + (\dfrac{1}{Q}\cdot\dfrac{f}{f_c})^2}} \qquad (3-11-11)$$

当 $Q = 1/\sqrt{2}$ 时,根据上式作出的幅频特性曲线如图 3-11-5 所示。

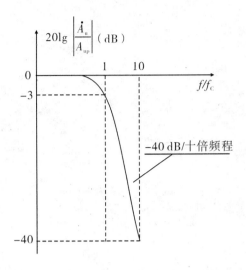

图 3 - 11 - 5　二阶压控电压源低通滤波器的幅频特性

由式（3 - 11 - 10）可知，当 $f = f_c$ 时，模 $|A_u|_{f=f_c} = Q \cdot A_{up}$；当 $Q = 1/\sqrt{2}$ 时，$|A_u|_{f=f_c} = 0.707 A_{up}$，此时通带的幅频特性最平坦，且电路工作时较稳定；当 $f < f_c$ 时，$|A_u|_{f=f_c} = A_{up}$，为通带放大倍数；当 $f > f_c$ 时，幅频特性以 $- 40$ dB/十倍频的速率衰减，比一阶低通滤波器的特性好得多；若 $Q > 1/\sqrt{2}$，则 $|A_u|_{f=f_c} > 0.707 A_{up}$，此时通带幅频特性将出现凸峰。

2. 高通滤波器

高通滤波器是一种用来传输高频段信号，抑制或衰减低频段信号的电路。滤波器的阶数越高，幅频特性越接近理想高通特性。

常用的有源二阶高通滤波器电路有两种形式，一种是无限增益多路负反馈有源二阶高通滤波器电路，另一种是压控电压源（VCVS）有源二阶高通滤波器电路。下面主要介绍压控电压源（VCVS）有源二阶高通滤波器。具体电路如图 3 - 11 - 6 所示。

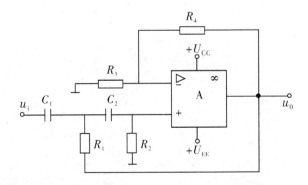

图 3 - 11 - 6　压控电压源有源二阶高通滤波器

该电路的传递函数为：

$$A_u(s) = \frac{U_o(s)}{U_i(s)} = \frac{A_{up}s^2}{s^2 + [\frac{1}{R_2C_1} + \frac{1}{R_2C_2} + (1+A_{up})\frac{1}{R_1C_1}]s + \frac{1}{R_1R_2C_1C_2}}$$

(3-11-12)

$$= \frac{A_{up}s}{s^2 + \frac{\omega_c}{Q}s + \omega_c^2}$$

其中，
$$A_{up} = 1 + \frac{R_4}{R_3}$$
(3-11-13)

$$\omega_c = \frac{1}{\sqrt{R_1R_2C_1C_2}}$$
(3-11-14)

$$\frac{\omega_c}{Q} = \frac{1}{R_2C_1} + \frac{1}{R_2C_2} + \frac{1}{R_2C_2} + (1-A_{up})\frac{1}{R_1C_1}$$
(3-11-15)

图 3-11-6 所示电路的复数频率特性为：

$$A_u = \frac{A_{up}}{1 - (\frac{\omega_c}{\omega})^2 + j\frac{1}{Q} \cdot \frac{\omega_c}{\omega}} = \frac{A_{up}}{1 - (\frac{f_c}{f})^2 + j\frac{1}{Q} \cdot \frac{f_c}{f}}$$
(3-11-16)

对数幅频特性为：

$$20\lg\left|\frac{A_u}{A_{up}}\right| = 20\lg\frac{1}{\sqrt{[1-(\frac{f_c}{f})^2]^2 + (\frac{1}{Q} \cdot \frac{f_c}{f})^2}}$$
(3-11-17)

当 $Q = 1/\sqrt{2}$ 时，根据上式作出的幅频特性曲线如图 3-11-7 所示。

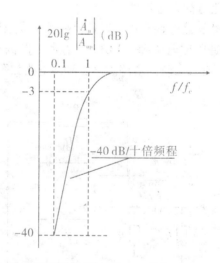

图 3-11-7 压控电压源有源二阶高通滤波器的幅频特性曲线

由图 3-11-7 可知，f_c 为转折频率，当 $f < f_c$ 时，随着频率的加大，特性曲线按 +40 dB/十倍频的速率上升。该滤波器可以对频率小于 f_c 的信号进行抑制。

3. 带通滤波器

带通滤波器用来使某频段内的有用信号通过，而将高于或低于此频段的信号衰减。带通滤波器可用低通和高通滤波器串联而成，如果使两者的频率覆盖同一频段，则频率在该频段内的信号能够通过滤波器，而频率在该频段外的信号将被衰减，这样就构成了带通滤波器。图 3 - 11 - 8 所示为带通滤波器的构成框图。

图 3 - 11 - 8 带通滤波器的组成原理框图

常用的有源二阶带通滤波器电路有两种形式，一种是压控电压源（VCVS）有源二阶带通滤波器电路，另一种是无限增益多路负反馈有源二阶带通滤波器电路。下面主要介绍压控电压源（VCVS）有源二阶带通滤波器电路，如图 3 - 11 - 9 所示。

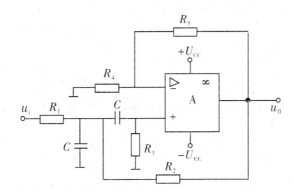

图 3 - 11 - 9 压控电压源二阶带通滤波器

该电路的传输函数为：

$$A_u(s) = \frac{U_o(s)}{U_i(s)} = \frac{\dfrac{A_f}{R_1 C} s}{s^2 + \dfrac{1}{C}\left[\dfrac{2}{R_3} + \dfrac{1}{R_1} + (1 - A_f)\dfrac{1}{R_2}\right]s + \dfrac{1}{R_3 C^2}\left(\dfrac{1}{R_1} + \dfrac{1}{R_2}\right)}$$

（3 - 11 - 18）

$$= \frac{A_{up}\dfrac{\omega_0}{Q}s}{s^2 + \dfrac{\omega_0}{Q}s + \omega_0^2}$$

其中，

$$A_{up} = \frac{A_f}{R_1\left[\dfrac{1}{R_1} + \dfrac{1}{R_2}(1 - A_f) + \dfrac{1}{R_3}\right]}$$

（3 - 11 - 19）

是中心角频率 ω_0 处的电压放大倍数。在式（3 - 11 - 19）中：

$$A_f = 1 + \frac{R_5}{R_4}$$

带通滤波器通带中心的角频率为：

$$\omega = \sqrt{\frac{1}{R_3 C^2}\left(\frac{1}{R_1}+\frac{1}{R_2}\right)} \qquad\qquad (3-11-20)$$

$$\omega = \frac{1}{C}\left[\frac{2}{R_3}+\frac{1}{R_1}+\frac{1}{R_2}(1+A_f)\right] \qquad\qquad (3-11-21)$$

$$Q = \frac{\sqrt{\frac{1}{R_3}\left(\frac{1}{R_1}+\frac{1}{R_2}\right)}}{\frac{2}{R_3}+\frac{1}{R_1}+\frac{1}{R_2}(1-A_f)} \qquad\qquad (3-11-22)$$

通带的带宽 BW 定义为中心角频率 ω_0 处的电压放大倍数 A_{up} 下降到 $0.707A_{up}$ 时所对应的频率差，即

$$BW = \omega_H - \omega_L \qquad\qquad 或 \Delta f = f_H - f_L。$$

Q 为有源带通滤波器的品质因数，定义为：$Q = \dfrac{\omega_0}{BW} = \dfrac{f_0}{\Delta f}$ 时，其大小表征着带通滤波器的选择性，Q 值越大，选择性越好。

将 $s = j\omega$ 代入式（3-11-18），可以得到二阶带通滤波器的频率特性：

$$A_u = \frac{A_{up}}{1+j\frac{1}{Q}\left(\frac{\omega}{\omega_0}-\frac{\omega_0}{\omega}\right)} = \frac{A_{up}}{1+j\frac{1}{Q}\left(\frac{f}{f_0}-\frac{f_0}{f}\right)} \qquad\qquad (3-11-23)$$

由式（3-11-23）可得到有源二阶带通滤波器的幅频特性为：

$$|\dot{A}_u| = \frac{A_{up}}{\sqrt{1+Q^2\left(\frac{f}{f_0}-\frac{f_0}{f}\right)^2}} \qquad\qquad (3-11-24)$$

根据式（3-11-24）画出的有源二阶带通滤波器的幅频特性曲线如图3-11-10所示。

由式（3-11-24）和图3-11-10可以看出，当 $f=f_0$ 时，$|\dot{A}_u| = A_{up}$ 为最大值；当 $f<f_0$ 时，$|\dot{A}_u|$ 随 f 的降低而减小，而且 Q 值越大减小得越快；当 $f>f_0$ 时，$|\dot{A}_u|$ 随 f 的升高而减小，而且 Q 值越大减小得越快。Q 值越大，带宽越窄，选择性越好，幅频特性曲线越接近理想的带通特性。

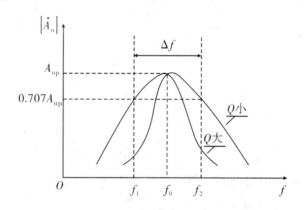

图3-11-10　有源二阶带通滤波器的幅频特性曲线

4. 带阻滤波器

带阻滤波器可以用来抑制或衰减某一频段信号，并让该频段以外的所有信号都通过。带阻滤波器可由低通和高通滤波器并联而成，两者对某一频段均不覆盖，形成带阻频段，如图 3 – 11 – 11 所示。

带阻滤波器的频带宽度 BW 可定义为通带增益的最大值 A_{up} 下降到 $0.707A_{up}$ 时所对应的频率差，即

$$BW = \omega_2 - \omega_1 \qquad 或 \Delta f = f_2 - f_1。$$

阻带中点所对应的角频率称为中心角频率 ω_0：

$$\omega_0 = \frac{\omega_2 - \omega_1}{2}$$

带阻滤波器的品质因数为：

$$Q = \frac{\omega_0}{BW} = \frac{f}{\Delta f}$$

由上式可见，带阻滤波器的品质因数越大，阻带宽度越窄，其阻带特性越接近理想状态。

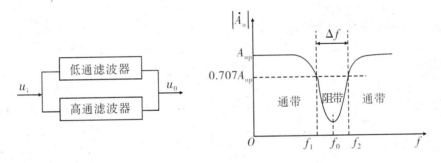

图 3 – 11 – 11　带阻滤波器的组成原理框图及其幅频特性

常用的有源二阶带阻滤波器电路有两种形式，一种是无限增益多路负反馈有源二阶带阻滤波器电路，另一种是压控电压源（VCVS）有源二阶带阻滤波器电路。下面主要介绍压控电压源（VCVS）有源二阶带阻滤波器电路。它由低通和高通无源 RC 网络形成两个字母 T，并联成双 T 网络，再与运放 A 和电阻 R_3、R_4 组成二阶压控电压源的带阻滤波器。如图 3 – 11 – 12 所示。

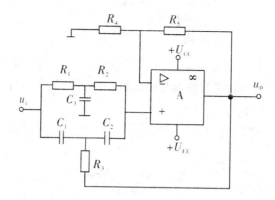

图 3 - 11 - 12　压控电压源双 T 二阶有源带阻滤波器

若在图 3 - 11 - 12 所示电路中取：$R_1 = R_2 = R = 2R_3$，$C_1 = C_2 = C$，$C_3 = 2C$，则该电路的传输函数为：

$$A_u\ (s)\ = \frac{U_o\ (s)}{U_i\ (s)} = \frac{A_f(s^2 + \dfrac{1}{C^2 R^2})}{s^2 + \dfrac{2(2 - A_f)\ s}{RC} + \dfrac{1}{R^2 C^2}} = \frac{A_f(s^2 + \omega_0^2)}{s^2 + \dfrac{\omega_0}{Q}s + \omega_0^2} \qquad (3 - 11 - 25)$$

式中，$A_f = 1 + \dfrac{R_5}{R_4} = A_{up}$ 为通带的电压放大倍数。

阻带的中心角频率为：
$$\omega_0 = 2\pi f_0 = \frac{1}{RC}$$

阻带的中心频率为：
$$f_0 = \frac{1}{2\pi RC} \qquad (3 - 11 - 26)$$

品质因数为：
$$Q = \frac{1}{2(2 - A_f)} \qquad (3 - 11 - 27)$$

将 $s = j\omega$，$\omega = 2\pi f$，$\omega_0 = 2\pi f_0$ 代入式 (3 - 11 - 25)，得到二阶有源带阻滤波器的复数频率特性为：

$$A_u = \frac{A_{up}}{1 + j \dfrac{1}{Q} \cdot \dfrac{\omega \omega_0}{\omega_0^2 - \omega^2}} = \frac{A_{up}}{1 + j \dfrac{1}{Q} \cdot \dfrac{f f_0}{f_0^2 - f^2}} \qquad (3 - 11 - 28)$$

$$= \frac{A_{up}(1 - \dfrac{f^2}{f_0^2})}{1 - \dfrac{f^2}{f_0^2} + j \dfrac{1}{Q} \cdot \dfrac{f}{f_0}}$$

幅频特性为：

$$|\dot{A}_u| = \frac{A_{up}}{\sqrt{(1 - \dfrac{f^2}{f_0^2})^2 + (\dfrac{1}{Q} \cdot \dfrac{f}{f_0})^2}} \qquad (3 - 11 - 29)$$

根据式 (3 - 11 - 29) 可画出如图 3 - 11 - 11 所示的幅频特性曲线。

四、实验内容

1. 二阶低通滤波器的测试（验证性实验）

（1）参照图 3－11－4 所示电路连接二阶低通滤波器。运算放大器用 TL082 或 LM324，$U_{CC} = U_{EE} = 12$ V，元件值取 $R_1 = R_2 = R = 1.6$ kΩ，$R_3 = 82$ kΩ，$R_4 = 48$ kΩ，$C_1 = C_2 = C = 0.1$ μF，计算截止频率 f_c、通带电压放大倍数 A_{up} 和 Q 的值。

（2）取 $U_i = 2$ V，由低到高改变输入信号的频率（注意：保持 $U_i = 2$ V 不变），用毫伏表测量滤波器的输出电压和截止频率 f_c，根据测量值画出幅频特性曲线，并将测量结果与理论值相比较。（自行设计测量数据记录表）

（3）在图 3－11－4 所示电路中将元件值改为 $R_1 = R_2 = R = 10$ kΩ，$R_3 = 82$ kΩ，$R_4 = 48$ kΩ，$C_1 = C_2 = C = 0.1$ μF，计算截止频率 f_c、通带电压放大倍数 A_{up} 和 Q 的值。并按上述（2）的步骤和要求进行测量。

2. 二阶高通滤波器的测试（验证性实验）

（1）参照图 3－11－6 所示电路连接二阶高通滤波器。运算放大器用 TL082 或 LM324，$U_{CC} = U_{EE} = 12$ V，元件值取：$R_1 = R_2 = R = 10$ kΩ，$R_3 = 82$ kΩ，$R_4 = 48$ kΩ，$C_1 = C_2 = C = 0.1$ μF，计算截止频率 f_c、通带电压放大倍数 A_{up} 和 Q 的值。

（2）取 $U_i = 2$ V，由低到高改变输入信号的频率（注意：保持 $U_i = 2$ V 不变），用毫伏表测量滤波器的输出电压和截止频率 f_c，根据测量值画出幅频特性曲线，并将测量结果与理论值相比较。（自行设计测量数据记录表）

（3）在图 3－11－6 所示电路中将元件值改为 $R_1 = R_2 = R = 1.6$ kΩ，$R_3 = 82$ kΩ，$R_4 = 48$ kΩ，$C_1 = C_2 = C = 0.1$ μF，计算截止频率 f_c、通带电压放大倍数 A_{up} 和 Q 的值。并按上述（2）的步骤和要求进行测量。

3. 二阶带通滤波器的安装与测试（综合验证性实验）

（1）参照图 3－11－9 所示电路在面包板上安装二阶带通滤波器。运算放大器用 TL082 或 LM324，$U_{CC} = U_{EE} = 12$ V，元件值取 $R_1 = R_2 = R = 1.5$ kΩ，$R_3 = 2R = 3$ kΩ，$R_4 = 10$ kΩ，$R_5 = 19$ kΩ，$C_1 = C_2 = C = 0.1$ μF，计算中心频率 f_c、通带电压放大倍数 A_{up} 和 Q 的值。

（2）取 $U_i = 2$ V，由低到高改变输入信号的频率（注意：保持 $U_i = 2$ V 不变），用毫伏表测量滤波器的输出电压和中心频率 f_0，根据测量值画出幅频特性曲线，并将测量结果与理论值相比较。（自行设计测量数据记录表）

（3）在图 3－11－9 所示电路中将元件值改为 $R_1 = R_2 = R = 7.5$ kΩ，$R_3 = 2R = 15$ kΩ，$R_4 = 10$ kΩ，$R_5 = 19$ kΩ，$C = 0.1$ μF，计算中心频率 f_0、通带电压放大倍数 A_{up} 和 Q 的值。并按上述（2）的步骤和要求进行测量。

4. 二阶带阻滤波器的安装与测试（综合验证性实验）

（1）参照图 3－11－12 所示电路在面包板上安装二阶带阻滤波器。运算放大器用 TL082 或 LM324，$U_{CC} = U_{EE} = 12$ V，元件值取 $R_1 = R_2 = R = 3$ kΩ，$R_3 = 0.5R = 1.5$ kΩ，$R_4 = 20$ kΩ，$R_5 = 10$ kΩ，$C_1 = C_2 = C = 0.1$ μF，$C_3 = 2C = 0.2$ μF，计算中心频率 f_0、通

带电压放大倍数 A_{up} 和 Q 的值。

（2）取 $U_i = 2$ V，由低到高改变输入信号的频率（注意：保持 $U_i = 2$ V 不变），用毫伏表测量滤波器的输出电压和中心频率 f_0，根据测量值画出幅频特性曲线，并将测量结果与理论值相比较。（自行设计测量数据记录表）

（3）在图 3 - 11 - 12 所示电路中将元件值改为 $R_1 = R_2 = R = 15$ kΩ，$R_3 = 0.5R = 7.5$ kΩ，$R_4 = 20$ kΩ，$R_5 = 10$ kΩ，$C_1 = C_2 = C = 0.1$ μF，$C_3 = 2C = 0.2$ μF，计算中心频率 f_0、通带电压放大倍数 A_{up} 和 Q 的值。并按上述（2）的步骤和要求进行测量。

五、预习要求

（1）复习教材中有关有源滤波器的内容，了解有源滤波器的实验原理。

（2）熟悉本实验内容与实验方法，完成有关理论值的计算，设计并画好有关实验测量数据记录表格。

（3）将实验电路在计算机上进行仿真并记录仿真结果。

六、实验报告与思考题

（1）画出相应的实验电路图，标明元件的数值。

（2）整理分析实验数据，作出滤波器的幅频特性曲线，并与理论计算值作比较，总结各种有源滤波器的主要特点。

实验 3.12 OCL 功率放大器

一、实验目的

（1）熟悉 OCL 功率放大器的组成和工作原理。
（2）理解 OCL 电路产生交越失真的原因，掌握消除交越失真的方法。
（3）掌握功率放大器的最大输出功率和效率的测量方法。

二、实验设备及材料

函数信号发生器，双踪示波器，交流毫伏表，万用表，直流稳压电源，实验电路板。

三、实验原理

OCL 功率放大器实验电路如图 3 - 12 - 1 所示。集成运算放大器 TL082 为前置放大级，输出级 T_1、T_2 为对称互补晶体管，$U_{CC} = U_{EE}$。当输入信号为正半周时，T_1 管导通，T_2 管截止，在负载电阻 R_L 上形成输出信号的正半周；当输入信号为负半周时，T_2 导通，T_1 截止，在负载电阻 R_L 上形成输出信号的负半周。输入信号周而复始变化，互补功放管交替工作，使负载 R_L 得到完整的正弦波。

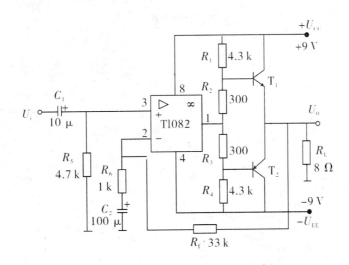

图 3 - 12 - 1 OCL 功率放大器实验电路

OCL 功率放大器的最大输出功率和效率的计算：

（1）最大输出功率 P_{om}。

输出功率为：
$$P_o = \frac{U_o^2}{R_L}$$

在理想状态下，输出电压的最大幅度为 $2U_{CC}$（峰峰值），故最大输出功率为：

$$P_{om} = \frac{U_{om}^2}{R_L} = \frac{1}{2} \cdot \frac{U_{CC}^2}{R_L} \qquad (3-12-1)$$

（2）效率 η。

OCL 功率放大器电源提供的功率随着信号的增大而增大，当信号为零时，工作点接近于截止点，$I_{CQ} = 0$，不消耗电源功率（对输出级而言）。理想状态下输出信号最大时，$U_{om} \approx U_{CC}$，电源输出（半个周期的正弦波电流）的功率为：

$$P_{Em} = \frac{2}{\pi} \cdot \frac{U_{CC}^2}{R_L} \qquad (3-12-2)$$

故理想的最大效率为：$\eta_m = \frac{P_{om}}{P_{Em}} \times 100\% = \frac{\pi}{4} \times 100\% = 78.5\%$。实际电路的效率比理想效率低很多。

四、实验内容

按图 3-12-1 所示接实验电路，功放管 T_1、T_2 分别采用 2SC2073、2SA940，组成互补推挽电路，接入 8Ω 负载电阻 R_L。注意正、负电源的连接，经查无误后方可接通电源。先用万用表测量输出端对地电压，检验是否 $U_o = 0$。若 $U_o \neq 0$，应重新检查电路，检测电路元件是否良好、互补输出晶体管 T_1、T_2 的参数是否对称等，排除故障后方可进行实验。若前置放大级采用需调零的运放（如 $\mu741$）时，还必须预先调零。

1. 观察交越失真及消除交越失真（验证性实验）

（1）短接输出级两个基极间的电阻（$R_2 = 0$、$R_3 = 0$），输入 $U_i = 5$ mV、$f = 1$ kHz，的正弦波信号，用示波器观察并记录带有交越失真的输出波形，记入表3-12-1中。

撤去输入信号后（$U_i = 0$），用万用表测量输出管的静态工作电流 I_{CQ}'，记入表 3-12-1中。

（2）拆除基极电阻之间的短路线（$R_2 = 300$ Ω、$R_3 = 300$ Ω），保持原输入信号的频率及幅度，在示波器观察此时的输出波形，画下波形，记入表3-12-1中。

撤去输入信号后（$U_i = 0$），用万用表测量此时的静态工作电流 I_{CQ}，记入表 3-12-1 中。

表 3-12-1　交越失真波形观察与测量数据记录

有交越失真的波形		消除交越失真后的波形	
测试条件	$R_2 = R_3 = 0$；$I_{CQ}' = \quad$ mA	测试条件	$R_2 = R_3 = 300\Omega$；$I_{CQ} = \quad$ mA

2. 测量最大输出功率和效率（验证性实验）

逐渐加大输入信号幅度，同时观察示波器上输出信号的波形。在输出信号刚产生削波失真时，调小输入信号，使输出为削波前的最大不失真电压 U_{om}，用交流毫伏表测量 U_{om}（或用示波器测量最大不失真输出电压的峰峰值 U_{omp-p}，换算为有效值 U_{om}），则电路实际的最大输出功率 $P_{om} = U_{om}^2/R_L$。

当输出为最大（$U_o = U_{om}$）时，用万用表直流挡测量输出管工作电流 I_{Cm}，此时电源输出的功率 $P_{Em} = 2I_{Cm}U_{CC}$。

将测量数据记入表 3 – 12 – 2 中，计算功率放大器的效率并与理论计算值比较。

表 3 – 12 – 2 最大输出功率和效率测量数据记录 $U_{CC} = 9$ V；$R_L = 8$ Ω

	U_{om} （V）	P_{om} （W）	I_{Cm} （mA）	P_{Em} （W）	η
实际测量值					
理论计算值					

3. 测量功率放大器在音频范围内（20 Hz ~ 80 kHz）的频率响应

在保持输入正弦波信号 $U_i = 10$ mV 不变且输出信号不失真的条件下，改变输入信号频率 f，记录所对应的输出电压 U_o。数据记入表 3 – 12 – 3 中，并画出 U_o – f 曲线。

表 3 – 12 – 3 频率响应测量数据记录

f（Hz）	10	20	100	200	600	1 k	10 k	20 k	40 k	50 k	80 k
U_o（V）											

五、预习要求

（1）复习 OCL 功率放大器的组成和电路工作原理。

（2）推导 OCL 功率放大器电源提供功率的计算公式（3 – 12 – 2）。

（3）熟悉实验内容，计算有关技术指标的理论值。

六、实验报告与思考题

（1）按实验内容要求整理实验数据，分析实验结果并解释之。

（2）如何保证 OCL 功率放大器输出端的静态电位为 0？

（3）交越失真产生的原因是什么？怎样克服交越失真？

实验 3.13 整流、滤波、稳压电路

一、实验目的

（1）熟悉直流稳压电源的组成及各部分电路（整流、滤波、稳压）的工作原理。

（2）掌握直流稳压电源的主要性能指标的测量方法。

二、实验设备及材料

万用表，双踪示波器，交流毫伏表，交流调压器，线绕可变电阻器，实验电路板。

三、实验原理

1. 直流稳压电源的组成

直流稳压电源的组成包括电源变压器、整流、滤波和稳压四个部分。

电源变压器把 220V 交流电变换为整流所需的合适的交流电压。整流电路利用二极管的单向导电性，将交流电压变成单向的脉动电压。滤波电路利用电容、电感等储能元件，减少整流输出电压中的脉动成分。稳压电路实现输出电压的稳定。

常用整流电路有半波整流、全波整流和桥式整流三种。经过半波整流后的直流电压约为 $0.45U_2$，经过全波或桥式整流后的直流电压约为 $0.90U_2$（U_2 为电源变压器副边电压的有效值，下同）。

常用的滤波电路有 C 型、RC 或 LC 倒 Γ 型和 Π 型滤波电路。结构最简单的是 C 型滤波电路，在整流电路后加上滤波电容组成。滤波电容的选择要满足 $R_L C \geqslant （3 \sim 5） T/2$，此时输出纹波电压峰峰值 $U_{rp-p} \approx I_L T/2C$，其中，$T$ 为输入交流电周期；R_L 为负载电阻；I_L 为负载电流。一般情况下，全波整流电容滤波电路输出电压约为 $（1.1 \sim 1.2）U_2$。

稳压电路可采用分立元件或集成稳压器。集成稳压器输出电压有固定与可调之分。固定电压输出稳压器常见的有 LM78×× （CW78××） 系列正电压输出三端稳压集成块和 LM79××（CW79××） 系列负电压输出三端稳压集成块。可调式三端集成稳压器常见的有 LM317（CW317） 系列正电压输出稳压集成块和 LM337（CW337） 系列负电压输出稳压集成块。

本实验采用固定三端稳压集成块 LM7812，输出电压 12 V，输出电流 0.1 ~ 1.5 A（TO – 220 封装），稳压系数为

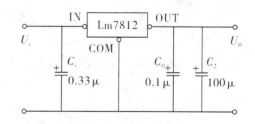

图 3 – 13 – 1 LM7812 典型应用电路

0.005% ~ 0.2%，纹波抑制比为 56 ~ 68dB，输入电压为 14.5 ~ 40 V。三个端子分别为①输入端 IN、②接地端 COM 和③输出端 OUT。典型应用电路如图 3 - 13 - 1 所示。图中 C_i 可防止由于输入引线较长带来的电感效应而产生的自激。C_o 用来减小由于负载电流的瞬间变化而引起的高频干扰。C_2 为较大容量的电解电容，用来进一步减小输出脉动和低频干扰。

2. 直流稳压电源的主要性能参数及其含义

（1）输出电压 U_o 和输出电压调节范围 $U_{omin} \sim U_{omax}$。

（2）最大输出电流 I_{omax}。

I_{omax} 是指在稳压电源输入不变的情况下，因为负载减小使输出电压下降 5% 时的输出电流。

（3）输出电阻 R_o。

R_o 定义为：在输入电压 U_i（稳压电路输入）保持不变的情况下，由于负载变化而引起的输出电压变化量与输出电流变化量之比，即

$$R_o = \frac{\Delta U_o}{\Delta I_i}\bigg|U_i = 常数 \qquad (3 - 13 - 1)$$

（4）稳压系数 S（电压调整率 K）。

稳压系数 S 定义为：当负载保持不变时，输出电压相对变化量与输入电压相对变化量之比，即

$$S = \frac{\Delta U_o / U_o}{\Delta U_i / U_i}\bigg|R_L = 常数 \qquad (3 - 13 - 2)$$

由于工程上常常把电网电压波动 ± 10% 作为极限条件，因此也有将输入电压（220V）变化 ± 10% 时输出电压的相对变化 $\Delta U_o / U_o$ 作为衡量指标，称为电压调整率 K。

$$K = \frac{\Delta U_o}{U_o}\bigg|R_L = 常数 \qquad (3 - 13 - 3)$$

（5）纹波电压 U_r。

纹波电压是指在额定负载的条件下，输出电压中所含交流分量的有效值（或峰峰值）。

3. 实验电路

实验电路图如图 3 - 13 - 2 所示。其中，$D_1 \sim D_4$ 构成桥式整流电路。C、C_1 是滤波电容，C_2 用来防止输入引线可能产生的自激振荡，C_3 用来抑制高频干扰，C_4 减小输出电压中的纹波电压。D_5 为保护二极管，防止输入端短路时 C_4 的放电损坏稳压集成块，正常工作时 D_5 处于截止状态。

图 3 - 13 - 2 实验电路中的 T_1、T_2、R_1、R_2、R_3 组成输出电流扩展电路，可使输出电流达到 2 A。

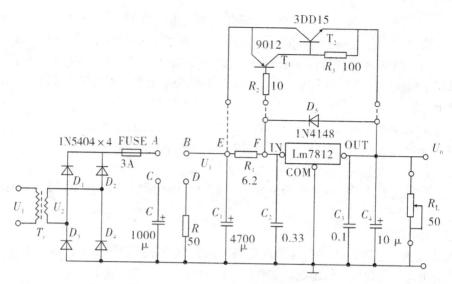

图 3 - 13 - 2　直流稳压电源实验电路

四、实验内容

按图 3 - 13 - 2 所示连接电路，把交流调压器 T_r 旋到零位置。在实验过程中注意按要求连接电路，经检查无误方可接通交流电源，再把调压器 T_r 旋到需要位置；更换电路时应切断电源后再接线，以确保安全。

1. 整流滤波电路测量（验证性实验）

（1）连接 A、D，接成桥式整流电路。调节调压器，用万用表交流电压挡监测变压器 T_r 次级输出，使变压器次级输出交流电压 $U_2 = 24$ V。

万用表直流电压挡测量全波整流电路在负载为纯电阻（$R_L = 50$ Ω）时的输出电压 U_{o1}（即 A 点电压），并用示波器测量 U_2 及 U_{o1} 波形，记入表 3 - 13 - 1 中。

（2）连接 A、C、D，即接上滤波电容 C（$= 1 000$ μF/50 V），测量全波整流、电容滤波电路在负载为纯电阻时的输出电压 U_{o2}（即 A 点电压），并用示波器测量 U_{o2} 和输出纹波电压 U_{rp-p}（峰峰值）。记入表 3 - 13 - 1 中，比较两次测量结果，并与理论计算值比较。

表 3 – 13 – 1　整流滤波电路测量数据记录

整流电路（连接 A、D）				工作波形
	测量值	理论值	相对误差	
U_2（V）		24		
U_{o1}（V）				
（纹波电压）U_r/mV_{p-p}		——	——	
整流滤波电路（连接 A、C、D）				
	测量值	理论值	相对误差	
U_2（V）		24		
U_{o2}（V）				
（纹波电压）$U_r(mV)_{p-p}$				
理论计算公式：$U_{o1} \approx 0.90 U_2$　　$U_{o2} \approx 1.2 U_2$　　$U_{rp-p} \approx I_L T/2C$				

2. 稳压电路的性能测试（验证性实验）

进行稳压电路的性能测试时，按图 3 – 13 – 2 所示连接 A、B 端，并连接 E、F 端（短接 R_1），接入线绕可变电阻器作为负载电阻 R_L，不接入输出电流扩展电路（断开虚线部分）。

（1）测量输出电压 U_o、输出电流 I_o 和输出电阻 R_o。

① 将变压器交流输入电压调至 220 V，并使 $R_L = 50\ \Omega$，测量输出电压 U_o。

② 断开负载（不接可变电阻器），保持 220 V 交流输入电压不变，测量此时的输出电压 $U_{o\infty}$、输出电流 I_o，记入表 3 – 13 –2 中，计算 R_o。

表 3 – 13 – 2　输出电压、输出电阻测量数据记录

测试条件	R_L（Ω）	U_o（V）	I_O（mA）	$R_o = (U_{o\infty}/U_{o1})\,R_L$
交流输入电压 220V	50	$U_o =$		
	∞	$U_{o\infty}$		

（2）测量最大输出电流 I_{omax}。

保持 220V 交流输入电压不变，用万用表测量稳压器输出电流 I_o。调节减小负载 R_L，测量出使输出电压下降 5% 时的输出电流，即为最大输出电流 I_{omax}。完成表 3 – 13 – 3 中的数据测量（其中稳压器输入电压 U_i 即为 A 点电压），并将测量结果记入表中。

表 3 – 13 – 3　最大输出电流测量数据记录

测试条件	U_2（V）	U_i（V）	U_o（V）	I_o（mA）	R_L（Ω）
交流输入电压 220V					50
			$0.95 U_o =$	$I_{omax} =$	

（3）测量稳压系数 S。

①输入交流电压 220 V、负载 50 Ω，稳压输出 $U_o = 12$ V 时，测量稳压电路的输入电压 U_i（即 A 点电压）。

②保持 50 Ω 负载不变，改变输入交流电压，变化 ±10%，即调节交流输入电压分别为 198 V 和 242 V 时，测量稳压输出 U_o 和稳压电路的输入电压 U_i（即 A 点电压）。将结果记入表 3 – 13 – 4 中并计算 S。

表 3 – 13 – 4　稳压系数测量数据记录

测试条件	交流输入电压	测量值		稳压系数 $S = (\Delta U_o / U_o) / (\Delta U_i / U_i) \times 100\%$
		U_o（V）	U_i（V）	
$R_L = 50$ Ω	220 V	12		
	198 V			
	242 V			

（4）测量纹波电压 U_r。

用示波器测量稳压输出 $U_o = 12$ V，$I_o = 0.6 \sim 0.7$ A 时的纹波电压幅度 U_{rp-p}，同时用毫伏表测量纹波电压 U_r 的大小。I_o 可通过改变 R_L 直接用万用表测量。

表 3 – 13 – 5　纹波电压测量数据记录

U_o（V）	I_o（A）	U_{rp-p}（mV）（示波器测量值）	U_r（mV）（毫伏表测量值）

3. 输出电流扩展测试（验证性实验）

如图 3 – 13 – 2 所示连接 A、B 端，拆除 E、F 端之间的连接（接入 R_1），接入线绕可变电阻器作为负载电阻 R_L，接入输出电流扩展电路（虚线部分）。测量接入输出电流扩展电路后，稳压电源的最大输出电流 I_{omax}。比较电流扩展前后稳压集成块的发热状况。

五、预习要求

（1）预习整流、滤波、稳压电路的工作原理，熟悉其主要性能参数的意义及测量方法。了解直流稳压电源的主要性能指标要求。

（2）了解三端稳压集成块 LM7812 的内部电路、主要参数及其典型应用电路。

六、实验报告与思考题

（1）整理实验内容中的数据，分析实验结果。

（2）实验中对稳压电源的负载电阻（50 Ω 线绕可变电阻器）的功率有什么要求？

实验 3.14　直流稳压电源设计

一、实验目的

（1）学会应用集成稳压器设计直流稳压电源的方法。
（2）熟悉直流稳压电源电路安装与调试的基本方法。
（3）掌握直流稳压电源的主要性能参数及测试方法。

二、实验设备及材料

万用表，双踪示波器，交流毫伏表，交流调压器，集成稳压器 LM317 及电阻，电容等。

三、实验原理

1. 串联式直流稳压电源的基本原理

串联式直流稳压电源一般由电源变压器、整流滤波电路和稳压电路等组成，基本电路如图 3 - 14 - 1 所示。

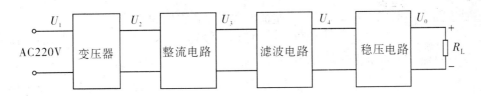

图 3 - 14 - 1　串联式直流稳压电源基本组成

（1）电源变压器。

电源变压器的作用是将电网 220 V 的交流电压 U_1 变换成整流滤波电路所需要的交流电压 U_2。变压器副边功率 P_2 与原边功率 P_1 之比为：

$$\eta = \frac{P_2}{P_1} \tag{3 - 14 - 1}$$

式中，η 为变压器的效率。一般小型变压器的效率如表 3 - 14 - 1 所示。

表 3 - 14 - 1　小型变压器的效率表

副边功率 P_2（V）·A	<10	10 ~ 30	30 ~ 80	80 ~ 200
效率 η	0.6	0.7	0.8	0.9

（2）整流滤波电路。

整流电路的作用是将交流电压 U_2 变成脉动的直流电压 U_3。主要有半波整流和全波整流方式，可以由整流二极管或整流桥堆完成。常见的整流二极管有 1N4001 ~ 4007、1N5148 等，桥堆有 RS210 等。

滤波电路的作用是滤除脉动直流电压 U_3 中存在的纹波，变为纹波小的直流电压 U_4。常见的有 C 型、RC 或 LC 倒 Γ 型和 Π 型滤波电路等，最常用的是在整流电路后面加上滤波电容组成的 C 型滤波电路。

常用的整流滤波电路如图 3 - 14 - 2 所示，有全波整流滤波 [图（a）]、桥式整流滤波 [图（b）]、倍压整流滤波电路 [图（c）] 等。

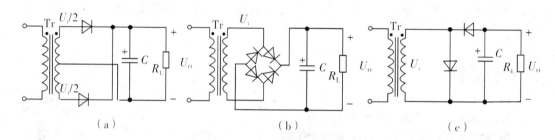

图 3 - 14 - 2　常用的整流滤波电路

对于图 3 - 14 - 2（b）所示桥式整流滤波电路，它们的关系为：

$$U_o = (1.1 \sim 1.2)U_i \tag{3 - 14 - 2}$$

每只整流二极管承受的最大反向电压为：

$$U_{RM} = \sqrt{2}U_i \tag{3 - 14 - 3}$$

通过每只整流二极管的平均电流为：

$$I_{D(AV)} = \frac{1}{2}I_R = \frac{0.45U_i}{R_L} \tag{3 - 14 - 4}$$

滤波电容 C 的容量应满足

$$R_L C = (3 \sim 5)T/2 \tag{3 - 14 - 5}$$

式中，R_L 为整流滤波电路的等效负载电阻，T 是输入交流电压的周期。

（3）稳压电路。

稳压电路的作用是使输出电压不要随负载的变化而改变，即保持输出电压的稳定。稳压电路可采用分立元件或集成稳压器。集成稳压器的输出电压有固定式与可调式。

三端（IN 电压输入端、OUT 电压输出端、GND 公共接地端）固定式正压输出稳压器均命名为 78 系列，负电压输出稳压器命名为 79 系列，各厂家在 78/79 前面冠以不同的英文字母代号。稳压器中均设有过流、过热和调整管安全工作区保护。78/79 后面的数字代表输出的电压数值，一般有 05 V、06 V、08 V、09 V、10 V、12 V、15 V、18 V、24 V 共九种输出电压。稳压器最大输出电流有 100 mA、500 mA、1.5 A 三种，在 78/79 和电压数字之间插入的字母来表示。插入 L 表示 100 mA，M 表示 500 mA，如不插入字母则表示 1.5 A。此外，78/79（L/M）×× 的后面往往还附有表示输出电压容差和封装外壳类型的字母。常见的封装形式有 TO-3 金属和 TO-220 的塑料封装。金属封装形式输出电流可以达到 5 A。

三端固定式稳压器的应用非常简单，只要把输入电压加到稳压器的输入端，稳压器的公共端接地，其输出端便能输出稳压器的标称电压。在实际应用电路中，稳压器的输入端和输出端与地之间除分别接大容量滤波电容外，通常还需要在稳压器引出脚的根部接小容量（0.1~10 μF）电容到地，输入端电容用于抑制稳压集成芯片可能引起的自激振荡，输出端电容用于压缩芯片的高频带宽，减小高频噪声。电容容量的具体取值随输出电压的高低及应用电路的方式不同而异。

三端（IN 输入端、OUT 输出端、ADJ 电压调节端）可调式集成稳压器品种繁多，如正电压输出的有：317（217/117）系列、123 系列、138 系列、140 系列、150 系列；负电压输出的有 337 系列等。LM317 和 LM337 的封装形式和引出脚如图 3-14-3 所示。

LM317 系列稳压器能在输出电压为 1.25~37 V 的范围内连续可调，外接元件只需一个固定电阻和一个电位器。其芯片内同样设有过流、过热和调整管安全工作区保护。最大输出电流为 1.5 A。其典型应用电路如图 3-14-4 所示，其中，R_1 和 R_W 组成电压输出调节电路，输出电压 U_o 为：

$$U_o \approx 1.25\ (1 + R_W/R_1) \tag{3-14-6}$$

式中，R_1 一般取值为（120~240）Ω，输出端与调整端之间的电位差为稳压器的基准电压（1.25 V），流经 R_1 的泄放电流为 5~10 mA，从调整端流出的电流 $I_{adj} = 50$ μA，计算时通常可忽略不计。

LM337 系列除了输出电压的极性、引出脚定义不同外，其他特性与 LM317 相同。

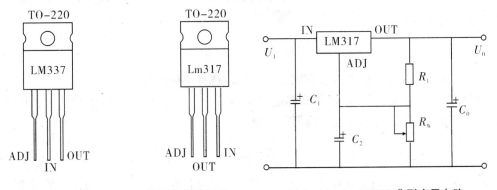

图 3-14-3 LM317/337 的塑料封装形式　　　图 3-14-4 LM317 典型应用电路

2. 集成直流稳压电源设计

集成直流稳压电源设计的主要内容是根据性能指标，选择合适的电源变压器、整流二极管、滤波电容和集成稳压器。

（1）集成稳压器的选择。

选择集成稳压器主要依据输出电压、负载电流等性能指标。集成稳压器的输出电压 U_o 应与稳压电源要求的输出电压的大小及范围相同。

稳压器的最大允许电流 $I_{CM} > I_{omax}$ （最大负载电流）。

稳压器的输入电压 U_i（即为整流滤波输出电压）太低，则稳压器性能将受影响，甚至不能正常工作；U_i 太高则稳压器功耗增大，会导致电源效率下降。所以集成稳压器的选择原则是在满足稳压器正常工作的前提下，U_i 越小越好，但 U_i 最低必须保证输入、输出电压之差大于 $2 \sim 3$ V。U_i 的范围为：

$$U_{omax} + (U_i - U_o)_{min} \leqslant U_i \leqslant U_{omin} + (U_i - U_o)_{max} \qquad (3-14-7)$$

式中，U_{omax} 为设计最大输出电压；U_{omin} 为设计最小输出电压；$(U_i - U_o)_{min}$ 为稳压器的最小输入电压与最小输出电压之差；$(U_i - U_o)_{max}$ 为稳压器的最大输入电压与最大输出电压之差。

（2）电源变压器的选择。

通常根据变压器副边输出的功率 P_2 来选购（或自绕）变压器。变压器副边电压有效值 U_2 应根据稳压器的输入电压 U_i 来确定。U_2 的值不能取太大，U_2 越大，稳压器的压差越大，功耗也就越大。一般取

$$U_2 \geqslant U_{imin}/1.1 \qquad (3-14-8)$$

加滤波电容后，变压器副边电流已不再是正弦波，而且对电容充电时的瞬时电流较大，因此副边电流有效值可按下式计算。

$$I_2 = (1.1 \sim 1.3) I_o > I_{omax} \qquad (3-14-9)$$

（3）整流二极管和滤波电容的选择。

对于桥式整流电路，二极管承受的最大反向电压为 $\sqrt{2}U_2$，故选择二极管最高反向工作电压 U_{RM} 为：

$$U_{RM} \geqslant \sqrt{2}U_2 \qquad (3-14-10)$$

通过二极管的平均电流为 $I_o/2$。考虑到电容充电时的瞬时电流较大，一般选择二极管最大整流电流 I_F 为：

$$I_F = (2 \sim 3) \frac{I_o}{2} \qquad (3-14-11)$$

桥式整流电路可采用二极管构成，也可直接选择用整流硅桥。

从滤波效果来看，滤波电容 C 容量越大越好，但太大将使电源体积增大，成本提高，因此通常按下式选择滤波电容器的容量。

$$C = \frac{I_C t}{U_{irp-p}} \qquad (3-14-12)$$

式中，U_{irp-p} 为稳压器输入端纹波电压的峰峰值；t 为电容 C 的放电时间，如果是全波整流，$t = T/2$，当电源频率为 50 Hz 时，$t = T/2 = 0.01$ s；I_C 为电容 C 放电电流，可取负载电流的最大值 I_{Cmax}。

电容器承受的最大峰值电压为，考虑到交流电压的波动，滤波电容器的耐压至少应为 $1.1 \times \sqrt{2}U_2$。由于滤波电容的容量都较大，通常选用电解电容。

3. 设计举例

设计一集成直流可调稳压电源。指标要求：输出电压 $U_o = 3 \sim 9$ V，最大输出电流 $I_{omax} = 800$ mA，纹波电压（峰峰值）$U_{orp-p} \leqslant 5$ mV，稳压系数 $S \leqslant 3 \times 10^{-3}$。

设计步骤如下：

（1）选择集成稳压器，确定电路形式。

选可调三端稳压器 LM317，其特性参数 $U_o = 1.25 \sim 37$ V，$I_{omax} = 1.5$ A，$(U_i - U_o)_{min} = 3$ V，$(U_i - U_o)_{max} = 40$ V。设计的稳压电源电路如图 3-14-5 所示。

由式（3-14-6）得 $U_o = 1.25(1 + R_W/R_1)$，取 $R_1 = 240$ Ω，则 $R_{Wmin} = 336$ Ω，$R_{Wmax} = 1.49$ kΩ，故取 R_W 为 4.7 kΩ 的精密线绕可调电位器。

（2）选择电源变压器。

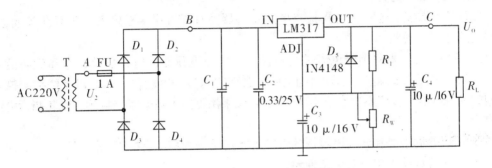

图 3-14-5 直流稳压电源设计电路

由式（3-14-7）可得稳压器的输入电压 U_i 的范围为：

$$U_{omax} + (U_i - U_o)_{min} \leqslant U_i \leqslant U_{omin} + (U_i - U_o)_{max}$$

$$9 \text{ V} + 3 \text{ V} \leqslant U_i \leqslant 3 \text{ V} + 40 \text{ V}$$

$$12 \text{ V} \leqslant U_i \leqslant 43 \text{ V}$$

根据式（3-14-8），变压器副边电压为 $U_2 \geqslant U_{imin}/1.1 = 12/1.1$ V，取系列值 $U_2 = 12$ V。

根据式（3-14-9），副边电流为 $I_2 = (1.1 \sim 1.3) I_o > I_{omax} = 0.8$ A，取 $I_2 > I_{omax} = 1$ A。

变压器副边输出功率 $P_2 \geqslant U_2 \cdot I_2 = 12$ W。由表 3-14-1 可得变压器的效率 $\eta = 0.7$，则原边输入功率 $P_1 = P_2/0.7 = 12/0.7 = 17.1$ W，设计应留有一定余量，选择功率 20 W 的电源变压器（可选购买或自绕）。

（3）选择整流二极管及滤波电容。

整流二极管承受的最大反向电压为 $\sqrt{2}U_2 = 17.1$ V，最大整流电流 $I_F = (2 \sim 3) I_o/2 = 0.8$ A，故整流二极管选 1N4001，其极限参数 $U_{RM} \geqslant 50$ V，$I_F = 1$ A。可满足本例要求。

滤波电容 C_1 可由纹波电压和稳压系数来确定。由稳压系数的定义得，稳压器的输入电压的变化量为：

$$\Delta U_1 = \frac{\Delta U_o/U_o}{S/U_i} = \frac{\Delta U_o U_i}{U_o S} = \frac{U_{orp-p} - U_i}{U_o S}$$

把 $U_i = 12$ V，$U_o = 9$ V，$U_{orp-p} = 5$ mV，$S = 3 \times 10^{-3}$ 代入上式，可得 $\Delta U_i = 2.2$ V。

由式（3 - 14 - 12）得滤波电容为：

$$C_1 = \frac{I_C t}{U_{\text{irp-p}}} = \frac{I_{\text{omax}} t}{\Delta U_i}$$

把 $I_{\text{omax}} = 800 \times 10^{-3}$ A，$t = 0.01$ s，$\Delta U_i = 2.2$ V 代入上式，可得 $C_1 = 3\,636$ μF。滤波电容 C_1 的耐压应大于 $\sqrt{2} U_2 = 17.1$ V，可取两只 $2\,200$ μF/25 V 电容器并联。

其余元件的选择如设计图中所示。其中 C_2 用于抑制高频干扰，C_3 用于减小输出电压中的纹波电压。C_4 用来克服 LM317 在深度负反馈工作下可能产生的自激振荡，并可进一步减小输出电压中的纹波分量。D_5 为保护二极管，它的作用是防止输出端短路时 C_4 的放电损坏稳压集成块。

4. 电路安装与调试

（1）安装检查电路。

按设计参数安装电路，认真检查电路中各器件有无接错、漏接和接触不良等问题，特别应注意以下问题。

① 对电源变压器的绝缘电阻进行检测，以防止变压器漏电，危及人身和设备的安全。一般采用兆欧表测量原、副绕组之间，各绕组与接地屏蔽层之间，以及绕组与铁心之间的绝缘电阻，其值不应小于 $1\,000$ MΩ，如果用万用表高电阻挡检测，则其指示电阻均应为无穷大。

② 二极管的引脚和滤波电容器的极性不能接反，否则将会损坏元件。

③ 检查负载端不应该有短路现象。

④ 集成稳压器的引脚要识别清楚，不能接错。特别是公共端不能开路，一旦开路，输出电压 U_o 很可能接近 U_i，导致负载损坏。

⑤ 电源变压器的原、副边不能接错，否则将会造成变压器损坏或电源故障。

⑥ 应在变压器的副边接入保险丝，其额定电流要略大于 I_{omax}，以防电源输出端短路损坏变压器或其他元件。

（2）调整测试。

① 空载测试。

将图 3 - 14 - 5 中的 A 点断开，接通 220 V 交流电压，测量变压器副边交流电压值 U_2，应满足设计要求。若偏高或偏低，则可通过改变变压器副边的抽头进行调整。然后检查变压器的温升，若变压器短期通电后温度明显升高，甚至发烫，则说明变压器质量比较差，不能使用。这是由于原边绕组过少或铁心叠层不够厚，致使变压器原边空载电流过大而引起的。若变压器性能正常，则可进行下一步测试。

将图 3 - 14 - 5 中的 A 点接通，B 点断开，并接通 220 V，观察电路有无异常现象（如整流二极管是否发烫等），然后用万用表直流电压挡测整流滤波电路输出的直流电压 U_i，其值应接近于 $1.4U_2$；否则应断开 220 V 交流电压，检查电路，消除故障后进行通电测试。

B 点电压正常后，应断开负载 R_L，接通 B 点，再接通 220 V 交流电压，测量集成稳压器的输出电压 U_o，其值应为设计值。若集成稳压电路采用三端固定输出集成稳压器，则 U_o 应为集成稳压器的额定输出电压；若采用三端可调输出集成稳压器，则调节取样电路可变电阻时，U_o 应跟随变化，且其变化范围应符合设计值。否则应切断电源进行检查，消除故障后再进行测试。最后检查稳压器输入、输出端之间的电压差，其值应大于最小电压差。

② 加载调整测试。

空载测试符合要求后，则稳压电路工作基本正常，此时可接上额定负载 R_L，并调节输出电压，使其为额定值（固定输出稳压器不需调节），测量 U_2、U_i、U_o 的大小，观察其是否符合设计值，并根据 U_i、U_o 及负载电流 I_o 核算集成稳压器电路的功耗是否小于规定值。然后用示波器观察 B 点和 C 点的纹波电压，若纹波电压过大，则应检查滤波电容是否接好，容量是否偏小或电解电容是否已失效。

以上检测通过后，可按稳压电源的性能指标的测量方法，对设计的稳压电源进行性能指标测量。

四、实验内容

1. 设计任务

设计一个直流可调稳压电源，要求：输入交流电压 220 V、50 Hz；输出电压 4.5 ~ 6 V；最大输出电流不小于 20 mA；输出纹波电压小于 100 mV。

2. 电路安装与调试

3. 测量所设计的稳压电源的性能指标

五、预习要求

（1）复习稳压电源电路的组成及工作原理，熟悉稳压电源的主要性能参数的意义及其测量方法。

（2）查阅有关资料，了解可调三端稳压集成块 LM317 的内部电路、主要参数及其典型应用电路。

（3）初步确定电路设计方案，利用计算机仿真进行模拟调试。

六、实验报告与思考题

（1）绘出设计电路图（标出电路所有元件的系列值），并说明电路的设计过程。

①电路形式的选择；

②对所选电路中的元件进行理论计算和分析；

③说明电路的调试过程及调试中所出现的故障和解决方法。

（2）主要性能指标的测量及误差分析。

①说明主要性能指标的测量方法，画出测量电路图；

②记录并整理实验测试数据，根据实验测试数据进行必要的计算；

③用理论计算值代替真值，求出测量结果的相对误差，分析误差产生的原因，提出电路的改进意见并总结实验中的收获体会。

（3）如果整流电路中某个二极管出现正负极接反、击穿、开路等故障，电路会出现什么现象？

（4）在设计举例中的滤波电容若用470 μF/25 V 代替2 200 μF/25 V，则稳压器的输入电压 U_i 会有什么变化？为什么？实验验证之。

（5）如何扩展集成稳压器的输出电流？分别画出固定式或可调式三端稳压器输出电流扩展电路。

4 高频电子电路实验

实验4.1 常用高频电子仪器的使用

一、实验目的

（1）阅读仪器说明书，了解仪器的主要技术性能指标和使用方法。

（2）掌握高频电子实验箱中的低频信号发生器、高频信号源的使用方法。

（3）熟练使用示波器测量信号电压波形的幅值（峰值）、周期（频率）和相位。

（4）熟练掌握射频信号发生器 MAG－450（100 kHz—150 MHz）的使用方法。

（5）熟悉高频电子线路实验箱各单元电路的功能。

二、实验设备及材料

实验箱及实验箱配置的低频信号源、高频信号源，双踪示波器（MOS－620/640 型），MAG－450（100 kHz—150 MHz）型射频信号发生器，交流毫伏表，数字万用表等。

三、实验原理

高频电子线路实验箱整机分布如图4－1－1所示。实验箱常用的单元测试仪器有：频率计、低频信号源、高频信号源。高、低频信号源是为实验箱单元电路提供调制、载波、调频信号。频率计用来测试高频实验单元电路的频率值。

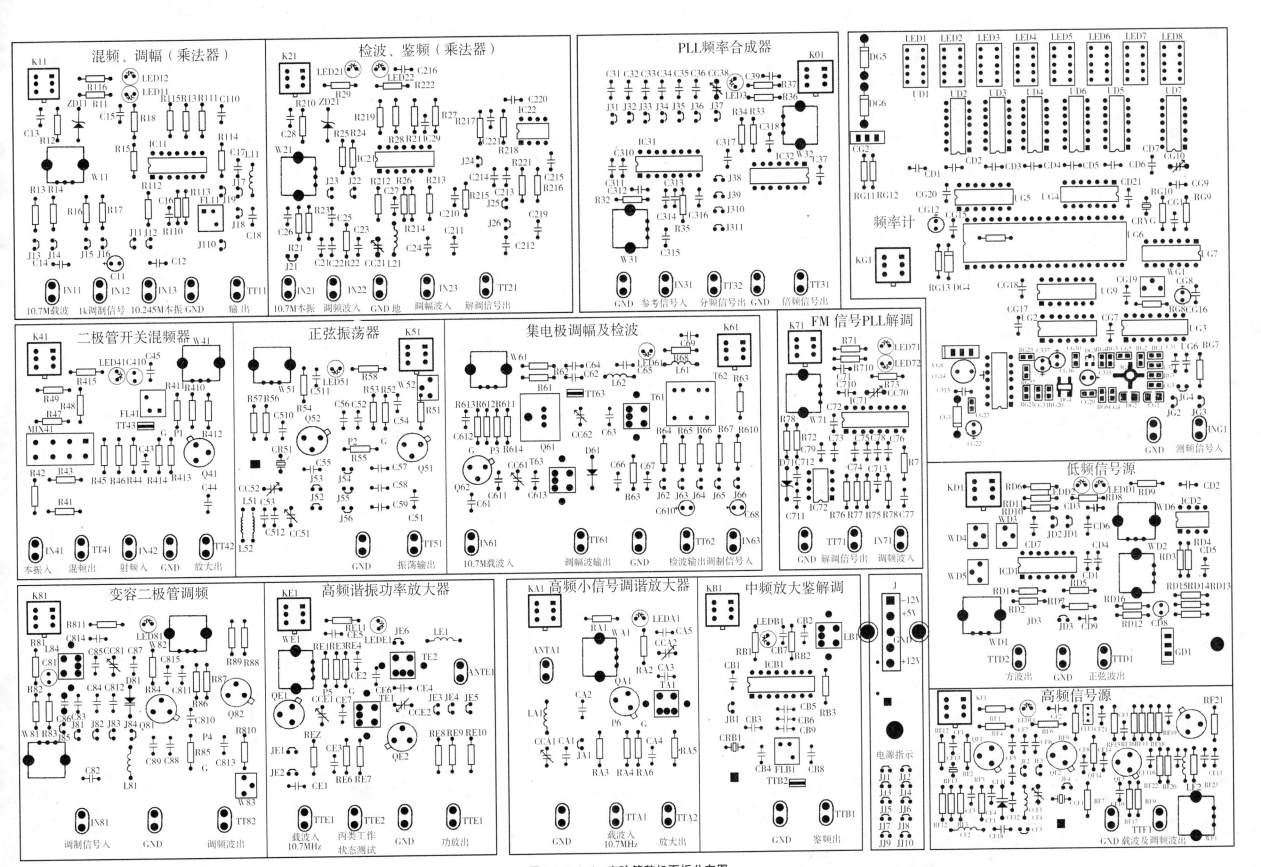

图4-1-1（a） 实验箱整机面板分布图

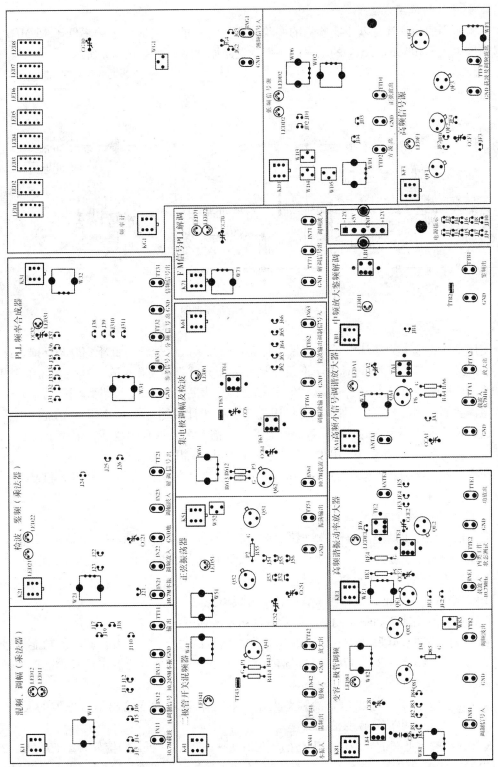

图4-1-1 (b) 实验箱整机面板背面图

1. 频率计的使用方法

实验所用的频率计是基于实验箱的实验需要而设计的。它适用于频率低于 15 MHz、信号幅度 $V_{p-p} = 100$ mV ~ 5 V 的信号。频率计电路原理图如图 4 – 1 – 2 所示。

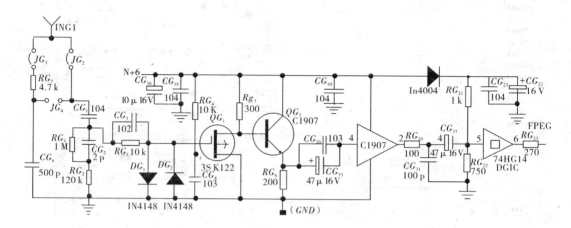

图 4 – 1 – 2　频率计电路原理图

使用方法：按下频率计单元的电源开关 KG_1，当测试信号频率低于 100 kHz 时，必须连接短接片 JG_3、JG_4（此时 JG_2 不接短接片为断开状态）。当测试信号频率高于 100 kHz 时，必须连接短接片 JG_2，JG_3、JG_4 不接短接片为断开状态，一般情况下接 JG_2。

将需要测量的信号（信号输出端）用连线与频率计的输入端（ING1）相连，由频率计数码管显示信号频率的大小。数码管有 8 个，前 6 个显示有效数字，第 8 个显示 10 的幂，单位为 Hz（如显示 10.7000 – 6 时，频率为 10.7 MHz）。

频率计的精度为：若信号为 MHz 级，显示精度为百赫兹；若信号为 kHz 和 Hz 级，则显示精度为赫兹。

2. 低频信号源的使用方法

低频信号源提供两个部分信号频率。第一部分的信号频率为 500 Hz ~ 2 kHz，即输出信号方波，也输出正弦波。主要用于变容二极管调频单元，集成模拟乘法应用中的平衡调幅单元，集电极调幅单元和高频信号源调频单元。第二部分信号频率是 20 kHz ~ 100 kHz，输出信号是正弦波，用于锁相频率合成单元。

低频信号源原理图如图 4 – 1 – 3 所示。使用方法如下：

实验电路中调节电阻 WD_5 用于调节输出方波信号的占空比；WD_3、WD_4 的功能为输出正弦波信号，调节 WD_3、WD_4 使输出信号失真最小。这三个电位器出厂时均已调到最佳位置且在 PCB 板的另一面。

调节可变电阻 WD_6 输出信号的频率大小，电阻器 WD_1 改变输出信号方波的大小，电阻器 WD_2 改变输出信号正弦波的大小。

使用时，按下低频信号源单元电路的电源开关 KD_1。第一部分的信号频率 500 Hz ~ 2 kHz 的信号：连接短接片 JD_1、JD_4，JD_2、JD_3 不接短接片，从 TTD_1 处输出 500 Hz ~ 2 kHz 的正弦波；断开短接片 JD_4，连短接片 JD_3，则从 TTD_2 处输出 500 Hz ~ 2 kHz 的方波。示波器观察改变电阻器 WD_1、WD_2 可得到输出信号波形的大小。电阻器 WD_1 改变输出方波的大小，电阻器 WD_2 改变输出正弦波的大小。改变电阻器 WD_6 得到需要的信号频率，用频率计测量。

第二部分信号频率 20 kHz ~ 100 kHz，连接短接片 JD_2、JD_4，JD_1、JD_3 不接短接片。从 TTD_1 处输出 20 kHz ~ 100 kHz 的正弦波。用示波器观察改变 WD_2 得到需要信号幅值的大小，改变电阻器 WD_6 得到需要信号的频率，用频率计测量。

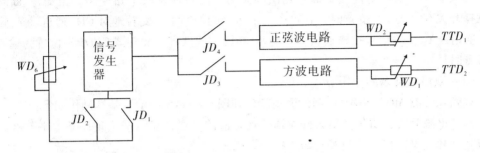

图 4 - 1 - 3　低频信号发生器原理方框图

3. 高频信号源的使用方法

实验箱中的高频信号源是基于实验单元电路需要而设计的，只提供 10.7 MHz 的载波信号和约 10.7 MHz 的调频信号（调频信号的调制频偏大小可以调节）。载波信号主要用于小信号调谐放大单元、高频谐振功率放大器单元、集电极调幅单元、模拟乘法器部分的平衡调幅等单元电路。调频信号主要用于模拟乘法器部分的鉴频单元和 FM 锁相解调单元电路。高频信号源电路方框图如图 4 - 1 - 4 所示，使用方法如下：

按下高频单元电路电源开关 KF_1。当需要输出载波信号时，只需用短接片连接 JF_1，其余 JF_2、JF_3、JF_4 短接片应断开，从 TTF_1 处输出 10.7 MHz 的载波信号，电阻器 WF_1 用于改变输出信号的大小。

当需要输出 10.7 MHz 的调频信号时，连接短接片 JF_2、JF_3、JF_4，JF_1 不接短接片，同时使低频信号源应输出 1 kHz 正弦波，改变低频信号源的幅值电阻器 WD_2，也就改变了调频信号的频偏。在没有特别要求时，低频信号源幅值在 2 ~ 4 V，由 TTF_1 输出调制信号 10.7 MHz。WF_1 用于改变输出信号的大小，低频信号源的 WD_2 用于改变调制频偏的大小。用示波器观察调频信号的波形。

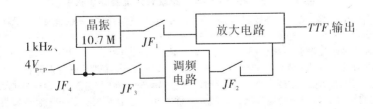

图 4 - 1 - 4　高频信号源电路方框图

4. 双踪示波器

示波器广泛地应用于电子测量领域中。双踪示波器同时直观地观测两个电信号，显示周期电压（或电流）波形及各种瞬时参数。实验使用 MOS－640FG 型示波器，观测到 Y 轴通道频带宽度为 40 MHz 信号频率。

（1）双踪示波器的工作原理。

双踪示波器有两个独立的输入通道和前置放大器，通过垂直方式（或称为显示方式）开关切换，共用垂直（Y 轴）输出放大器，由转换逻辑电路控制。当交替/断续方式选择开关在（ALT）位置时，在机内扫描信号的控制下，交替地对 CH_1 通道（Y_A）与 CH_2 通道（Y_B）的信号扫描显示。而交替/断续方式选择开关在（CHOP）位置为输入信号较低时使用。

（2）双踪示波器的使用方法。

双踪示波器 MOS－640FG 型的面板旋钮如图 4－1－5 所示。基本操作如下：

打开电源开关，将示波器各旋钮调节到合适的位置，显示屏出现一条水平基线，再调节亮度和聚焦旋钮，使时基线的光迹清晰明亮。

测量前示波器要先校正：用 CH_1、CH_2 的测试线接上示波器的标准信号 $CAL-2V_{p-p}$，调节水平扫描速度旋钮置 0.5 ms/div，垂直灵敏度旋钮置 0.5 V/div，屏幕上有两至三个完整的周期方波出现。

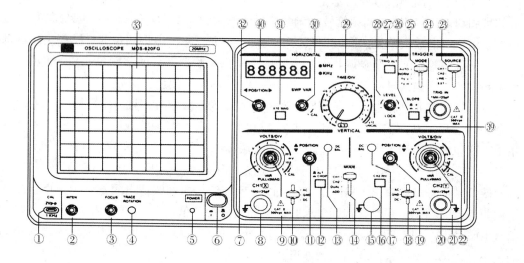

图 4－1－5 MOS－640FG 型双踪示波器的面板图

1——校准信号输出端；2——亮度控制钮；3——聚焦调整钮；4——轨迹旋转调整钮；
5——电源指示灯；6——电源开关；7，22——垂直衰减（灵敏度）调节；8——CH1（X）输入；
9，21——垂直灵敏度微调；10，18——输入信号耦合方式选择；11，19——垂直位置调整；
12——ALT/CHOP（交替/断续方式选择按钮）；13，17——垂直直流平衡调整；
14——垂直（显示）模式选择；15——机箱接地端；16——CH2 INV 按键；20——CH2（Y）输入；
23——触发源选择；24——外触发输入；25——触发模式选择开关；26——触发极性选择；
27——触发源交替设定键；28——触发电平调节；29——水平扫描速度（灵敏度）调节；
30——水平扫描速度微调；31——扫描扩展开关；32——水平位置调整；33——滤光镜片；
39——触发电平锁定；40——频率显示

注意：使用示波器时，先将输入信号耦合方式选择开关置 *GND*（地），将示波器水平位置调整旋钮和垂直位置调整旋钮放在中间位置，屏幕上显示出光迹后，将水平扫描速度调节旋钮置于 0.5 ms/div，使屏幕上显示出一条细的水平扫描线位于屏幕中央。切忌在使用中将光点长时间停留在某一点上，以免烧坏荧光屏。

5. AG - 450 射频信号发生器

MAG - 450 型射频信号发生器如图 4 - 1 - 6 所示。频率范围为 100 kHz—150 MHz，在"F"波段时（面板按下"F"键），旋转调整频率旋钮在最高点时，利用其产生的第三次谐波，可得到 450 MHz 的信号频率。外调制频率可以在 50 Hz ~ 20 kHz 范围内输入。内调制频率为 1 kHz 固定信号，输出稳定的射频 RF 调幅信号（AM）。

射频信号发生器 MAG - 450 的频率范围 A：100 kHz ~ 300 KHz；B：300 kHz ~ 1 MHz；C：1 MHz ~ 3.2 MHz；D：3 MHz ~ 10 MHz；10 MHz ~ 35 MHz；32 MHz ~ 150 MHz（150 MHz 的三次谐波为 450 MHz）。仪器面板功能的使用方法如下：

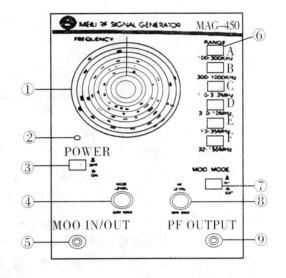

图 4 - 1 - 6　MAG - 450 型射频发生器面板图

（1）按下③电源开关，电源提示灯②亮。

（2）旋动①频率调节旋钮，配合"A ~ F"键得到所需的频率。

（3）如果要得到内部调制信号输出，应按⑦内外调制选择开关，射频输出端⑨可得到调制信号（AM），同时内调制信号⑤输出；调整④内调制输出电平旋钮，可改变调幅信号的调制深度。

（4）射频信号输出时，旋转射频信号输出电平调节旋钮⑧，可得到不同的输出幅度，顺时针旋动，加大输出幅度，逆时针旋动减小输出幅度。

四、实验内容

1. 熟练使用实验箱低频信号源单元电路

（1）低频信号源电源开关 KD_1，输出端子 TTD_1、TTD_2，接地端 GND，简述可调电阻器 WD_6、WD_1、WD_2、WD_6、WD_1、WD_2、TTD_1、TTD_2 和短接片连接 JD_1、JD_2、JD_3、JD_4 的功能。

（2）低频信号源的频率范围为 500 Hz ~ 2 kHz 的信号，如何设置 JD_1、JD_2、JD_3、JD_4？用示波器观察输出的正弦波和方波，并调节 WD_6、WD_1、WD_2，记录观察到的结果。

（3）低频信号源频率范围为 20～100 kHz 的信号，如何设置 JD_1、JD_2、JD_3、JD_4？用示波器观察 20～100 kHz 信号，把 WD_6 调到最大和最小的位置，测量记录这两个频率。

2. 实验箱频率计单元电路

（1）频率计的电源开关 KG_1，输入接线端子 ING_1，接地端 GND，量程需用短接片连接 JG_2、JG_3、JG_4。说明如何用短接片连接 JG_2、JG_3、JG_4，设置频率计的量程（用"√"表示接通，用"×"表示断开），填表 4-1-1。

表 4-1-1　频率计量程的使用

量程	JG_2	JG_3	JG_4
＞100 kHz			
＜100 kHz			

（2）把低频信号源 WD_6 调到最大和最小的位置，用频率计测量并记录低频信号源的信号频率（方波和正弦波），与示波器观察波形的频率进行比较。

3. 实验箱高频信号源单元电路

（1）短接片只连接 JF_1 为固定的 10.7 MHz 高频载波信号模式（JF_3、JF_4，JF_2 不接短接片），用示波器和频率计同时观察并记录输出波形的高频信号。

（2）用示波器观察调频波形信号。短接片连接 JF_2、JF_3、JF_4（JF_1 不接短接片），设置的中心频率为 10.7 MHz 的调频波。低频信号源输出 1 kHz、$2V_{p-p}$ 的调制信号，用示波器通道 1 观察低频正弦波输出，用示波器的通道 2 观察调频波。改变电位器 WD_2 输出幅值，观察并记录调频信号的频率偏移。

五、预习要求

（1）预习示波器的使用方法和旋钮功能。
（2）预习高频电子实验箱低频、高频信号源单元电路的工作原理和使用方法。
（3）预习射频信号发生器 MAG-450 的功能和使用方法。

六、实验报告与思考题

（1）自拟表格并记录实验中测试的内容。
（2）说明实验箱中低频信号源 TTD_1、TTD_2、WD_6、WD_1、WD_2 各端子的功能。
（3）通过实验，叙述改变低频调制信号的幅值对调频信号频率有什么影响。

实验 4.2　高频小信号调谐放大器

一、实验目的

（1）掌握高频小信号调谐放大器基本单元电路的工作原理，进行性能分析。

（2）熟悉当谐振放大器处于谐振时，谐振回路的调试和各项技术指标的测试（电压放大倍数、通频带、矩形系数）。

（3）学会高频小信号调谐放大器的设计方法。

二、实验设备及材料

实验箱及实验箱配置的低频信号源、高频信号源、双踪示波器（MOS - 620/640 型）、MAG - 450（100 kHz—150 MHz）射频信号发生器，交流毫伏表，数字万用表，调试工具。

三、实验原理

高频小信号调谐放大器原理图如图 4 - 2 - 1 所示。电路为共发射极接法的晶体管高频小信号调谐放大器。它不仅要放大高频信号，而且还要有一定的选频作用。因此，晶体管的集电极负载为 LC 并联谐振回路。在高频情况下，晶体管本身的极间电容及连接导线的分布参数，会影响放大器输出信号的频率和相位。晶体管的静态工作点由电阻 R_{B1}、R_{B2} 及 R_E 决定，计算方法与低频单管放大器相同。

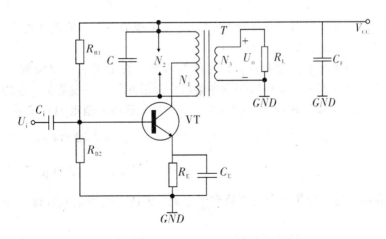

图 4 - 2 - 1　高频小信号调谐放大器原理图

1. 晶体管高频小信号调谐放大器参数

晶体管高频小信号调谐放大器在高频情况下的等效电路如图 4-2-2 所示，4 个 y 参数 y_{ie}、y_{oe}、y_{fe} 及 y_{re} 分别为：

输入导纳：
$$y_{ie} \approx \frac{g_{b'e} + jwc_{b'e}}{1 + r_{b'b}\ (g_{b'e} + jwc_{b'e})} \qquad (4-2-1)$$

输出导纳：
$$y_{oe} \approx \frac{g_m r_{b'b} jwc_{b'e}}{1 + r_{b'b}\ (g_{b'e} + jwc_{b'e})} + jwc_{b'e} \qquad (4-2-2)$$

正向传输导纳：
$$y_{fe} \approx \frac{g_m}{1 + r_{b'b}\ (g_{b'e} + jwc_{b'e})} \qquad (4-2-3)$$

反向传输导纳：
$$y_{re} \approx \frac{-jwc_{b'e}}{1 + r_{b'b}\ (g_{b'e} + jwc_{b'e})} \qquad (4-2-4)$$

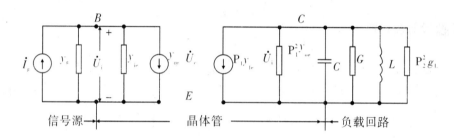

图 4-2-2　放大器的高频等效回路

式（4-2-1）至（4-2-4）中，g_m 为晶体管的跨导，与发射极电流的关系式为：
$$g_m = \frac{|I_E|\ mA}{26}S \qquad (4-2-5)$$

$g_{b'e}$ 为发射极电导，与晶体管的电流放大系数 β 及 I_E 有关，关系式为：
$$g_{b'e} = \frac{1}{r_{b'e}} = \frac{|I_E|\ mA}{26\beta}S \qquad (4-2-6)$$

$r_{b'b}$ 为基极体电阻，一般为几十欧姆；$C_{b'c}$ 为集电极电容，一般为几皮法；$C_{b'e}$ 为发射极电容，一般为几十皮法至几百皮法。

晶体管在高频情况下的分布参数，除了与静态工作电流 I_E、电流放大系数 β 有关外，还与工作频率 ω 有关。晶体管手册中给出的分布参数，一般是在一定的测试条件情况下测得的。如在 $f_0 = 30$ MHz、$I_E = 2$ mA、$U_{CE} = 8$ V 条件下测得 3DG6C 的 y 参数为：

$$g_{ie} = \frac{1}{r_{ie}} = 2\ ms \qquad C_{ie} = 12\ pF \qquad g_{oe} = \frac{1}{r_{oe}} = 250\ ms$$

$$C_{oe} = 4\ pF \qquad |y_{fe}| = 40\ ms \qquad |y_{re}| = 350\ \mu s$$

如果工作条件发生变化，上述参数有所变动。因此，高频电路设计一般采用工程估算的方法。

如图 4-2-2 所示的等效电路中，P_1 为晶体管的集电极接入系数，即
$$P_1 = N_1/N_2 \qquad (4-2-7)$$

式中，N_2 为电感 L 线圈的总匝数。P_2 为输出变压器 T 的副边与原边的匝数比，即

$$P_2 = N_3/N_2 \qquad (4-2-8)$$

式中，N_3 为副边（次级）的总匝数。

g_L 为调谐放大器输出负载的电导，$g_L = 1/RL$。通常小信号调谐放大器的下一级仍为晶体管调谐放大器，则 g_L 将是下一级晶体管的输入导纳 g_{ie2}。

由图 4-2-2 可见，并联谐振回路的总电导 g_Σ 的表达式为：

$$g_\Sigma = p_1^2 g_{oe} + p_2^2 g_{ie}^2 + jwc + \frac{1}{jwL} + G = p_1^2 g_{oe} + p_2^2 g_L + jwc + \frac{1}{jwL} + G \qquad (4-2-9)$$

式（4-2-9）中，G 为 LC 回路本身的损耗电导。谐振时 L 和 C 的并联回路呈纯阻性，其阻值等于 $1/G$，当并联谐振电抗为无限大时，jwC 与 $1/(jwL)$ 的影响可以忽略。

2. 调谐放大器的性能指标及测量方法

表征高频小信号调谐放大器的主要性能指标有谐振频率 f_0，谐振电压放大倍数 A_{V0}，放大器的通频带 BW 及选择性（通常用矩形系数 $K_{r0.1}$ 来表示）等。

放大器各项性能指标及测量方法如下：

（1）谐振频率。

放大器的调谐回路谐振时所对应的频率 f_0 称为放大器的谐振频率，如图 4-2-1 所示电路（以下各项指标所对应电路）f_0 的表达式为：

$$f_0 = \frac{1}{2\pi \sqrt{LC_\Sigma}} \qquad (4-2-10)$$

式中，L 为调谐回路电感线圈的电感量，为调谐回路的总电容，C_Σ 的表达式为：

$$C_\Sigma = C + P_1^2 C_{oe} + P_2^2 C_{ie} \qquad (4-2-11)$$

式中，C_{oe} 为晶体管的输出电容，C_{ie} 为晶体管的输入电容。

谐振频率 f_0 的测量方法是：用扫频仪作为测量电路的幅频特性曲线，调变压器 T 的磁芯，使电压谐振曲线的峰值出现在规定的谐振频率点 f_0。

（2）电压放大倍数。

放大器的谐振回路谐振时，所对应的电压放大倍数 A_{V0} 称为调谐放大器的电压放大倍数。A_{V0} 的表达式为：

$$A_{V0} = -\frac{u_0}{u_i} = \frac{-p_1 p_2 y_{fe}}{g_\Sigma} = \frac{-p_1 p_2 y_{fe}}{p_1^2 g_{oe} + p_2^2 g_{ig} + G} \qquad (4-2-12)$$

式中，g_Σ 为谐振回路谐振时的总电导，当 LC 并联回路在谐振点时，L 和 C 的并联电抗为无限大，因此可以忽略其电导。但 y_{fe} 是一个复数，在谐振时输出电压 U_0 与输入电压 U_I 相位差为 $(180° + \Phi_{fe})$。

A_{V0} 的测量方法是：在谐振回路已处于谐振状态时，用高频电压表测量图 4-2-1 中 R_L 两端的电压 u_0 及输入信号 u_i 的大小。计算电压放大倍数 A_{V0}：

$$A_{V0} = U_0/U_I \text{ 或 } A_{V0} = 20 \lg (U_0/U_I) \text{ dB} \qquad (4-2-13)$$

（3）通频带 BW。

由于谐振回路的选频作用，当工作频率偏离谐振频率时，放大器的电压放大倍数下降，习惯上称电压放大倍数 A_V 下降到谐振电压放大倍数 A_{V0} 的 0.707 倍时所对应的频率

偏移称为放大器的通频带 BW，其表达式为：

$$BW = 2\Delta f_{0.7} = f_0 / Q_L \qquad (4-2-14)$$

式中，Q_L 为谐振回路的有载品质因数。

分析表明，放大器的谐振电压放大倍数 A_{V0} 与通频带 BW 的关系式为：

$$A_{V0} \cdot BW = \frac{|y_{fe}|}{2\pi C_\Sigma} \qquad (4-2-15)$$

式（4-2-15）说明，当晶体管选定，即 y_{fe} 确定，且回路总电容 C_Σ 为定值时，谐振电压放大倍数 A_{V0} 与通频带 BW 的乘积为常数。这与低频放大器中的增益带宽积为常数的概念是相同的。

通频带 BW 的测量方法是：可以用扫频法，也可用逐点法。逐点法的测量步骤为：先调谐放大器的谐振回路谐振，记下此时的谐振频率 f_0 及电压放大倍数 A_{V0}，然后改变高频信号发生器的频率（保持其输入电压 U_S 不变）。当回路失谐后电压放大倍数下降至 $0.707\,A_{V0}$ 时，所对应的频率为 f_L 和 f_H 称为通频带。放大器的谐振曲线如图 4-2-3 所示。由式（4-2-14）可得：

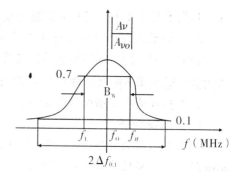

图 4-2-3　放大器谐振曲线

$$BW = f_H - f_L = 2\Delta f_{0.7} \qquad (4-2-16)$$

通频带越宽，放大器的电压放大倍数越小。要想得到一定宽度的通频宽，同时又能提高放大器的电压增益，由式（4-2-15）可知，除了选用 y_{fe} 较大的晶体管外，还应尽量减小调谐回路的总电容量 C_Σ。如果放大器只用来放大来自接收天线的某一固定频率的微弱信号，则可减小通频带，尽量提高放大器的增益。

（4）选择性——矩形系数。

调谐放大器的选择性可用谐振曲线的矩形系数 $K_{V0.1}$ 来表示，如图 4-2-3 所示的谐振曲线，矩形系数 $K_{V0.1}$ 为电压放大倍数下降到 $0.1\,A_{V0}$ 时对应的频率偏移，与电压放大倍数下降到 $0.707\,A_{V0}$ 时对应的频率偏移之比，即

$$K_{V0.1} = 2\Delta f_{0.1} / 2\Delta f_{0.7} = 2\Delta f_{0.1} / BW \qquad (4-2-17)$$

式（4-2-17）表明，矩形系数 $K_{V0.1}$ 越小，谐振曲线的形状越接近矩形，选择性越好。一般单级调谐放大器的选择性较差（矩形系数 $K_{V0.1}$ 远大于1），为提高放大器的选择性，常采用多级单调谐回路的谐振放大器。通过测量调谐放大器的谐振曲线来求矩形系数 $K_{V0.1}$。

4. 实验电路及主要技术参数

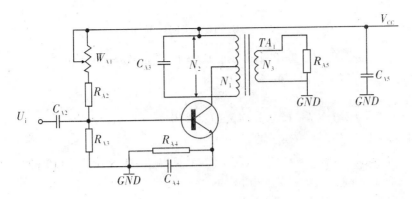

图 4 - 2 - 4　单级调谐放大电路

主要技术指标：谐振频率 $f_o = 10.7$ MHz，谐振电压放大倍数 $A_{V0} \geqslant 10 \sim 15$ dB，通频带 $BW = 1$ MHz，矩形系数 $K_{r0.1} < 10$。因 f_T 比工作频率 f_o 大（$5 \sim 10$ 倍），所以选用 3DG12C，选 $\beta = 50$，工作电压为 12 V，查手册得 $r_{b'b} = 70$，$C_{b'c} = 3$ pF，当 $I_E = 1.5$ mA 时，C_{be} 为 25 pF，取 $L \approx 1.8$ μH，变压器初级 $N_2 = 23$ 匝，次级为 10 匝。$P_2 = 0.43$，$P_1 = 0$。

确定电路如图 4 - 2 - 4 所示。参数确定如下：

（1）设置静态工作点。

高频谐振放大器是工作在小信号放大状态。放大器工作电流 I_{CQ} 一般选取 $0.8 \sim 2$ mA，取 $I_E = 1.5$ mA，$U_{EQ} = 3$ V，$U_{CEQ} = 9$ V。

则 $R_E = U_{EQ}/I_E = 1.5$ kΩ

$R_{A4} = 1.5$ kΩ

取流过 R_{A3} 的电流为基极电流的 7 倍，则有：

$R_{A3} = U_{BQ}/7I_{BQ} \approx U_{BQ} \times \beta/7I_E \approx 17.6$ kΩ，取 18 kΩ

则 $R_{A2} + W_{A1} = \dfrac{12 - 3.7}{3.7} \times 18 \approx 40$ kΩ

取 $R_{A2} = 5.1$ kΩ，W_{A1} 选用 50 kΩ 的可调电阻以便调整静态工作点。

（2）计算谐振回路参数。

由式（4 - 2 - 6）得 $g_{b'e} = \dfrac{\{I_E\}\ \text{mA}}{26\beta} S \approx 1.15$ ms

由式（4 - 2 - 5）得 $g_m = \dfrac{\{I_E\}\ \text{mA}}{26} S \approx 58$ ms

由式（4 - 2 - 1）～（4 - 2 - 4）得 4 个 y 参数

$y_{ie} = \dfrac{g_{b'e} + jwc_{b'e}}{1 + r_{b'b}\ (g_{b'e} + jwc_{b'e})} = 1.373 \times 10^{-3} S + j\, 2.88 \times 10^{-3} S$

由于 $y_{ie} = g_{ie} + jwc_{ie}$

则 $g_{ie} = 1.373$ ms，$r_{ie} = 1/g_{ie} = 728$ Ω

$$C_{ie} = \frac{2.88 \text{ms}}{\omega} \approx 22.5 \text{ pF}$$

$$y_{oe} = \frac{jwc_{b'b}c_{b'c}g_m}{1 + r_{b'b}(g_{b'e} + jwc_{b'e})} + jwc_{b'e} \approx 0.216 \text{ ms} + j1.37 \text{ ms}$$

因 $y_{oe} = g_{oe} + j\omega C_{oe}$　则 $g_{oe} = 0.216$ ms，$C_{oe} = 1.37$ ms$/\omega \approx 10.2$ pF

计算回路总电容 C_{Σ}，由（4 - 2 - 10）得

$$C_{\Sigma} = \frac{1}{(2\pi f_0)^2 L} = \frac{1}{(2 \times 3.14 \times 10.7 \times 10^6)^2 \times 1.8 \times 10^{-6}} \approx 123 \text{ pF}$$

由（4 - 2 - 11）得 $C_{\Sigma} = C + P_1^2 C_{oe} + P_2^2 C_{ie}$

$$C = C_{\Sigma} - P_1^2 C_{oe} - P_2^2 C_{ie} = 120 - 0.43^2 \times 22.5 - 0^2 \times 10.2 \approx 119 \text{ pF}$$

则有 $C_{A3} = 119$ pF，取标称值 120 pF。

（3）确定耦合电容及高频滤波电容。

高频电路中的耦合电容及滤波电容一般选取体积较小的瓷片电容，现取耦合电容 $C_{A2} = 0.01$ μF，旁路电容 $C_{A4} = 0.1$ μF，滤波电容 $C_{A5} = 0.1$ μF。

四、实验内容

实验电路如图 4 - 2 - 5 所示。

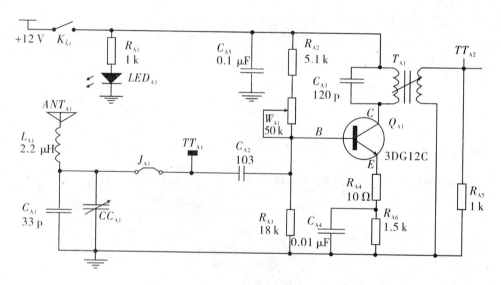

图 4 - 2 - 5　高频小信号调谐放大电路

1. 调整晶体管的静态工作点

按下电源开关 K_{A1}，在不加输入信号（$U_i = 0$），将测试点 TT_{A1} 接地，用万用表测量三极管 Q_{A1} 发射极电压，调电位器 W_{A1}，使 $U_{EQ} = 2.25$ V（即 $I_E = 1.5$ mA），根据电路计算 U_{BQ}、U_{CE}、U_{EQ}、I_{EQ}，将结果填入表 4 - 2 - 1 中。

表 4 - 2 - 1 晶体管的静态工作点参数测量

电路状态参数	数值（单位）	获取方法	所用公式或仪器名称
U_i		输入端短路	
U_{EQ}		测量	万用表直流电压挡
I_{EQ}		计算	
U_{BQ}		计算或测量	
U_{CQ}		计算或测量	

2. 调整谐振放大器的谐振回路的谐振频率在 10.7 MHz

（1）描述操作过程。

（2）写出注意事项。

3. 测量高频小信号放大器的电压增益

（1）使用毫伏表来测量输出电压 U_o 和输入电压 U_i，计算放大倍数。

$$A_u = \frac{U_o}{U_i}$$

（2）示波器测量输出电压 U_o 和输入电压 U_i，计算放大倍数。

$$A_u = \frac{U_{op-p}}{U_{ip-p}}$$

4. 测量通频带 BW 和幅频特性曲线。整理好表格中的实验数据，用坐标纸画出幅频特性曲线

使用 MAG - 450 型射频信号发生器，按表 4 - 2 - 2 中所要求的数据测量。

表 4 - 2 - 2 逐点法测量通频带

序号	1	2	3	4	5	6	7	8	9
频率 f（MHz）					10.7				
输入 u_{ip-p}（mV）									
输出 u_{op-p}（mV）									
增益 A_u									
相对增益值 A_u/A_{vo}	0.1		0.7		1		0.7		0.1

由表 4 - 2 - 2 可知：

下限截止频率为：$f_L =$

上限截止频率为：$f_H =$

通频带：$BW_{0.7} =$

5. 由表 4 - 2 - 2 提供参数，计算矩形系数（选择性）

$$K_{0.1} = \frac{B_{0.1}}{B_{0.7}}$$

五、预习要求

（1）复习高频小信号放大器的工作原理和参数分析。

（2）复习放大器的性能分析。

（3）影响放大器稳定的因数有哪些？

六、实验报告与思考题

（1）整理实验数据，用坐标纸画出幅频特性曲线。

（2）引起高频小信号谐振放大器不稳的原因是什么？如果实验中出现自激现象，应该怎样消除？

实验 4.3　高频功率放大器

一、实验目的

（1）掌握高频功率放大器的工作原理和工作状态。
（2）熟悉高频功率放大器的负载阻抗和激励信号电压变化对其工作状态的影响。
（3）掌握谐振功率放大器的调谐特性和负载特性。

二、实验仪器及材料

实验箱及实验箱配置的高频信号源，双踪示波器（MOS – 620/640 型），交流毫伏表，数字万用表，调试工具。

三、实验原理

利用选频网络作为负载回路的功率放大器称为谐振功率放大器。这是无线电发射机中的重要组成部分。根据放大器电流导通角 θ 的范围可分为甲类、乙类、丙类及丁类等不同类型的功率放大器。电流导通角 θ 愈小，放大器的效率 η 愈高。如甲类功放的 $\theta = 180°$，效率 η 最高也只能达到 50%；而丙类功放的 $\theta < 90°$，效率 η 可达到 80%。因而甲类功率放大器适合作为中间级或输出功率较小的末级功率放大器；丙类功率放大器则通常作为末级功放以获得较大的输出功率和较高的效率。

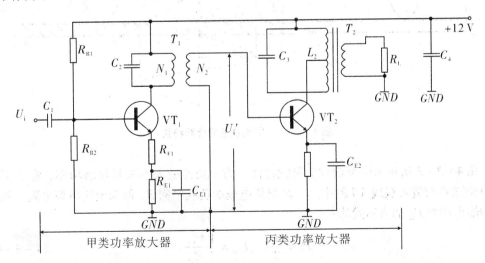

图 4 – 3 – 1　高频功率放大器

图 4 – 3 – 1 所示是由两级功率放大器组成的高频功率放大器电路。其中，VT_1 组成

甲类功率放大器，晶体管 VT_2 组成丙类谐振功率放大器。这两种功率放大器的应用十分广泛。其工作原理和基本关系式分析如下：

1. 甲类功率放大器

（1）静态工作点。

如图 4-3-1 所示，晶体管 VT_1 组成甲类功率放大器，工作在线性放大状态。R_{B1}、R_{B2} 为基极偏置电阻，R_{E1} 为直流负反馈电阻，以稳定电路的静态工作点。R_{F1} 为交、直流负反馈电阻，提高放大器的输入阻抗，稳定增益。电路的静态工作点为：

$$U_{EQ} = I_{EQ}(R_{F1} + R_{E1}) \approx I_{CQ}R_{E1} \tag{4-3-1}$$

式中，R_{F1} 一般为几欧至几十欧。

$$I_{CQ} = \beta I_{BQ} \tag{4-3-2}$$

$$U_{BQ} = U_{EQ} + 0.7 \text{ V} \tag{4-3-3}$$

$$U_{CEQ} = U_{CC} - I_{CQ}(R_{F1} + R_{E1}) \tag{4-3-4}$$

（2）负载特性。

图 4-3-1 所示的甲类功率放大器输出负载由丙类功放的输入阻抗决定，两级间通过变压器进行耦合。因此，甲类功放的交流输出功率 P_0 为：

$$P_0 = P_H'/\eta_B \tag{4-3-5}$$

式中，P_H' 为输出负载上的实际功率，η_B 为变压器的传输效率，一般传输效率为 $\eta_B = 0.75 \sim 0.85$。

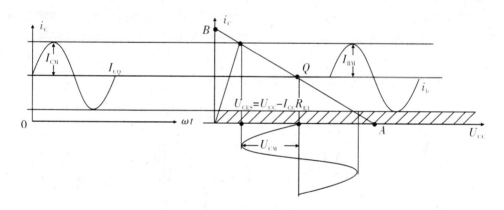

图 4-3-2　甲类功放的负载特性

图 4-3-2 所示为甲类功放的负载特性。为了获得最大不失真输出功率，静态工作点 Q 应选在交流负载线 AB 的中点，此时集电极的负载电阻 R_H 称为最佳负载电阻。集电极的输出功率 P_C 的表达式为：

$$P_C = \frac{1}{2}U_{Cm}I_{Cm} = \frac{1}{2}\frac{U_{Cm}^2}{R_H} \tag{4-3-6}$$

式中，U_{CM} 为集电极输出的交流电压振幅，I_{CM} 为交流电流的振幅。其表达式分别为：

$$U_{CM} = U_{CC} - I_{CQ}R_{E1} - U_{CES} \tag{4-3-7}$$

式中，U_{CES} 称为饱和压降，约 1 V。

$$I_{CM} \approx I_{CQ} \qquad (4-3-8)$$

如果变压器的初级线圈匝数为 N_1，次级线圈匝数为 N_2，则

$$\frac{N_1}{N_2} = \sqrt{\frac{\eta_B R_H}{R_H'}} \qquad (4-3-9)$$

式中，R_H' 为变压器次级接入的负载电阻，即下级丙类功放的输入阻抗。

（3）功率增益。

与电压放大器不同的是，功率放大器应有一定的功率增益，甲类功率放大器不仅要为下一级功放提供一定的激励功率，而且还要将前级输入的信号进行功率放大，功率增益 A_p 的表达式为：

$$A_p = P_o/P_i \qquad (4-3-10)$$

式中，P_i 为放大器的输入功率，它与放大器的输入电压 U_{im} 及输入电阻 R_i 的关系为：

$$U_{im} = \sqrt{2R_i P_1} \qquad (4-3-11)$$

$$R_i \approx h_{ie} + (1 + h_{fe})R_{F1} \qquad (4-3-12)$$

式中，h_{ie} 为共发接法晶体管的输入电阻。高频工作时，可近似等于晶体管的基极体电阻 r_{bb}，h_{fe} 为晶体管共发接法电流放大系数，在高频情况下是复数，为了方便起见，取晶体管直流放大系数 β。

2. 丙类功率放大器

（1）丙类功率放大器基本关系式。

如图 4-3-1 所示，丙类功率放大器的基极偏置电压 U_{BE} 是利用发射极

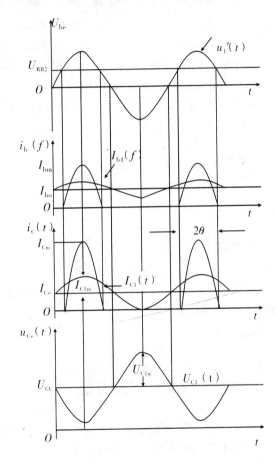

图 4-3-3　丙类功放基极、集电极电流和电压波形

电流直流分量 I_{EO}（$\approx I_{CO}$），在发射极电阻 R_{E2} 上产生的压降来提供的，故称为自给偏压电路。当放大器输入信号 U_i' 为正弦波时，集电极的输出电流 i_C 则为余弦脉冲波。利用谐振回路 L_2C_3 的选频作用可输出基波谐振电压 u_{C1}、电流 i_{C1}。图 4-3-3 所示为丙类功率放大器的基极与集电极间的电流、电压波形关系。分析得出基本关系式：

$$U_{C1m} = I_{C1m}R_o \qquad (4-3-13)$$

式中，U_{C1m} 为集电极输出的谐振电压即基波电压的振幅，I_{C1m} 为集电极基波电流振幅，R_o 为集电极回路的谐振阻抗。

P_C 为集电极输出功率：

$$P_C = \frac{1}{2} U_{C1m} I_{C1m} = \frac{1}{2} I_{C1m}^2 R_0 = \frac{1}{2} \frac{U_{C1m}^2}{R_0} \tag{4-3-14}$$

P_D 为电源 U_{CC} 供给的直流功率：

$$P_D = U_{CC} I_{C0} \tag{4-3-15}$$

式中，I_{C0} 为集电极电流脉冲 i_c 的直流分量。

电流脉冲 i_c 经傅立叶级数分解，可得峰值 I_{Cm} 与分解系数 $a_n (\theta)$ 的关系式为：

$$\left. \begin{array}{c} I_{C1} = I_{Cm} \cdot a_1 (\theta) \\ I_{C0} = I_{Cm} \cdot a_0 (\theta) \end{array} \right\} \tag{4-3-16}$$

分解系数 $a_n (\theta)$ 与 θ 的关系如图 4-3-4 所示。

放大器集电极的耗散功率 P_C' 为：

$$P_C' = P_D - P_C \tag{4-3-17}$$

放大器的效率 η 为

$$\eta = \frac{P_C}{P_D} = \frac{1}{2} \cdot \frac{U_{C1m}}{U_{CC}} \cdot \frac{I_{C1m}}{I_{C0}}$$

$$= \frac{1}{2} \cdot \frac{U_{C1m}}{U_{CC}} \cdot \frac{a_1 (\theta)}{a_0 (\theta)}$$

$$= \frac{1}{2} \xi \frac{a_1 (\theta)}{a_0 (\theta)} \tag{4-3-18}$$

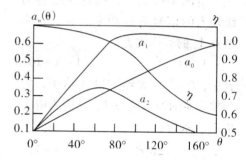

图 4-3-4　电流脉冲的分解系数

式中，$\xi = U_{C1m} / U_{CC}$，称为电压利用系数。

图 4-3-5 所示为功放管特性曲线折线化后的输入电压 U_{be} 与集电极电流脉冲 i_c 的波形关系。由图可得：

$$\cos\theta = \frac{U_j - U_B}{U_{bm}} \tag{4-3-19}$$

式中，U_j 为晶体管导通电压（硅管约为 0.6 V，锗管约为 0.3 V），U_{bm} 为输入电压（或激励电压）的振幅，U_B 为基极直流偏压。

$$U_B = - I_{C0} R_{E2} \tag{4-3-20}$$

当输入电压 U_{be} 大于导通电压 U_j 时，晶体管导通，工作在放大状态，基极电流脉冲 I_{bm} 与集电极电流脉冲 I_{cm} 为线性关系，即满足

$$I_{cm} = h_{fe} I_{bm} \approx \beta I_{bm} \tag{4-3-21}$$

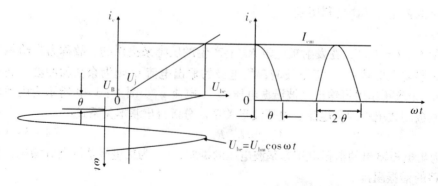

图 4-3-5　输入电压 U_{be} 与集电极电流 i_c 波形

因此，基极电流脉冲的基波幅度 I_{b1m} 及直流分量 I_{b0} 也可以表示为：

$$
\left.
\begin{array}{l}
I_{\mathrm{b1m}} = I_{\mathrm{bm}} a_1\ (\theta) \\
I_{\mathrm{b0}} = I_{\mathrm{bm}} a_0\ (\theta)
\end{array}
\right\}
\tag{4-3-22}
$$

基极基波输入功率 P_{i} 为：

$$
P_{\mathrm{i}} = \frac{1}{2} U_{\mathrm{b1m}} I_{\mathrm{b1m}}
\tag{4-3-23}
$$

放大器的功率增益 A_{p} 为：

$$
A_{\mathrm{p}} = \frac{P_0}{P_{\mathrm{i}}} \text{或} A_{\mathrm{p}} = 10\lg \frac{P_0}{P_{\mathrm{i}}} \mathrm{dB}
\tag{4-3-24}
$$

丙类功率放大器的输出回路采用了变压器耦合方式，其等效电路如图 4-3-6 所示，集电极谐振回路为部分接入，谐振频率为：

$$
\omega_0 = \frac{1}{\sqrt{LC}}, \quad \text{或} f_0 = \frac{1}{2\pi \sqrt{LC}} \quad (4-3-25)
$$

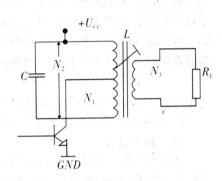

谐振阻抗与变压器线圈匝数比为：

$$
\left.
\begin{array}{l}
\dfrac{N_3}{N_1} = \dfrac{\sqrt{2P_0 R_{\mathrm{L}}}}{U_{\mathrm{C1m}}} = \sqrt{\dfrac{R_{\mathrm{L}}}{R_0}} \\[3mm]
\dfrac{N_2}{N_3} = \sqrt{\dfrac{\omega_0 L}{R_{\mathrm{L}}} \cdot Q_{\mathrm{L}}}
\end{array}
\right\}
\tag{4-3-26}
$$

图 4-3-6　变压器耦合电路

式中，N_1 为集电极接入初级匝数，N_2 为初级线圈总匝数，N_3 为次级线圈总匝数，Q_{L} 为初级回路有载品质因数（一般取 2~10）。

两类功率放大器的输入回路亦采用变压器耦合方式，以使输入阻抗与前级输出阻抗匹配。分析表明，这种耦合方式的输入阻抗 $|Z_{\mathrm{i}}|$ 为：

$$
|Z_{\mathrm{i}}| = \frac{r_{\mathrm{b'b}}}{(1-\cos\theta) a_1(\theta)}
\tag{4-3-27}
$$

式中，$r_{\mathrm{b'b}}$ 为晶体管基极体电阻，$r_{\mathrm{b'b}} \leq 25\ \Omega$。

（2）负载特性。

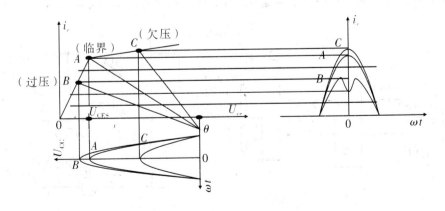

图 4-3-7　谐振功放的负载特性

当功率放大器的电源电压 $+U_{cc}$、基极偏压 U_b、输入电压 U_C 或称激励电压 U_{sm} 确定后，如果电流导通角选定，则放大器的工作状态只取决于集电极回路的等效负载电阻 R_q。谐振功率放大器的交流负载特性如图 $4-3-7$ 所示，当交流负载线正好穿过静态特性曲线的转折点 A 时，管子的集电极电压正好等于管子的饱和压降 U_{CES}，集电极电流脉冲接近最大值 I_{cm}。此时，集电极输出的功率 P_C 和效率 η 都较高，功率放大器处于临界工作状态集电极负载电阻 R_q 所对应的值称为最佳负载电阻值 R_0，即

$$R_0 = \frac{(U_{CC} - U_{CES})^2}{2P_0} \qquad (4-3-28)$$

当 $R_q < R_0$，放大器处于欠压工作状态。如图 $4-3-7$ 所示的 C 点，集电极输出电流虽然较大，但集电极电压较小，因此输出功率和效率都较小。当 $R_q > R_0$ 时，放大器处于过压状态，如图 $4-3-7$ 所示的 B 点，集电极电压虽然较大，但集电极电流波形有凹陷，因此输出功率较低，但效率较高。为了兼顾输出功率和效率的要求，谐振功率放大器通常选择在临界工作状态。判断放大器是否为临界工作状态的条件是：

$$U_{CC} - U_{cm} = U_{CES} \qquad (4-3-29)$$

式中，U_{cm} 为集电极输出电压幅度；U_{CES} 为晶体管饱和压降。

3. 高频谐振放大器的主要技术指标及测试方法

（1）输出功率。

高频功率放大器的输出功率是指在放大器的负载 R_L 上获得最大的不失真功率。在图 $4-3-1$ 所示的电路中，由于负载 R_L 与丙类功率放大器的谐振回路之间采用变压器耦合方式，实现了阻抗匹配。集电极回路的谐振阻抗 R_0 上的功率等于负载 R_L 上的功率，所以，将集电极的输出功率视为高频放大器的输出功率，即

$$P_C = \frac{1}{2}U_{C1m}I_{C1m} = \frac{1}{2}I_{2C1m}R_0 = \frac{1}{2}\frac{U_{C1m}^2}{R_0} \qquad (4-3-30)$$

谐振功率放大器的主要技术参数测量电路如图 $4-3-8$ 所示。高频信号发生器提供激励信号电压与谐振频率，示波器监测波形失真，直流毫安表 mA 测量集电极的直流电流，高频电压表 V 测量负载 R_L 的端电压。只有在集电极回路处于谐振状态时才能进行各项技术指标的测量。通过高频电压表 V 及直流毫安表 mA 的读数，来判断集电极回路是否谐振，即电压表 V 的指示为最大，毫安表 mA 的指示为最小时，集电极回路处于谐振。如果用扫频仪测量回路的幅频特性曲线，中心频率处的幅值应最大。

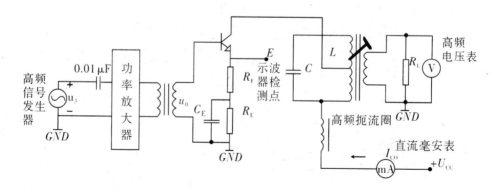

图 $4-3-8$ 高频功放的测试电路

放大的输出功率为：

$$P_0 = \frac{U_L^2}{R_L} \qquad (4-3-31)$$

式中，U_L 为高频电压表 V 的测量值。

（2）效率。

高频功率放大器的总效率由晶体管集电极的效率和输出网络的传输效率决定。而输出网络的传输效率通常是由电感、电容在高频工作时产生一定损耗而引起的。放大器的能量转换效率主要由集电极的效率所决定。所以常将集电极的效率视为高频功率放大器的效率，用 η 表示，即

$$\eta = \frac{P_C}{P_D} \qquad (4-3-32)$$

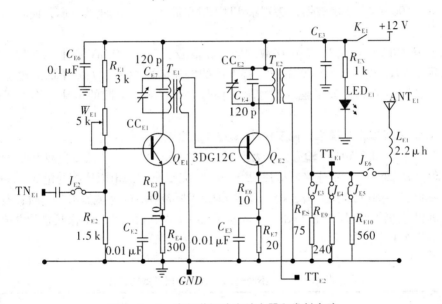

图 4-3-9　高频谐振功率放大器和发射电路

利用图 4-3-8 所示电路，通过测量参数，集电极回路谐振时，计算功率放大器的效率 η 为：

$$\eta = \frac{P_C}{P_D} = \frac{U_L^2/R_L}{I_{CO}U_{CC}} \qquad (4-3-33)$$

式中，U_L 为高频电压表的测量值，I_{CO} 为直流毫安表的测量值。

（3）功率增益。

放大器的输出功率 P_o 与输入功率 P_i 之比称为功率增益，用 A_p（单位：dB）表示。

四、实验内容

实验电路如图 4 - 3 - 9 所示。

（1）按下电源开关 K_{E1}，调节 W_{E1}，使 Q_{E1} 的发射极电压 $V_E = 2.2$ V（即 $I_{CQ} = 7$ mA，V_E 通过测量 R_{E3} 靠近 Q_{E1} 的端点与地之间的电压）。

（2）连接短接片 JE_2、JE_3、JE_4、JE_5，输出负载电阻为 50 Ω。

（3）使用 BT - 3 型频率特性测试仪。调整 TE_1、TE_2，TE_1 初级与 CE_7，TE_2 初级与 CE_4 谐振在 10.7 MHz，同时测试整个功放单元的幅频特性曲线，使峰值在 10.7 MHz 处（如果没有 BT - 3 型频率特性测试仪，这一步可略）。

（4）从 INE_1 处输入 10.7 MHz 的载波信号（载波信号由高频信号源提供），信号大小为 $V_{p-p} = 500$ mV。用示波器探头观察 TTE1 输出波形。调节 TE_1、TE_2，使输出波形不失真且最大。

（5）从 INE_1 处输入 10.7 MHz 载波信号，信号从 $V_{p-p} = 0$ mV 逐渐地增加，用示波器探头观察 TTE_2 电流波形，直至观察有下凹的电流波形为止（如果下凹的电流波形左右不对称，微调 TE_1）。如果继续增加输入信号，可观测到下凹的电流波形的下凹深度增加。

（6）观察高频放大器的三种工作状态。

回路谐振在 10.7 MHz，输入信号大小不变（$V_{p-p} = 500$ mV）。改变负载 R_L，会使输出负载电阻值 $R_P{}'$ 变化，分别连接短接片 JE_3、JE_4、JE_5，使负载电阻依次变化 50 Ω→75 Ω→168 Ω→240 Ω→560 Ω，用示波器探头观察 TTE_2 不同负载时的电流波形。同时，观察并记录不同负载时的输出电压波形 TTE_1，填入表 4 - 3 - 1 中，根据 5 种工作状态的电流波形判断各属于什么工作状态。

表 4 - 3 - 1　不同输出负载的输出参数的变化

输出参数测试＼输出负载 R_L	50Ω	75Ω	168Ω	240Ω	560Ω
输出电压 U_{Lpp}					
直流分量 I_{E0}					
工作状态					
输出功率 P_L					
效率 η					

（7）测量负载特性（选做）。

用高频电压表测量负载电阻上的电压，改变负载电阻 R_L（参照步骤 4），记下相应的电流 I_{CO} 和电压 U_L，并计算当 $R_L = 50$ Ω 时的功率和效率。

（8）改变激励电压的幅度，观察对放大器工作状态的影响。

$R_L = 50\ \Omega$（短接片连 JE_3、JE_4、JE_5），用示波器观察 Q_{E2} 发射极上的电流波形（测试点为 TTE_2），改变输入信号大小，观察并记录高频功率放大器三种状态的电流波形。

五、预习要求

（1）复习高频谐振功率放大器的工作原理和功率放大器的调谐特性和负载特性。
（2）复习高频功率放大器的负载阻抗和激励信号电压变化对其工作状态的影响。

六、实验报告与思考题

（1）通过实验表述谐振功放器的电流波形和输入信号的关系。表述输入信号大小对放大器工作状态的影响。
（2）当输出负载为 $50\ \Omega$ 时，输入信号从 0 开始逐步增大，画出观察到的高频功率放大器的欠压、临界、过压三种工作状态的典型电流波形，并在相应的图中注明输入信号的峰峰值。
（3）计算表 4-3-1 所示测试数据中放大器的输出功率和效率，填入表 4-3-1 中。
（4）在同一坐标纸上绘出 4 条负载特性曲线（$P_L - R_L$、$\eta - R_L$、$U_m - R_L$ 和 $I_E - R_L$）。
（5）实验中为什么高频谐振功率放大器在丙类状态下工作？为什么通常采用谐振回路作为负载？

实验 4.4 *LC* 正弦波振荡器

一、实验目的

（1）掌握晶体管（振荡管）工作状态、反馈系数的大小对振荡幅度的影响。
（2）掌握改进型电容三点式正弦波振荡器的工作原理及振荡性能的测量方法。
（3）研究外界条件变化对振荡频率稳定度的影响。
（4）比较 *LC* 振荡器和晶体振荡器频率稳定度，分析影响振荡频率稳定的原因。

二、实验设备及材料

高频电子实验箱，频率计，双踪示波器，数字万用表，调试工具。

三、实验原理

正弦波振荡器是指振荡波形接近理想正弦波的振荡器。产生正弦信号的振荡电路形式很多，主要有 *RC*、*LC* 和晶体振荡器三种形式。实验采用晶体管 *LC* 三端式振荡器。*LC* 三端式振荡器的基本电路如图 4 – 4 – 1 所示：

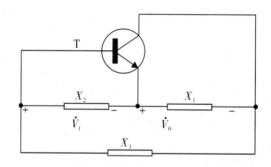

图 4 – 4 – 1 三端式振荡器的交流等效电路

根据相位平衡条件，图 4 – 4 – 1 所示为三端式振荡器交流等效电路的三个电抗，X_1、X_2 必须为同性质的电抗，X_3 必须为异性质的电抗，且应满足下列关系式：

$$X_3 = -(X_1 + X_2) \tag{4-4-1}$$

式（4 – 4 – 1）为 *LC* 三端式振荡器相位平衡条件的判断准则。若 X_1 和 X_2 均为容抗，X_3 为感抗，则为电容三端式振荡电路；若 X_1 和 X_2 均为感抗，X_3 为容抗，则为电感三端式振荡器。

1. 电容三端式振荡器的工作原理

共基电容三端式振荡器的基本电路如图$4-4-2$所示。图中C_3为耦合电容，与发射极连接的两个电抗元件为同性质的容抗元件C_1和C_2，与基极连接的是两个异性质的电抗元件C_2和L，根据判别准则，该电路满足相位条件。要产生正弦振荡，还须满足振幅起振条件，即

$$A_U \cdot F > 1 \qquad\qquad (4-4-2)$$

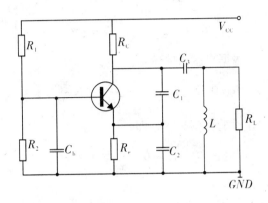

图$4-4-2$　共基组态的"考毕兹"振荡器

式中，A_U为电路刚起振时，振荡管工作状态为小信号时的电压增益；F为振荡器的反馈系数。设$y_{rb} \approx 0$、$y_{ob} \approx 0$，画出y参数等效电路，如图$4-4-3$所示。图中G_0为振荡回路的损耗电导，G_L为负载电导。

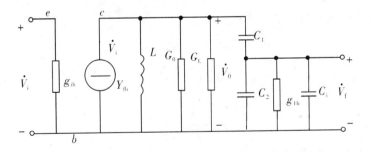

图$4-4-3$　共基组态振荡器简化Y参数等效电路

由图$4-4-3$可求出小信号电压增益A_0和反馈系数F分别为：

$$\dot{A}_0 = \frac{\dot{V}_0}{\dot{V}_i} = \frac{-y_{fb}}{Y}$$

$$\dot{F} = \frac{\dot{V}_f}{\dot{V}_0} = \frac{Z_2}{Z_1 + jx_1}$$

$$Y = G_p + \frac{1}{jx_3} + \frac{1}{Z_2 + jx_1}$$

$$Z_2 = \frac{1}{g_{ib} + \frac{1}{jx_2}} \qquad x_1 = -\frac{1}{wC_1} \qquad x_2 = \frac{1}{wC_2'}$$

$$x_3 = \omega L \qquad G_p = G_0 + G_L \qquad G_2' = G_1 + G_2$$

经运算整理得

$$\dot{T}_0 = \dot{A}_0 \cdot \dot{F} = -\frac{y_{fb}}{Y} \cdot \frac{Z_2}{Z_2 + jx_1} = \frac{-y_{fb}}{M + jN}$$

$$M = G_p + g_{ib} + \frac{x_1}{x_2}G_p + \frac{x_1}{x_3}g_{ib}, \qquad N = g_{ib}G_p \cdot x_1 - \frac{1}{x_2} - \frac{1}{x_3} - \frac{x_1}{x_2 x_3}$$

当忽略 y_{fb} 的相移时，根据自激条件应是：

$$N = 0 \ \text{及} \ |\dot{T}_0| = \frac{y_{fb}}{\sqrt{M^2 + N^2}} = \frac{y_{fb}}{M} > 1 \qquad (4-4-3)$$

由 $N = 0$，可求出起振时的振荡频率，即

$$g_{ib}G_p \cdot x_1 - \frac{1}{x_2} - \frac{1}{x_3} - \frac{x_1}{x_2 x_3} = 0$$

则 $X_1 X_2 X_3 g_{ib} G_p = X_1 + X_2 + X_3$

将 $X_1 X_2 X_3$ 的表示式代入上式，得

$$f_g = \frac{1}{2\pi} \sqrt{\frac{1}{LC} + \frac{g_{ib}G_p}{C_1 C_2'}}$$

忽略晶体管参数的影响，得到振荡频率近似为：

$$f_g = \frac{1}{2\pi \sqrt{LC}} \qquad (4-4-4)$$

式中，C 为振荡回路的总电容：

$$C = \frac{C_1 C_2'}{C_1 + C_2'}$$

由式（4-4-3）求 M，当 $g_{ib} \leqslant \omega C_2'$ 时

$$Z_2 = \frac{1}{g_{ib} + \frac{1}{jx_2}} = \frac{1}{g_{ib} + j\omega C_2'}$$

则反馈系数可近似表示为：

$$\dot{F} = \frac{\dot{V}_f}{\dot{V}_0} = \frac{Z_2}{Z_1 + jx_1} \approx \frac{\frac{1}{jwC_2'}}{\frac{1}{jwC_2'} + \frac{1}{jwC_1'}} = \frac{C_1}{C_1 + C_2'} = \frac{C}{C_2'} \qquad (4-4-5)$$

$$M = G_p + g_{ib} + \frac{x_1}{x_2}G_p + \frac{x_1}{x_3}g_{ib}$$

$$= g_{ib}\left(1 + \frac{x_1}{x_3}\right) + G_p\left(1 + \frac{x_1}{x_2}\right)$$

则

$$= \frac{C_1}{C_1 + C_2'}g_{ib} + \frac{C_1 + C_2'}{C_1}G_p$$

$$= F \cdot g_{ib} + \frac{1}{F}G_p$$

由式（4 - 4 - 3）得到满足起振振幅条件的电路参数为：

$$Y_{fb} > F \cdot g_{ib} + \frac{1}{F}G_p \qquad (4 - 4 - 6)$$

式（4 - 4 - 6）是满足起振条件所需要的晶体管最小正向传输导纳的值，也可以改写为：

$$\frac{Y_{fb}}{F^2 g_{ib} + G_p}F > 1$$

不等式左边的 $\frac{Y_{fb}}{F^2 g_{ib} + G_p} = A_0$ 是共基电压增益，显然，F 增大时，可以使 T_0 增加，但 F 过大时，由于 g_{ib} 的影响将使增益降低，反而使 T_0 减小，导致振荡器不易起振。若 F 取得较小，要保证 $T_0 > 1$，则要求 Y_{fb} 很大。由此可见，反馈系数的取值有一合适的范围，一般取 $F = 1/8 \sim 1/2$。

2. 振荡管工作状态对振荡器性能的影响

对于一个振荡器，在负载阻抗及反馈系数 F 已经确定的情况下，静态工作点的位置对振荡器的起振及稳定平衡状态（振幅大小，波形好坏）有着直接的影响，如图 4 - 4 - 4 中（a）和（b）所示。

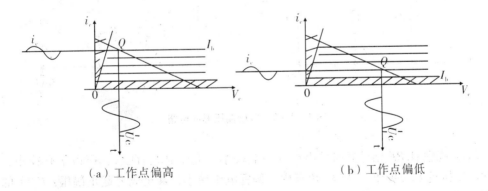

（a）工作点偏高　　　　　　　　（b）工作点偏低

图 4 - 4 - 4　振荡管工作态对性能的影响

图 4 - 4 - 4（a）工作点偏高，振荡管工作范围容易进入饱和区，输出阻抗降低将会使振荡波形严重失真，甚至使振荡器停振。

图 4 - 4 - 4（b）工作点偏低，避免了晶体管工作范围进入饱和区，对于小功率振荡

器，一般都取在靠近截止区，但是不能取得太低，否则不易起振。

在实际的振荡电路中，反馈系数 F 确定之后，其振幅的增加主要是靠提高振荡管的静态电流，输出幅度随着静态电流值的增加而增大。但是，如果静态电流取得太大，会出现如图 4－4－4（a）所示的现象，而且由于晶体管的输入电阻变小同样会使振荡幅度变小。静态电流取值一般为 0.5～5 mA。

为了使小功率振荡器的效率高，振幅稳定性好，采用自给偏压电路，以图 4－4－2 所示的电容三端式振荡器电路为例，简述自偏压的产生。固定偏压 V_B 由 R_1 和 R_2 所组成的偏置电路来决定，在忽略 I_B 对偏置电压影响的情况下，振荡管的偏置电压 U_{BE} 是由固定电压 V_B 和 R_e 上的直流电压降共同决定的，即

$$V_{BE} = V_B - V_E = \frac{R_2}{R_1 + R_2}V_{CC} - I_E \cdot R_e$$

R_e 上的直流压降是由发射极电流 I_E 提供的，随 I_E 的变化而变化，故称自偏压。在振荡器起振前，直流自偏压取决于静态电流 I_{EO} 和 R_e 的乘积，即

$$V_{BEQ} = V_B - I_{EQ} \cdot R_e$$

一般振荡器的静态工作点选得较低，故起始自偏压也较小，这时起始偏压 V_{BEQ} 为正偏置，容易起振。如图 4－4－5（a）所示，C_b 上的电压是在电源接通的瞬间 V_B 对电容 C_b 充电建立的电压，R_b 是 R_1 与 R_2 的并联值。

根据自激振荡原理，在起振之初，振幅迅速增大，当反馈电压 U_f 对基极为正半周时，基极上的瞬时偏压 $U_{BE} = U_{BEQ} + U_f$ 变得更正，i_c 增大，于是电流通过振荡管向 C_e 充电，如图 4－4－5（b）所示。电流向 C_e 充电的时间常数 $\tau = R_D \cdot C_e$。

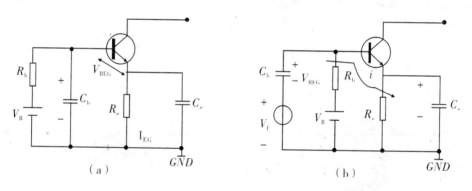

图 4－4－5　自给偏压形成电路

R_D 是振荡管 BE 结导通时的电阻，一般较小（几十到几百欧），所以 τ 充较小，C_e 上的电压接近 U_f 的峰值。当 U_f 负半周，偏置电压减小，甚至成为截止偏压，C_e 上的电荷将通过 R_e 放电，放电的时间常数为 $\tau_{放} = R_e \cdot C_e$。$\tau_{放} \gg \tau_{充}$，在 V_f 的一周期内，积累的电荷比释放的多，所以随着起振过程的不断增强，即在 R_e 上建立起紧跟振幅强度变化的自偏压，经若干周期后达到动态平衡，在 C_e 上建立了一个稳定的平均电压 $I_{EO} \cdot R_e$，这时振荡管 BE 之间的电压为：

$$V_{BEO} = V_B - I_{EO} \cdot R_e$$

因为 $I_{EO} > I_{EQ}$，所以有 $U_{BEO} < U_{BEQ}$，可见振荡管 *BE* 间的偏压减小，振荡管的工作点向截止方向移动。这种自偏压的建立过程如图 4 - 4 - 6 所示。由图可看出，起振之初（$0 \sim t_1$ 之间），振幅较小，振荡管工作在甲类状态，自偏压变化不大，随着正反馈作用，振幅迅速增大，进入非线性工作状态，自偏压急剧增大，使 U_{BE} 变为截止偏压。振荡管的非线性工作状态反过来又限制了振幅的增大。这种自偏压电路起振时，存在着振幅与偏压之间相互制约、互为因果的关系。在一般情况下，若 $R_e C_e$ 的数值选得适当，自偏压就能适时地紧跟振幅的大小而变化。正是由于这两种作用相互依存，又相互制约的结果。如图 4 - 4 - 6 所示，在某一时刻 t_2 达到平衡。这种平衡状态对于自偏压来说，意味着在反馈电压的作用下，C_e 在一周期内其充电与放电的电量相等。因此，*D*、*E* 两端的偏压 U_{BE} 保持不变，稳定在 U_{BEZ}。对于振幅来说，也意味着在此偏压的作用下，振幅平衡条件正好满足输出振幅为 U_{FZ} 的等幅正弦波。

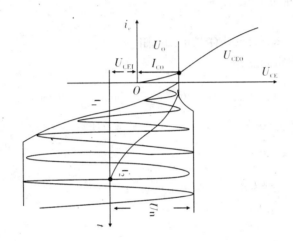

图 4 - 4 - 6 起振时直流偏压的建立过程

3. 振荡器的频率稳定度

频率稳定度是振荡器的一项十分重要的技术指标。它表示在一定的时间范围内或一定的温度、湿度、电源、电压等变化范围内振荡频率的相对变化程度，振荡频率的相对变化量越小，表明振荡器的频率稳定度越高。

改善振荡频率稳定度，从根本上来说，就是力求减小振荡频率受温度、负载、电源等外界因素影响的程度，振荡回路是决定振荡频率的主要部件。因此，改善振荡频率稳定度的最重要措施是提高振荡回路在外界因素变化时保持频率不变的能力，这就是所谓的提高振荡回路的标准性。

提高振荡回路标准性除了采用稳定性好和高 *Q* 的回路电容和电感外，还可以采用与正温度系数电感作相反变化的具有负温度系数的电容，以实现温度补偿作用，或采用部分接入的方法以减小不稳定的晶体管极间电容和分布电容对振荡频率的影响。

石英晶体具有十分稳定的物理和化学特性。在谐振频率附近，晶体的等效参量 L_q 很大，C_q 很小，R_q 也不大，晶体 *Q* 值可达百万数量级，所以晶体振荡器的频率稳定度比

LC 振荡器高很多。

4. 实验电路

如图 4 - 4 - 7 所示，直流电源为 + 12 V，振荡管 Q_{52} 为 3DG12C。隔离级晶体管 Q_{51} 也为 3DG12C，*LC* 振荡工作频率为 10.7 MHz，晶体振荡频率为 10.245 MHz。

（1）静态工作电流的确定。

选 $I_{CQ} = 2$ mA　　$V_{CEQ} = 6$ V　　$\beta = 60$

则有 $R_{55} + R_{54} = \dfrac{U_{CC} - U_{CEQ}}{I_{CQ}} = \dfrac{6}{2} = 3$ kΩ

为提高电路的稳定性，R_E 值适当增大，取 $R_{55} = 1$ kΩ，则 $R_{54} = 2$ kΩ

$$U_{EQ} = I_{CQ} \cdot R_E = 2 \times 1 = 2 \text{ V}$$
$$I_{BQ} = I_{CQ}/\beta = 1/30 \text{ mA}$$

取流过 R_{56} 的电流为 $10I_{BQ}$

$R_{56} = 8.2$ kΩ　　$R_{57} + W_{51} = 28$ K

取 $R_{57} = 5.1$ kΩ，W_{51} 为 50 kΩ 的可调电阻。

（2）确定主振回路元器件。

$$f_0 = \dfrac{1}{2\pi \sqrt{LC}}$$

当 *LC* 振荡时，$f_0 = 10.7$ MHz　　设 $L = L_{51} = 2.2$ μH

则 $C = \dfrac{1}{(2\pi f_0)^2 L} = 100$ pF

$C = C_{53} + CC_{51} + C_{512} + C_{55} \parallel C_{56} \parallel C_{57}$

由于 C_{56}、C_{57} 远大于 C_{55}（C_{53}、CC_{51}、C_{512}）

所以 $C \approx CC_{53} + CC_{51} + C_{55} + C_{512}$

取 C_{55} 为 24 pF，$C_{53} + C_{512}$ 为 55 pF（而实际上对高频电路由于分布电容的影响，往往取值要小于此值），CC_{51} 为 3 ~ 30 pF 的可调电容。

而 C_{56}/C_{57}（C_{58}、C_{59}）= 1/2 ~ 1/8 时则取

$$C_{56} = 100 \text{ pF}$$

对于晶体振荡，并联可调电容即可进行微调。

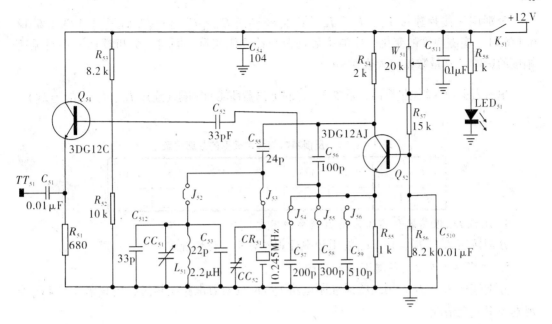

图 4 - 4 - 7　正弦振荡器实验原理图

四、实验内容

1. 按下电源开关 K_{51}，调整静态工作点：调节电位器 W_{51}，使 $V_{R55} = 2$ V（即 R_{55} 靠近 Q_{52} 一端电压）

（1）连接短接片 J_{54}、J_{52}，调节可调电容 CC_{51}，通过示波器和频率计在 TT_{51} 处观察振荡波形，振荡频率为 10.7 MHz（实验频率可调范围在 10 MHz ~ 12 MHz）。

（2）断开短接片 J_{52}，接通短接片 J_{53}，微调 CC_{52}，使振荡频率为 10.245 MHz。

2. 观察振荡状态与晶体管工作状态的关系

断开短接片 J_{53}，连接短接片 J_{52}，通过示波器在 TT_{51} 观察振荡波形，调节 W_{51}，观察输出波形 TT_{51} 的变化，测量波形变化过程中的几个点（刚启振/稳幅振荡/振荡最大）的发射极电压且计算对应的 I_E。测量数据填入表 4 - 4 - 1。

表 4 - 4 - 1 测量晶体管工作状态与振荡状态（振幅）的关系。*LC* 振荡器电路（连接 J_{52}、J_{54}，$F = \dfrac{C_1}{C_2} = \dfrac{1}{2}$）

表 4 - 4 - 1　晶体管工作状态与振荡状态的关系数据记录

U_{EQ} （V）			2	$U_{EQ\ max}$
I_{EQ} （mA）				
U_{op-p} （V）（TT_{51}）	$U_{op-p\ min}$			$U_{op-p\ max}$

3. 观察反馈系数对振荡器性能的影响

断开短接片 J_{53}，连接短接片 J_{52}，用示波器观察在 TT_{51} 处波形。

分别用短接片连接 J_{54}、J_{55}、J_{56} 或组合连接使 $C_{56} \parallel C_{57} \parallel C_{58} \parallel C_{59}$ 等于 1/3.1/5.1/6.1/8 时，实测幅度的变化、反馈系数是否与计算值相符，同时，分析反馈大小对振荡幅度的影响。测量数据填入表 4-4-2。

填入表 4-4-2 测量反馈、系数 $F = \dfrac{C_1}{C_2}$ 对振荡器性能的影响（连接 J_{52}、J_{54}，$U_{EQ} = 2V$）

表 4-4-2　反馈系数与振荡波形的数据记录

$F = \dfrac{C_1}{C_2}$	1/2	1/3	1/5	1/7	1/8	1/10
U_{op-p}（TT$_{51}$）						

4. 比较 LC 振荡器和晶体振荡器频率稳定度

分别接通 J_{53}、J_{52}，在 TT$_{51}$ 处用频率计观察频率变化情况。

5. 观察温度变化对振荡频率的影响

分别接通 J_{53}、J_{52}，用电吹风在距电路 15 cm 处对着电路吹热风，用频率计在 TT$_{51}$ 处观察频率变化情况。

五、实验预习

（1）预习电容三点式正弦振荡器的原理。
（2）反馈系数大小对振荡波形的影响及外界条件变化对振荡管频率稳定度的影响。

六、实验报告与思考题

（1）整理实验所测得的数据，进行理论分析。
（2）比较 LC 振荡器与晶体振荡器的优缺点。
（3）为什么静态电流 I_{EO} 增大，输出振幅增加，而 I_{EO} 过大反而会使振荡器输出幅度下降？

实验 4.5　集电极调幅与检波电路

一、实验目的

（1）理解集电极调幅和二极管大信号检波的工作原理。

（2）掌握动态调幅特性的测试方法。

（3）掌握利用示波器测量调幅系数 m_a 的方法。

（4）观察检波电路的参数对输出信号失真的影响。

二、实验设备及材料

实验箱及实验箱配置的低频信号源，高频信号源，双踪示波器（MOS－620/640型），交流毫伏表，数字万用表，调试工具。

三、实验原理

1. 集电极调幅的工作原理

集电极调幅就是用低频调制电压去控制晶体管的集电极电压的变化，使集电极高频电流的基波分量随着调制电压的规律变化实现调幅。它是一个集电极电源受调制信号控制的谐振功率放大器，属于高电平调幅。调幅管工作在丙类状态。集电极调幅的基本原理如图 4 - 5 - 1 所示。

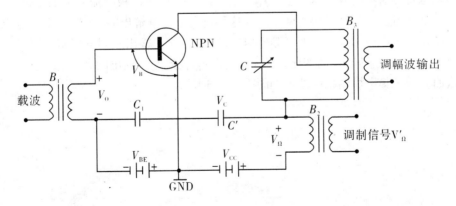

图 4 - 5 - 1　集电极调幅电路原理图

图 4 - 5 - 1 中，设基极激励信号电压（即载波电压）为：

$$V_o = V_o \cos\omega_o t$$

在基极、射极之间的瞬时电压为:

$$V_B = -V_{be} + V_o\cos\omega_o t$$

调制信号电压 V_Ω 加在集电极电路中,与集电极直流电压 V_{CC} 串联。因此,集电极有效电源电压为:

$$V_C = V_{CC} + V_\Omega = V_{CC} + V_\Omega\cos\Omega t = V_{CC}(1 + m_a\cos\Omega t) \qquad (4-5-1)$$

式中,V_{CC} 为集电极固定电源电压,调幅指数为:

$$m_a = V_\Omega / V_{CC} \qquad (4-5-2)$$

式中,集电极的有效电源电压 V_{CC} 随调制信号电压变化而变化。如图 $4-5-2$ 所示,由于 $-V_{BB}$ 与 v_B 不变,所以 V_{bmax} 为常数。又因为集电极负载电阻 R_P 不变,因此动态特性曲线的斜率也不变。如果电源电压变化,则动态斜率随 V_{CC} 值的不同沿 V_C 平行移动。在欠压区内,当 V_{CC} 由 V_{C1} 变至 V_{C2}(临界)时,集电极电流脉冲的振幅与通角变化很小,分解出的 I_{Cm1} 的变化也很小,因而输出电压 V_C 的变化也很小。这就是说,在欠压区内不能产生有效的调幅作用。

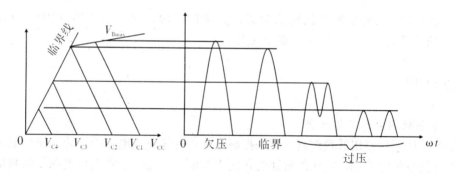

图 $4-5-2$ 集电极电压相对应的集电极电流脉冲的变化图

当动态特性曲线进入过压区后,V_{CC} 等于 V_{C3}、V_{C4},集电极电流脉冲的振幅下降,出现凹陷,甚至可能使脉冲分裂为两半。在这种情况下,分解出的 I_{Cm1} 随集电极电压 V_{CC} 的变化而变化,集电极回路两端的高频电压也随 V_{CC} 变化。输出高频电压的振幅 $V_e = I_{Cm1}\cdot R_p$,因 R_p 不变,I_{Cm1} 随 V_C 而变化,而 V_{CC} 是受 V_Ω 控制的,输出的高频电压也就随 V_Ω 变化,从而实现了集电极调幅。波形如图 $4-5-3$ 所示。

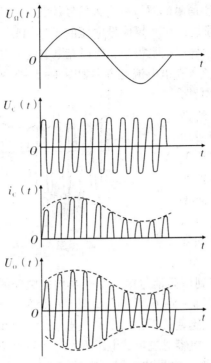

图 4 - 5 - 3　集电极调幅波形

在没有加入低频调制电压 V_Ω（即 $V_\Omega = 0$）时，逐步改变集电极直流电压 V_{CC} 的大小，同样可使 i_c 电流脉冲发生变化，分解出的 I_{C0} 或 I_{Cm1} 也会发生变化。我们称集电极高频电流 I_{Cm1}（或 I_{C0}）随着 V_{CC} 变化的关系曲线为静态调制特性曲线。根据分析结果，绘出静态调制特性曲线，如图 4 - 5 - 4 所示。

静态调制特性曲线不能完全反映实际的调制过程。因为没有加入调制信号，输出电压中没有边频存在，只有载波频率，不是调幅波。通常，调制信号角频率 Ω 要比载波角频率 ω 低得多。因此，对载波来说，调制信号的变化是很缓慢的，可以认为在载波电压交变的一周内，调制信号电压基本上不变。这样，静态调制特性曲线仍然能正确反映调制过程。利用它可确定已调波包络的非线性失真的大小。由图 4 - 5 - 4 可知，为了减小非线性失真，当加上调制信号电压时，必须保证整个调制过程都工作在过压状态，所以工作点 Q 应选在调制特性曲线直线段的中央，即 $V_{CCQ} = 1/2\ V_{CCO}$ 处，V_{CCO} 为临界工作状态时的集电极直流电压。否则，工作点 Q 偏高或偏低，都会使已调波的包络产生失真。

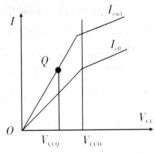

图 4 - 5 - 4　集电极调幅的静态调制特性

2. 二极管大信号检波的工作原理

当输入信号较大（大于 0.5 V）时，利用二极

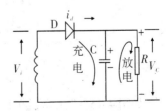

图 4 - 5 - 5　二极管检波器原理图

管单向导电特性对振幅调制信号的解调称为大信号检波。大信号检波原理电路如图 4 – 5 – 5 所示。检波的物理过程是：在高频信号电压的正半周时，二极管正向导通对电容器 C 充电，由于二极管的正向导通电阻很小，所以充电电流 i_d 很大，使电容器上的电压 V_c 很快就接近高频电压的峰值。充电电流的方向如图 4 – 5 – 5 所示。

充电电压通过信号源电路，再反向地加到二极管 D 的两端。这时二极管 D 导通与否由电容电压 V_C 和输入信号电压 V_i 决定。当高频信号的瞬时值小于 V_C 时，二极管处于反向偏置，管子截止，电容通过负载电阻 R 放电。由于放电时间常数 RC 远大于调频电压的周期，

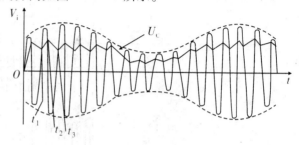

图 4 – 5 – 6　二极管检波波形图

放电很慢。当 V_C 电压下降到调频信号第二个正半周的电压时，此时超过二极管上的负压，使二极管又导通。如图 4 – 5 – 6 所示的 t_1 至 t_2 的时间，为二极管导通的时间，对电容器充电，电容器的电压又迅速接近第二个高频电压的最大值。图 4 – 5 – 6 中的 t_2 至 t_3 时间为二极管截止的时间，电容通过负载电阻 R 放电。这样不断地循环，得到图 4 – 5 – 6 所示电压 V_C 的波形。只要充电很快，即充电时间常数 $R_d \cdot C$ 很小（R_d 为二极管导通时的内阻），而放电时间常数足够慢，即放电时间常数 R_C 很大，满足 $R_dC \ll RC$，输出电压 V_C 的幅度就接近于输入电压 V_i 的幅度，即传输系数接近 1。输出电压 V_C 的起伏很小，基本与高频调幅波包络一致。而高频调幅波的包络又与原调制信号的形状相同，输出电压 V_C 就是原来的调制信号，这就是解调。

大信号检波又称峰值包络检波。在理想情况下，峰值包络检波器的输出波形应与调幅波包络线的形状完全相同。但实际上二者总有差别，即检波输出波形有失真。实验观察检波器的两种失真，即惰性失真和负峰切割失真。

惰性失真是由于负载电阻 R 与负载电容 C 选得不合适，使放电时间常数 RC 过大引起的。惰性失真又称对切割失真，如图 4 – 5 – 7 所示。

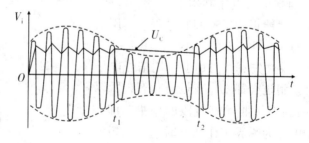

图 4 – 5 – 7　检波器的惰性失真

如图 4 – 5 – 7 所示，在 $t_1 \sim t_2$ 时间内，由于调幅波的包络下降，电容 C 上的电荷不能很快地随调幅波包络变化，而输入信号电压 V_i 又低于电容电压 V_C，二极管处于截止状态，

输出电压不受输入信号电压控制，而取决于 RC 的放电。当输入信号电压的振幅重新超过输出电压时，二极管才导通。为了避免惯性失真，理论分析证明，$R_d \cdot C$ 的大小应满足

$$R_d \cdot C < \frac{\sqrt{1 - Ma^2}}{m_a \Omega_{max}} \qquad (4-5-3)$$

式中，m_a 是调制系数，Ω_{max} 是检波信号的最高调制角频率。

负峰切割失真是由于检波器的直流负载电阻 R_L 与交流（音频）负载电阻相差太大而引起的失真。

检波器通过耦合电容 C_C 与低频放大器或其他电路连接。如图 4-5-8 所示。图中 C_C 是耦合电容，容量较大，R_{i2} 是下一级电路的输入电阻（一般为 1 kΩ 左右）。检波器的直流负载电阻为 R（或 R_L），由于 C_C 的容量较大，对低频可视为短路。

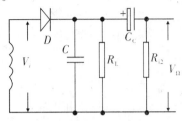

图 4-5-8　接有交流负载的检波器

因此，检波器的交流负载电阻 R_Ω 等于 R 与 R_{i2} 的并联值，即

$$R_\Omega = \frac{R \cdot R_{i2}}{R + R_{i2}} < R \qquad (4-5-4)$$

显然，交、直流电阻的不同，有可能产生失真。这种失真通常使检波器输出低频电压的负峰被切割，称为负峰切割失真或底部切割失真，如图 4-5-9 所示。

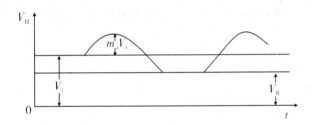

图 4-5-9　检波器负峰切割失真

为了避免这种失真，经理论分析，R 和 R_Ω 应满足下列条件：

$$m_{a\,max} \leqslant \frac{R_\Omega}{R} \qquad (4-5-5)$$

3. 实验电路

实验电路原理图如图 4-5-10 所示。

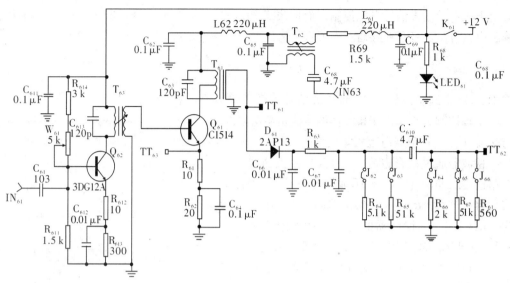

图 4－5－10　集电极调幅与检波电路

图 4－5－10 中，Q_{62} 为驱动管，Q_{61} 为调幅晶体管。晶体管 Q_{62} 工作于甲类状态，Q_{61} 工作于丙类状态，被调信号由高频信号源从 IN_{61} 输入，C_{613} 与 T_{63} 及 C_{63} 与 T_{61} 的初级调谐在输入信号，此处调谐在 10.7 MHz。调制信号从 IN_{63} 处输入，D_{61} 为检波管，R_{63}、R_{64}、R_{65} 为检波器的直流负载，C_{66}、R_{63}、C_{67} 组成 π 型低通滤波器，C_{610} 为耦合电容，R_{67}、R_{66}、R_{610} 为下级输入电阻。

四、实验内容

1. 集电极调幅工作状态的调整

按下电源开关 K_{61}，用频率特性测试仪测试电路。调节 T_{63}、T_{61} 的磁芯分别使 C_{63} 与 T_{61} 及 C_{613} 与 T_{63} 初级线圈的调谐回路谐振在 10.7 MHz 处（如果没有频率特性测试仪，这一步略过）。

2. 从 IN61 处输入 10.7 MHz 的载波信号，大小为 $V_{p-p} = 250$ mV（信号由高频信号源提供），用示波器观察 TT_{61} 处输出波形，调节 T_{63}、T_{61} 的电感线圈磁芯，使 TT_{61} 处输出信号最大且不失真

3. 测试动态调制特性

用示波器观察 Q_{61} 发射极输出电流波形（测试点为 TT_{63}），改变从 IN_{61} 处输入信号的大小（即调高频信号源 $WF1$，信号幅度从小到大），直到观察到电流波形顶点有下凹现象，这时 Q_{61} 工作在过压状态。保持输入信号不变，从 IN_{63} 处输入 1 kHz 的调制信号（调制信号由低频信号源提供1kHz 正弦波），调制信号的幅度由 0 V 开始增加（信号最大时为 $V_{p-p} = 7$ V）。用示波器观察 TT_{61} 调幅信号波形，如图 4－5－11 所示。改变调制信号 V_{Ω} 的大小，计算不同 V_{Ω} 时的调幅系数 m_a，填入表 4－5－1 中。

表 4 – 5 – 1　调制信号与调幅系数的关系

V_Ω（V）	0.5	1	2	3	4	5	6	7
m_a								

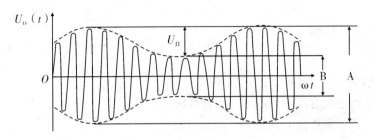

图 4 – 5 – 11　调幅系数波形测量

$$m_a = \frac{A-B}{A+B} \times 100\% \qquad\qquad (4-5-6)$$

4. 观察检波器的输出波形

分别连接短接片 J_{62}、J_{63}、J_{64}、J_{65}，用示波器观察检波器 TT_{62} 输出波形。

（1）观察检波器不失真波形（参考连接为 J_{62}、J_{65}，可以作相应的变动）。

（2）观察检波器输出波形与调幅系数 m_a 的关系。

（3）当检波器输出波形不失真时，改变直流负载 R，观察"对角线切割失真"现象，若失真不明显，增加调制信号（参考短接片连接为 J_{63}、J_{65}，可作相应的变动）。

（4）在检波器输出不失真的基础上，连接下一级输入电阻，观察"负峰切割失真"现象（参考短接片连接为 J_{62}、J_{64}，可相应地变动）。

五、预习要求

（1）预习振幅调制、解调（检波）的工作原理。

（2）怎样防止检波的两种失真？

六、实验报告与思考题

（1）整理并记录实验测试数据。

（2）画出不失真的调幅波波形。

（3）画出当选择参数不同时，检波器的各种输出波形。

（4）集电极调幅晶体管为什么工作在丙类状态？振幅调制电路有哪几种？实验选择的是哪种调幅电路？

实验4.6 变容二极管调频电路

一、实验目的

（1）掌握变容二极管调频的工作原理。
（2）学会测量变容二极管的 $C_j \sim V$ 特性曲线。
（3）学会测量调频信号的频偏及调制灵敏度。

二、实验仪器与材料

实验箱及实验箱配置的低频信号源，双踪示波器（MOS－620/640 型），频率计，交流毫伏表，数字万用表，频谱仪（选项），常用工具。

三、实验原理

1. 变容二极管调频原理

调频就是把要传送的信息（语言、音乐）作为调制信号去控制载波（高频振荡）的瞬时频率，使其按调制信息的规律变化。

设调制信号为：$v_\Omega(t) = V_\Omega \cos\Omega t$，载波振荡电压为：$a(t) = A_o \cos\omega_o t$

根据定义，调频时载波的瞬时频率 $\omega(t)$ 随 $v_\Omega(t)$ 成线性变化，即

$$\omega(t) = \omega_o + K_f V_\Omega \cos\Omega t = \omega_o + \Delta\omega\cos\Omega t \qquad (4-6-1)$$

调频波的数字表达式为：

$$a_f(t) = A_o \cos\left(\omega_o t + \frac{K_f V_\Omega}{\Omega}\sin\Omega t\right)$$

或 $$a_f(t) = A_o \cos(\omega_o t + m_f \sin\Omega t) \qquad (4-6-2)$$

式中，$\Delta\omega = K_f V_\Omega$ 为调频波瞬时频率的最大偏移，简称频偏。它与调制信号的振幅成正比。比例常数 K_f 称为调制灵敏度，为单位调制电压所产生的频偏。$m_f = K_f V_\Omega / \Omega = \Delta\omega / \Omega = \Delta f / F$ 称为调频指数，是调频瞬时相位的最大偏移。它的大小反映了调制深度。由式（4-6-2）可知，调频波是一等幅的稀密波，用示波器可观察其波形。

如何产生调频信号呢？最简便、最常用的方法是利用变容二极管的特性直接产生调频波，电路原理如图 4-6-1 所示。

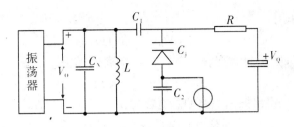

图 4 - 6 - 1　变容二极管调频原理电路

变容二极管 C_j 通过耦合电容 C_1 并接在 LC_N 回路的两端，形成振荡回路总电容的一部分。因而，振荡回路的总电容 C 为：

$$C = C_N + C_j \qquad (4 - 6 - 3)$$

振荡频率为：

$$f = \frac{1}{2\pi \sqrt{LC}} = \frac{1}{2\pi \sqrt{L(C_N + C_j)}} \qquad (4 - 6 - 4)$$

变容二极管两端的反向偏压为：

$$V_R = V_Q（直流反偏）+ v_\Omega（调制电压）+ v_o（高频振荡，可忽略）$$

变容二极管利用 PN 结的结电容，在反向偏置电压作用下呈现一定的结电容（势垒电容），结电容能灵敏地随着反偏电压在一定范围内变化。其关系曲线称 $C_{jx} \sim V_R$ 曲线，如图 4 - 6 - 2 所示。图中（a）是变容管结电容随反向电压变化的曲线，图中（b）为调制信号，图中（c）为变容管结电容随着 V_R 变化的曲线。

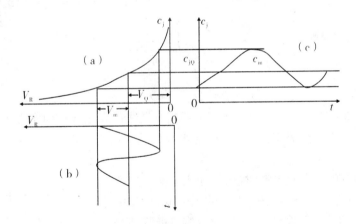

图 4 - 6 - 2　调制信号控制变容二极管结电容波形

在图 4 - 6 - 2 中，未加调制电压时，直流反偏 V_Q 所对应的结电容为 C_{jQ}。当反偏增加时，C_j 减小；反偏减小时，C_j 增大，其变化具有一定的非线性。当调制电压较小时，近似认为工作在 $C_{jx} \sim V_R$ 曲线中的线性段 C_j 随调制电压线性变化。当调制电压较大时，曲线的非线性不可忽略，它将给调频带来非线性失真。

在图 4 - 6 - 2 中，设调制电压很小并工作在 $C_{jx} \sim V_R$ 曲线的线性段（暂不考虑高频电压对变容二极管作用)。

设

$$V_R = V_Q + V_Q \cos \Omega t \qquad (4-6-5)$$

由图 $4-6-2$ (c) 可见，变容二极管的电容随 V_R 变化。

即

$$C_j = C_{jQ} - C_m \cos \Omega t \qquad (4-6-6)$$

由式 $(4-6-3)$ 得出振荡回路的总电容为：

$$C' = C_N + C_j = C_N + C_{jQ} - C_m \cos \Omega t$$

振荡回路总电容的变化量为：

$$\Delta C = C' - (C_N + C_{jQ}) = \Delta C_j = -C_m \cos \Omega t \qquad (4-6-7)$$

由式 $(4-6-7)$ 可见，它随着调制信号的变化规律而变化，C_m 是变容二极管结电容变化的最大幅值。当回路电容有微量变化 ΔC 时，振荡频率也会产生 Δf 的变化，它们之间的关系为：

$$\frac{\Delta f}{f_0} \approx \frac{1}{2} \cdot \frac{\Delta C}{C} \qquad (4-6-8)$$

式中，f_0 是未调制时的载波频率，C_0 是调制信号为零时的回路总电容。显然：

$$C_0 = C_N + C_{jQ}$$

由 $(4-6-4)$ 式计算出 f_0（调频中又称为中心频率）为：

$$f_0 = \frac{1}{2\pi \sqrt{L (C_N + C_{jQ})}}$$

将 $(4-6-7)$ 式代入 $(4-6-8)$ 式，得：

$$\Delta f (t) = \frac{1}{2} (f_0/C_0) C_m \cos \Omega t = \Delta f \cos \Omega t \qquad (4-6-9)$$

频偏

$$\Delta f = \frac{1}{2} (f_0/C_0) C_m \qquad (4-6-10)$$

振荡频率

$$f (t) = f_0 + \Delta f (t) = f_0 + f \cos \Omega t \qquad (4-6-11)$$

由式 $(4-6-11)$ 可见，振荡频率随调制电压线性变化，从而实现了调频。其频偏 Δf 与回路的中心频率 f_0 成正比，与结电容变化的最大值 C_m 成正比，与回路的总电容 C_0 成反比。

为了减小高频电压对变容二极管的作用，减小中心频率的漂移。通常，将图 $4-6-1$ 中的耦合电容 C_1 的容量选得较小（与 C_j 同数量级）。这时变容二极管部分接入振荡回路，即振荡回路的等效电路，如图 $4-6-3$ 所示。经理论分析，证明这时回路的总电容为：

$$C_0' = C_N + C_1 \cdot C_j/ (C_1 + C_j) \qquad (4-6-12)$$

回路总电容的变化量为：

$$\Delta C' \approx P^2 \Delta C_j \qquad (4-6-13)$$

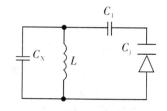

图 $4-6-3$ C_j 部分接入回路

频偏

$$\Delta f' \approx P^2 \cdot \frac{1}{2}\,(f_0/C_0) \quad C_m = P^2 \Delta f \qquad (4-6-14)$$

式中，$P = C_1 / (C_1 + C_{jQ})$ 称为接入系数。

关于直流反偏工作点电压的选取，由变容二极管的 $C_{jx} \sim V_R$ 曲线决定。从曲线可知，对不同的 V_R 值，其曲线的斜率（跨导）$S_C = \Delta C_j / \Delta V$ 各不相同。V_R 较小时，S_C 较大，产生的频偏也大，但非线性失真严重，同时调制电压不宜过大。反之，V_R 较大时，S_C 较小，达不到所需频偏的要求。所以，一般 V_Q 选在 $C_{jx} \sim V_R$ 曲线线性较好，且 S_C 较大区段的中间位置。参看手册上的反偏数值，例

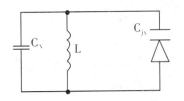

图 4-6-4　测量 $C_j \sim V_R$ 曲线电路图

如：$2CC1C$，$V_Q = 4$ V。实验测量变容二极管的 $C_{jx} \sim V_R$ 曲线，自己选定 V_Q 值，测量频偏 Δf 的大小。

2. 变容二极管 $C_{jx} \sim V_R$ 曲线的测量

将图 4-6-1 中的振荡回路重画于图 4-6-4，C_{jx} 代表不同反偏 v_{RX} 时的结电容，对应的振荡频率为 f_X。若去掉变容二极管，回路则由 C_N、L 组成，对应的振荡频率为 f_N，分别为：

$$f_X = \frac{1}{2\pi \sqrt{L\,(C_N + C_{jx})}} \qquad (4-6-15)$$

$$f = \frac{1}{2\pi \sqrt{LC_N}} \qquad (4-6-16)$$

由式（4-6-15）、（4-6-16）可得：

$$C_{jx} = \frac{f_N^2 - f_X^2}{f_X^2} \cdot C_N = \left(\frac{f_N^2}{f_X^2} - 1\right) \cdot C_N \qquad (4-6-17)$$

f_N、f_X 容易测量，如何求 C_N？只要将电容 C_K 并接在回路 LC_N 两端，如图 4-6-4 所示。此时，对应的频率为 f_K 为：

$$f_K = \frac{1}{2\pi \sqrt{L\,(C_N + C_K)}} \qquad (4-6-18)$$

由式（4-6-16）、（4-6-18）可得：

$$C_N = \frac{f_K^2}{f_N^2 - f_K^2} \cdot C_K \qquad (4-6-19)$$

3. 调制灵敏度

单位调制电压所引起的频偏称为调制灵敏度，以 S_f 表示，单位为 kHz（V），即

$$S_f = |\Delta f| / U_{\Omega m} \qquad (4-6-20)$$

式中，$U_{\Omega m}$ 为调制信号的幅度（峰值）。Δf 为变容管的结电容变化 ΔC_j 时引起的频率变化量。

由于变容管部分接入谐振回路，则 ΔC_j 引起回路总电容的变化量 ΔC_Σ 为：

$$\Delta C_\Sigma = p^2 \Delta C_j \qquad (4-6-21)$$

频偏较小时，Δf 与 ΔC_Σ 的关系可采用下面的近似公式，即

$$\frac{\Delta f}{f_0} \approx -\frac{1}{2} \cdot \frac{\Delta C_\Sigma}{C_{Q\Sigma}} \qquad (4-6-22)$$

将式（4-6-22）代入（4-6-20）中得

$$S_f = \frac{f_0}{2C_{Q\Sigma}} \cdot \frac{\Delta C_\Sigma}{U_{\Omega m}} \qquad (4-6-23)$$

式中，ΔC_Σ 为变容二极管结电容的变化引起回路总电容的变化量，$C_{Q\Sigma}$ 为静态时谐振回路的总电容，即

$$C_{Q\Sigma} = C_1 + \frac{C_C C_Q}{C_C + C_Q} \qquad (4-6-24)$$

调制灵敏度 S_f 可以由变容二极管 $C_{jx} \sim V_R$ 特性曲线上处的斜率 K_C 及式（4-6-23）计算，S_f 越大，调制信号的控制作用越强，产生的频偏越大。

4. 二极管变容调频实验电路（图4-6-5）

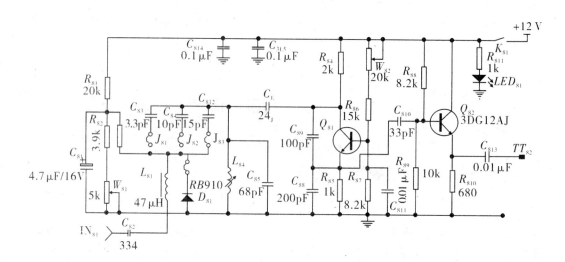

图4-6-5　二极管变容调频实验电路

直流电源 +12 V，振荡器 Q_{81} 使用 3DG12C，变容管使用 Bb910，Q_{82} 为隔离缓冲级。主要技术指标：主振频率 $f_0 = 10.7$ MHz，最大频偏 $\Delta f_m = \pm 20$ kHz。

实验由 R_{81}、R_{82}、W_{81}、R_{83} 组成变容二极管的直流偏置电路。C_{83}、C_{84}、C_{812} 组成变容二极管的不同接入系数。IN_{81} 为调制信号输入端，由 L_{84}、C_{88}、C_{87}、C_{89}、C_{85} 和振荡管组成 LC 调制电路。

四、实验内容

1. LC 调频电路实验

（1）连接短接片 J_{82} 组成 LC 调频电路。

（2）接通电源，调节 W_{81}，在变容二极管 D_{81} 负端用万用表测试电压，使变容二极管的反向偏压为 2.5 V。

（3）用示波器和频率计观察 TT_{82} 的振荡波形，调节 L_{84}，使振荡频率为 10.7 MHz。

（4）从 IN_{81} 处输入 1 kHz 的正弦信号作为调制信号（信号由低频信号源提供。信号由零慢慢增大，示波器观察 TT_{82} 处的振荡波形变化，如果有频谱仪则可以用频谱仪观察调制频偏），此时能观测到一条正弦带。如果用方波调制，则在示波器上可看到两条正弦波，这两条正弦波之间的相差随调制信号大小而变化。

（5）分别用短接片接 J_{81}、J_{83} 重做实验 4。

（6）（选做）测绘变容二极管的 $C_{jx} \sim V_{RX}$ 曲线（参看图 4-6-4）。

断开短接片 J_{81}、J_{83}，连接短接片 J_{82}。断开 IN_{81} 的输入信号，电路为 LC 自由振荡状态。

① 断开变容二极管 C_j，用频率计在 TT_{82} 处测量频率 f_N。

② 断开 C_j，接上已知 C_K，在 TT_{82} 处测量频率 f_K，由式（4-6-19）计算出 C_N 值，填入表 4-6-1 中。

表 4-6-1　测量 f_N、f_K 对应 C_K、C_N 值

f_N		C_K	
f_K		C_N	

③ 断开 C_K，接上变容二极管，调节 W_{81}，测量不同反偏 V_R 值时，对应的频率 f_X 值，代入式（4-6-17）计算 C_{jx} 值，将结果填入表 4-6-2 中。

表 4-6-2　测量不同反偏 V_R 对应的 f_X 值

V_R（V）	-1.7	-2.0	-2.2	-2.5	-2.8	-3.0	-3.3	-3.5	-3.8	-4.0	⋯
f_X（MHz）											
C_{jx}（PF）											

④ 作 $C_{jx} \sim v_{RX}$ 曲线。

⑤ 作 $f_X \sim V_{RX}$ 曲线。

（7）用频谱仪观察调频信号，记下不同的调制信号 V_Ω 对应的不同的 Δf，计算调制灵敏度 $K_f' = \dfrac{\Delta f'}{V_\Omega}$ 的值（如果没有频谱仪则此项不作要求）。

（8）观察频偏与接入系数的关系。

在直流偏值电压、输入调制信号相同的情况下，分别连接短接片 J_{81}、J_{83}，测试所得的频偏，计算 $K_f' = \dfrac{\Delta f'}{V_\Omega}$。验证 $\triangle f' = P^2 \Delta f$（$\Delta f$ 为（7）中测量的值）。

接入系数为 $P = \dfrac{C_{85}}{C_{85} + C_{jQ}}$。

（9）观察频偏与直流反偏电压的关系。

（10）观察频偏与调制信号频率的关系。

五、预习要求

（1）熟悉实验频率调制采用变容二极管调频的原理。

（2）复习变容二极管 $C_{jx} \sim V_R$ 曲线的测量。

六、实验报告与思考题

（1）整理 LC 调频所测的数据，绘出所观察到的波形，并进行分析。

（2）绘出 $C_{jx} \sim V_R$ 曲线和 LC 调频电路的 $f_X \sim V_R$ 曲线（不同反偏 V_R 值时，对应的频率 f_X）。

（3）从 $f_X \sim V_R$ 曲线上，求出 V_Ω 对应的 $K_f = \Delta f / \Delta V$ 值，与直接测量值进行比较分析。

实验 4.7 模拟乘法器应用

一、实验目的

（1）熟悉模拟乘法器（MC1496）的工作原理，掌握特性参数的测量方法。

（2）掌握利用乘法器应用于混频、平衡调幅、同步检波、鉴频等几种频率变换电路的原理及方法。

二、实验仪器及材料

实验箱及实验箱配置的低频信号源、高频信号源，双踪示波器（MOS‑620/640型），交流毫伏表，数字万用表，频率特性扫频仪（选项），常用工具。

三、实验原理

1. 集成模拟乘法器的内部结构

集成模拟乘法器是完成两个模拟量（电压或电流）相乘的电子器件。在高频电子线路中，振幅调制、同步检波、混频、倍频、鉴频、鉴相等调制与解调的过程均可视为两个信号相乘或包含相乘的过程。采用集成模拟乘法器实现上述功能比采用分离器件如二极管和三极管要简单，且性能优越。广泛应用于无线通信、广播电视等方面。集成模拟乘法器的常见产品型号有 BG314、F1595、F1596、MC1495、MC1496、LM1595、LM1596等。实验采用集成模拟乘法器 MC1496。

MC1496 的内部结构如图 4‑7‑1 所示。

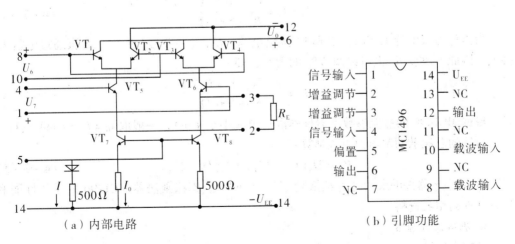

图 4‑7‑1 MC1496 的内部电路及引脚图

MC1496 是双平衡四象限模拟乘法器。内部电路图和引脚分布如图 4 - 7 - 1（a）、（b）所示。图 4 - 7 - 1（a）中，VT_1、VT_2 与 VT_3、VT_4 组成双差分放大器，VT_5、VT_6 组成的单差分放大器用以激励 $VT_1 \sim VT_4$。VT_7、VT_8 及其偏置电路组成差分放大器 VT_5、VT_6 的恒流源。引脚 8 与 10 接输入电压 U_x，1 与 4 接另一输入电压 U_y，输出电压 U_0 从引脚 6 与 12 输出。引脚 2 与 3 外接电阻 R_E，对差分放大器 VT_5、VT_6 产生串联电流负反馈，以扩展输入电压 U_y 的线性动态范围。引脚 14 为负电源端（双电源供电时）或接地端（单电源供电时），引脚 5 外接电阻 R_5。用来调节偏置电流 I_S 及镜像电流 I_0 的值。

2. 静态工作点设置

MC1496 可以采用单电源供电，也可以采用双电源供电。器件的静态工作点由外接元件确定。

（1）静态偏置电压的确定。

静态偏置电压的设置应保证各个晶体管工作在放大状态，即晶体管的集—基极间的电压应大于或等于 2 V，小于或等于最大允许工作电压。根据 MC1496 的特性参数，对于图 4 - 7 - 1 所示的内部电路，应用时静态偏置电压（输入电压为 0 时）应满足下列关系：

$$U_8 = U_{10}，\quad U_1 = U_4，\quad U_6 = U_{12} \tag{4 - 7 - 1}$$

$$\left.\begin{array}{l} 15\ \mathrm{V} > (U_6,\ U_{12}) - (U_8,\ U_{10}) \geqslant 2\ \mathrm{V} \\ 15\ \mathrm{V} > (U_8,\ U_{10}) - (U_1,\ U_4) \geqslant 2.7\ \mathrm{V} \\ 15\ \mathrm{V} > (U_1,\ U_4) - U_5 \geqslant 2.7\ \mathrm{V} \end{array}\right\} \tag{4 - 7 - 2}$$

（2）静态偏置电压的确定。

一般情况下，晶体管的基极电流很小，对于图 4 - 7 - 1（a），三对差分放大器的基极电流 I_8、I_{10}、I_1 和 I_4 可以忽略不记。因此，器件的静态偏置电流由恒流源 I_0 的值确定。当器件为单电源工作时，引脚 14 接地，5 脚通过一电阻 R_5 接正电源（$+U_{CC}$ 的典型值为 $+12$ V），由于 I_0 是 I_5 的镜像电流，所以改变电阻 R_5 可以调节 I_0 的大小，即

$$I_0 \approx I_5 = \frac{V_{CC} - 0.7\ \mathrm{V}}{R_5 + 500\ \Omega} \tag{4 - 7 - 3}$$

当器件为双电源工作时，引脚 14 接负电源 $-U_{EE}$（一般接 -8 V），5 脚通过电阻 R_5 接地。因此，改变 R_5 也可以调节 I_0 的大小，即

$$I_0 \approx I_5 = \frac{|-V_{EE}| - 0.7\ \mathrm{V}}{R_5 + 500\ \Omega} \tag{4 - 7 - 4}$$

根据 MC1496 的性能参数，器件的静态电流小于 4 mA，一般取 $I_0 = I_5 = 1$ mA 左右。器件的总耗散功率可由下式估算：

$$P_D = 2I_5 (U_6 - U_{14}) + I_5 (U_5 - U_{14}) \tag{4 - 7 - 5}$$

P_D 应小于器件的最大允许耗散功率（33 mW）。模拟乘法器 MC1496 的主要性能和参数可查阅相关资料。

3. 基本工作原理

设输入信号 $U_x = U_{xm} \cos \omega_x t$，$U_y = U_{ym} \cos \omega_y t$，则 MC1496 乘法器的输出 U_0 与反馈电

阻 R_E 及输入信号 U_x、U_y 的幅值有关。

（1）不接负反馈电阻（脚 2 和 3 短接）。

① U_x 和 U_y 皆为小信号时，由于三对差分放大器（VT_1，VT_2，VT_3，VT_4 及 VT_5，VT_6）均工作在线性放大状态，故输出电压 U_0 近似为：

$$U_o \approx \frac{I_o R_L}{2U_T^2} U_x U_y = K_o U_x U_y$$

$$= \frac{1}{2} K_o U_{xm} U_{ym} \left[cos\ (\omega_x + \omega_y)\ t + cos\ (\omega_x - \omega_y)\ t \right]$$

$$(4-7-6)$$

式中，K_o 为乘法器的乘积系数，与器件外接元件参数有关，即

$$K_o = \frac{I_0 R_L}{2U_T^2} \qquad (4-7-7)$$

式中，U_T 为温度的电压当量，当 $T = 300$ K 时，$U_T = \frac{KT}{q} = 26$ mV。R_L 为输出负载电阻。

式（4-7-6）表明，输入均为小信号时，MC1496 可近似为一理想乘法器。输出信号 U_0 中只包含两个输入信号的和频与差频分量。

② U_y 为小信号，U_x 为大信号（大于 100 mV）时，由于双差分放大器（VT_1、VT_2 和 VT_3、VT_4）处于开关工作状态，其电流波形将是对称的方波，乘法器的输出电压 U_o 可近似表示为

$$U_o \approx K_0 U_x U_y$$

$$= K_0 U_{gm} \sum_{n=1}^{\infty} A_n \left[\cos(\omega_x + \omega_y)t + \cos(\omega_x - \omega_y)t \right]\ (n\ 为奇数)$$

$$(4-7-8)$$

输出信号 U_0 包含 $\omega_x \pm \omega_y$，$3\omega_x \pm \omega_y$，$5\omega_x \omega_y$，…，$(2n-1)\ \omega_x \pm \omega_y$ 等频率分量。

（2）接入负反馈电阻。

由于 R_E 的接入，扩展了 U_y 的线性动态范围，所以器件的工作状态主要由 U_x 决定，分析表明：

① 当 U_x 为小信号时（<26 mV），输出电压 U_o 可表示为：

$$U_o \approx \frac{R_L}{R_E U_T} U_x U_y$$

$$= \frac{1}{2} K_E U_{xm} U_{ym} \left[cos\ (\omega_x + \omega_y)\ t + cos\ (\omega_x - \omega_y)\ t \right] \qquad (4-7-9)$$

式中，

$$K_E = \frac{R_L}{R_E U_T} \qquad (4-7-10)$$

式（4-7-9）表明，接入负反馈电阻 R_E 后，U_x 为小信号时，MC1496 近似为一理想的乘法器，输出信号 U_o 中只包含两个输入信号的和频与差频。

② 当 U_x 为大信号（>100 mV）时，输出电压 U_o 可近似表示为：

$$U_o \approx \frac{2R_L}{R_E} U_y \qquad (4-7-11)$$

式（4－7－11）表明，U_x 为大信号时，输出电压 U_o 与输入信号 U_x 无关。

4. 集成模拟乘法器的应用举例

（1）振幅调制。

振幅调制是使载波信号的峰值正比于调制信号的瞬时值的变换过程。通常载波信号为高频信号，调制信号为低频信号。

设载波信号的表达式为 $U_c(t) = U_{cm}\cos\omega_c t$，调制信号的表达式为：$U_\Omega(t) = U_{u\Omega m}\cos\Omega t$，则调幅信号的表达式为

$$U_o(t) = U_{cm}(1 + m\cos\Omega t)\cos\omega_c t$$

$$= U_{cm}\cos\omega_c t + \frac{1}{2}m\,U_{cm}\cos(\omega_c+\Omega)t + \frac{1}{2}m\,U_{cm}\cos(\omega_c-\Omega)t \quad (4-7-12)$$

式中，m 为调幅系数，$m = U_{\Omega m}/U_{cm}$；$U_{cm}\cos\omega_c t$ 为载波信号；$\frac{1}{2}mU_{cm}\cos(\omega_c+\Omega)t$ 为上边带信号；$\frac{1}{2}mU_{cm}\cos(\omega_c-\Omega)t$ 为下边带信号。

它们的波形及频谱如图 4－7－2 所示。

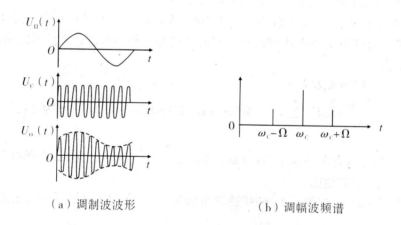

（a）调制波波形   （b）调幅波频谱

图 4 － 7 － 2   振幅调制与频谱图

由图 4－7－2 可见，调幅波中载波分量占有很大比重。因此，信息传输效率较低，这种调制称为有载波调制。为提高信息传输效率，广泛采用抑制载波的双边带或单边带振幅调制。双边带调幅波的表达式为：

$$U_o(t) = \frac{1}{2}mU_{cm}\left[\cos(\omega_c+\Omega)t + \cos(\omega_c-\Omega)t\right]$$

$$= mU_{cm}\cos\omega_c t\cos\Omega t \quad\quad\quad (4-7-13)$$

单边带调幅波的表达式为：

$$U_o(t) = \frac{1}{2}mU_{cm}\cos(\omega_c+\Omega)t \text{ 或 } U_o(t) = \frac{1}{2}mU_{cm}\cos(\omega_c-\Omega)t \quad (4-7-14)$$

MC1496 构成的振幅调制器电路，如图 4－7－3 所示：

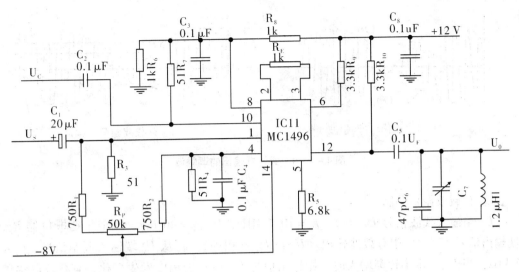

图 4 - 7 - 3 模拟乘法器 MC1496 构成的调幅电路

载波信号 U_C 经过高频耦合电容 C_2 从 U_x 端输入，C_3 为高频旁路电容，使 8 脚接地。调制信号 U_Ω 经低频耦合电容 C_1 从 U_y 端输入，C_4 为低频旁路电容，使 4 脚接地。调幅信号 U_0 从 ⑫ 脚单端输出。器件采用双电源供电方式，所以 5 脚的偏置电阻 R_5 接地，由式（4 - 7 - 4）可计算器件的静态偏置电流 I_5 或 I_0，即

$$I_5 = I_0 = \frac{|-U_{EE}| - 0.7 \text{ V}}{R_5 + 500 \ \Omega} = 1 \text{ mA}$$

脚 2 与 3 间接入负反馈电阻 R_E，以扩展调制信号的 U_Ω 的线性动态范围，R_E 增大，线性范围增大，但乘法器的增益随之减少。

电阻 R_6、R_7、R_8 及 R_L 为器件提供静态偏置电压，保证器件内部的各个晶体管工作在放大状态，所以阻值的选取应满足式（4 - 7 - 1）、（4 - 7 - 2）的要求。对于图 4 - 7 - 3 所示电路参数，测量器件的静态（$U_C = 0$，$U_\Omega = 0$）偏置电压为：

U_8	U_{10}	U_1	U_4	U_6	U_{12}	U_2	U_3	U_5
6 V	6 V	0 V	0 V	8.6 V	8.6 V	-0.7 V	-0.7 V	-6.8 V

R_1、R_2 与电位器 R_P 组成平衡调节电路，改变 R_P 可以使乘法器实现抑制载波的振幅调制或有载波的振幅调制，操作过程如下：

① 抑制载波振幅调制。

U_x 端输入载波信号 U_C (t)，其频率 $f_C = 10.7$ MHz，峰 - 峰值 $U_{CP-P} = 40$ mV。U_y 端输入调制信号 U_Ω (t)，其频率 $f_\Omega = 1$ kHz，先使峰 - 峰值 $U_{\Omega P-P} = 0$，调节 R_P，使输出 $U_0 = 0$（此时 $U_4 = U_1$），在逐渐增加 $U_{\Omega P-P}$，则输出信号 U_0 (t) 的幅度逐渐增大，如图 4 - 7 - 4（a）所示为抑制载波的调幅信号。由于器件内部参数不可能完全对称，致使输出出现漏信号。乘法器芯片管脚 1 和 4 分别接电阻 R_3 和 R_4 可以较好地抑制载波漏信号和改善温度性能。

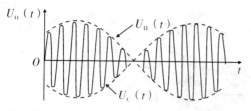

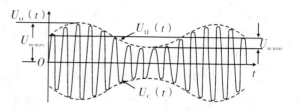

（a）抑制载波调幅波　　　　　　　　　（b）有载波调节器幅波

图 4 - 7 - 4　乘法器输出的调幅波

② 有载波振幅调制。

U_x 端输入载波信号 U_C（t），$f_C = 10.7$ MHz，$U_{CP-P} = 40$ mV，调节平衡电位器 R_P，使输出信号 U_o（t）中有载波输出（U_1 与 U_4 不相等）。再从 U_y 端输入调制信号，$f_\Omega = 1$ kHz，当 U_{CP-P} 由零逐渐增大时，则输出信号 U_o（t）的幅度发生变化，有载波调幅信号的波形如图 4 - 7 - 4（b）所示，调幅系数 m 为：

$$m = \frac{U_{m\,max} - U_{m\,min}}{U_{m\,max} + U_{m\,min}} \times 100\% \qquad (4 - 7 - 15)$$

式中，$U_{m\,max}$ 为调幅波幅度的最大值，$U_{m\,min}$ 为调幅波幅度的最小值。

（2）同步检波。

振幅调制信号的解调过程称为检波。常用检波方法有包络检波和同步检波两种。由于有载波振幅调制信号的包络直接反映了调制信号的变化规律，因此可以用二极管包络检波的方法进行解调。而抑制载波的双边带或单边带振幅调制信号的包络不能直接反映调制信号的变化规律，所以无法用包络检波进行解调，必须采用同步检波方法。

同步检波又分为叠加型同步检波和乘积型同步检波。利用模拟乘法器的相乘原理，可方便实现同步检波，其工作原理是：在乘法器的一个输入端输入振幅调制信号，如抑制载波的双边带信号 U_s（t）$= U_{sm}\cos\omega_c t\cos\Omega t$，另一输入端输入同步信号（即载波信号）$U_c$（$t$）$= U_{cm}\cos\omega_c t$，经乘法器相乘，由式（4 - 7 - 9）可得输出信号 U_o（t）为：

$$U_o（t）= K_E u_s（t）U_c（t）$$
$$= \frac{1}{2}K_E u_{sm}u_{cm}\cos\Omega t + \frac{1}{4}K_E u_{sm}\cos（2\omega_c + \Omega）t + \frac{1}{4}K_E u_{sm}u_{cm}\cos（2\omega_c - \Omega）t$$

$$（条件：U_x = U_c < 26 \text{ mV}，U_y = U_s \text{ 为大信号}） \qquad (4 - 7 - 16)$$

式中，第一项是所需要的低频调制信号分量，后两项为高频分量，可用低通滤波器滤掉，从而实现双边带信号的解调。

若输入信号 U_s（t）为单边带振幅调制信号，即 U_s（t）$= 1/2\, U_{sm}\cos（\omega_c + \Omega）t$，则乘法器的输出 U_o（t）为：

$$U_o（t）= \frac{1}{2}K_E U_{sm}U_{cm}\cos（\omega_c + \Omega）t\cos\omega_c t$$
$$= \frac{1}{4}K_E U_{sm}\cos\Omega t + \frac{1}{4}K_E U_{sm}U_{cm}\cos（2\omega_c + \Omega）t \qquad (4 - 7 - 17)$$

式中，第一项是所需要的低频调制信号分量，第二项为高频分量，也可以被低通滤波器滤掉。

如果输入信号 $U_s(t)$ 为有载波振幅调制信号，同步信号为载波信号 $U_c(t)$，利用乘法器的相乘原理，同样也能实现解调。

　　设 $U_s(t) = U_{sm}(1 + m\cos\Omega t)\cos\omega_c t$，$U_c(t) = U_{cm}\cos\omega_c t$，

　　则输出电压 $U_o(t)$ 为

$$U_o(t) = K_E U_s(t) U_c(t)$$

$$= \frac{1}{2}K_E U_{sm} U_{cm} + K_E m U_{cm}\cos\Omega t + \frac{1}{2}K_E U_{sm} U_{cm}\cos 2\omega_c t +$$

$$\frac{1}{4}K_E m U_{sm} U_{cm}\cos(2\omega_c + \Omega)t + \frac{1}{4}K_E m U_{sm} U_{cm}\cos(2\omega_c - \Omega)t$$

　　（条件：$U_x = U_c < 26\ \text{mV}$，$U_y = U_s$ 为大信号）　　　　　　　（4 - 7 - 18）

式中，第一项为直流分量，第二项是所需要的低频调制信号分量，后面三项为高频分量，利用隔直电容及低通滤波器可滤掉直流分量及高频分量，实现有载波振幅调制信号的解调。MC1496 模拟乘法器构成的同步检波解调器电路如图 4 - 7 - 5 所示。其中，U_x 端输入同步信号或载波信号 U_c，U_y 端输入已调波信号 U_s。输出端接有由 R_{11} 与 C_6、C_7 组成的低通滤波器及隔直电容 C_8。所以，该电路对有载波调幅信号及抑制载波的调幅信号均可实现解调。

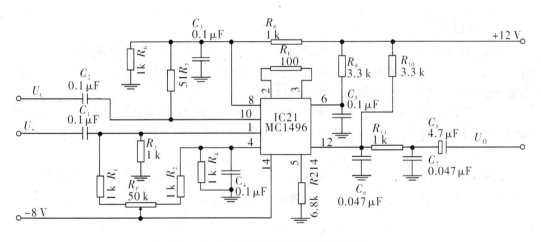

图 4 - 7 - 5　MC1496 构成的同步检波器

　　电路的解调操作过程为：先测量电路的静态工作点，应与图 4 - 7 - 3 所示电路的静态工作点基本相同，再从 U_x 端输入载波信号 U_c，$f_c = 10.7\ \text{MHz}$，$U_{CP-P} = 100\ \text{mV}$。令 $U_y = 0$，调节平衡电位器 R_P，使输出 $U_o = 0$，即为平衡状态。再从 U_y 端输入有载波的调制信号 U_s，其中 $f_c = 10.7\ \text{MHz}$，$f_n = 1\ \text{kHz}$，$U_{sP-P} = 200\ \text{mV}$，调制度 $m = 100\%$，乘法器的输出 $U_o(t)$ 经低通滤波器后的输出，经隔直电容 C_8 后的输出 $U_\Omega(t)$ 的波形分别如图 4 - 7 - 6（a）所示。调节电位器 R_P 可使输出波形 $U_o(t)$ 的幅度增大，波形失真减小。

　　若 U_s 为抑制载波的调制信号，经过 MC1496 同步检波后的输出波形 $U_o(t)$，如图 4 - 7 - 6（b）所示。

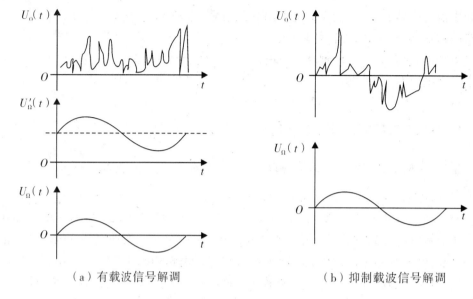

（a）有载波信号解调　　　　　　　　（b）抑制载波信号解调

图4-7-6　解调器输出波形

（3）鉴频。

① 乘积型相位鉴频。

鉴频是调频的逆过程，广泛采用的鉴频电路是相位鉴频器。鉴频原理是：将调频波经过一个线性移相网络变换成调频调相波，再与原调频波一起送加到一个相位检波器进行鉴频。因此，实现鉴频的核心部件是相位检波器。

相位检波又分为叠加型相位检波和乘积型相位检波，利用模拟乘法器的相乘原理可实现乘积型相位检波，基本原理是：在乘法器的一个输入端输入调频波 U_s（t），设其表达式为：

$$U_s（t）= U_{sm}\cos（\omega_c t + m_f \cos\Omega t） \tag{4-7-19}$$

式中，m_f 为调频系数，$m_f = \Delta\omega/\Omega$ 或 $m_f = \Delta f/f$，其中，$\Delta\omega$ 为调制信号的频偏。另一输入端输入经线性移相网络移相后的调频调相波 U_s'（t），设其表达式为：

$$U_s'（t）= U_{sm}'\cos\left\{\omega_c t + m_f \sin\Omega t + \left[\frac{\pi}{2} + \varphi（\omega）\right]\right\}$$

$$= u_{sm}'\sin\left[\omega_c t + m_f \sin\Omega t + \varphi（\omega）\right] \tag{4-7-20}$$

式中，$\varphi（\omega）$ 为移相网络的相频特性。

由式（4-7-9）得，这时乘法器的输出 U_o（t）为：

$$U_0（t）= K_E U_s（t）U_s'（t）= \frac{1}{2}K_E U_{sm} u_{sm}'\sin\left[2（\omega_c t + m_f\sin\Omega t）+ \varphi（\omega）\right] +$$

$$\frac{1}{2}K_E U_{sm} u_{sm}'\varphi（\omega） \tag{4-7-21}$$

式中，第一项为高频分量，可以被低通滤波器滤掉。第二项是所需要的频率分量，只要线性移相网络的相频特性 $\varphi（\omega）$ 在调频波的频率变化范围内是线性的，当 $|\varphi（\omega）|\leqslant 0.4$ rad 时，$\sin\varphi（\omega）\approx\varphi（\omega）$。因此，鉴频器的输出电压 $U_0（t）$ 的变化规律与调频波瞬时频率的变化规律相同，从而实现了相位鉴频。所以，相位鉴频器的线性鉴频范围受到移相网络相频特性的

线性范围的限制。

② 鉴频特性。

相位鉴频器的输出电压 U_0 与调频波瞬时频率 f 的关系称为鉴频特性，特性曲线（或称 S 曲线）如图 4 -7 -7 所示。鉴频器的主要性能指标是鉴频灵敏度 S_d 和线性鉴频范围 $2\Delta f_{max}$。S_d 定义为鉴频器调频波单位频率变化所引起的输出电压的变化量，通常用鉴频特性曲线 U_0—f 在中心频率 f_0 处的斜率来表示，即

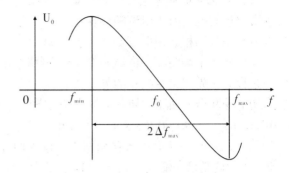

图 4 -7 -7　相位鉴频特性曲线

$$S_d = U_0 / \Delta f$$

$2\Delta f_{max}$ 定义鉴频器不失真解调调频波时所允许的最大频率线性变化范围，$2\Delta f_{max}$ 可在鉴频特性曲线上求出。

③ 乘积型相位鉴频器。

用 MC1496 构成的乘积型相位鉴频器电路如图 4 -7 -8 所示。

图 4 -7 -8 中，C_1 与并联谐振回路 $C_2 L$ 共同组成线性移相网络，将调频波的瞬时频率的变化转变成瞬时相位的变化。该网络的传输函数的相频特性 $\varphi(\omega)$ 的表达式为：

$$\varphi(\omega) = \frac{\pi}{2} - \arctan\left[Q\left(\frac{\omega^2}{\omega_0^2} - 1\right)\right] \qquad (4 - 7 - 22)$$

当 $\dfrac{\Delta\omega}{\beta\omega_0} \ll 1$ 时，式（4 - 7 - 22）近似表示为：

$$\varphi(\Delta\omega) = \frac{\pi}{2} - \arctan\left(Q\frac{2\Delta\omega}{\omega_0}\right)$$

或 $$\varphi(\Delta f) = \frac{\pi}{2} - \arctan\left(Q\frac{2\Delta f}{f_0}\right) \qquad (4 - 7 - 23)$$

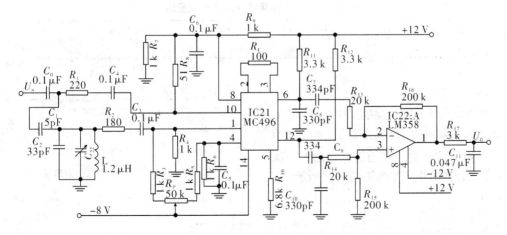

图 4 -7 -8　MC1496 构成的相位鉴频电路

式（4-7-23）中，f_0 为回路的谐振频率与调频波的中心频率相等，Q 为回路品质因数，Δf 为瞬时频率偏移。相移 φ 与频偏 Δf 的特性曲线如图4-7-9所示，在 $f = f_0$，即 $\Delta f = 0$ 的范围内，相位随频偏呈直线变化，来实现线性移相。MC1496的作用是将调频波与调幅调相波相乘（如式4-7-21），输出端接集成运放构成的差分放大器，将双端输出变成单端输出，再经 R_0C_0 滤波网络输出。对于图4-7-8所示的鉴频电路鉴频操作过程为：先测量鉴频器的静态工作点（与图4-7-3电路的静态工作点基本相同），再调谐并联谐振回路，使其谐振（谐振频率 $f_0 = 10.7$ MHz）。然后从 U_x 端输入 $f_c = 10.7$ MHz，$U_{cp-p} = 40$ mV 的载波（不接相移网络，$U_y = 0$），调节平衡电位器 R_P 使载波抑制最佳（$U_o = 0$）。然后接入移相网络，输入调频波 U_S，中心频率 $f_0 = 10.7$ MHz，$U_{cp-p} = 40$ mV，调制信号的频率 $f_\Omega = 1$ kHz，最大频偏 $\Delta f_{max} = 75$ kHz，调节谐振回路 C_2 使输出端获得的低频调制信号 $U_o(t)$ 的波形失真最小，幅度最大。

④ 鉴频特性曲线（S 曲线）的测量方法。

测量鉴频特性曲线的常用方法有逐点描迹法和扫频测量法逐点描迹法的操作过程：用高频信号发生器为信号源，加到鉴频器的输入端 U_S（如图4-7-8所示），调节中心频率 $f_0 = 10.7$ MHz，输出幅度 $U_{cp-p} = 40$ mV。鉴频器的输出端 U_0 接数字万用表（置于"直流电压"挡），测量输出电压 U_o 值（调谐并联谐振回路，使其谐振）。改变高频信号发生器的输出频率（维持幅度不变），记下对应的输出电压 U_o 值，并填入表4-7-1中。最后根据表中测量值描绘 S 曲线。

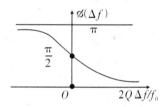

图4-7-9　移相网络的相频待性

扫频测量法的操作是：将扫频仪（如 BT-3 型）的输出信号加到鉴频器的输入端 U_S，扫频仪的检波探头电缆用夹子电缆线接到鉴频器的输出端 U_o，先调节 BT-3 的"频率偏移"、"输出衰减"和"Y 轴增益"等旋钮，使 BT-3 上直接显示出鉴频特性，利用"频标"可绘出 S 曲线。调节谐振回路电容 C_2，平衡电位器 R_P 可改变 S 曲线的斜率和对称性。

表4-7-1　鉴频特性曲线的测量值

f_0（MHz）	9.5	9.7	9.9	…	10.5	10.6	10.7	10.8	10.9	…	11.5
U_0（mV）											

（4）混频。

用模拟乘法器实现混频，在 U_x 端和 U_y 端分别加上两个不同频率的信号，相差为中频。如10.7 MHz 经过带通滤波器取出中频信号，其原理方框图如图4-7-10所示：

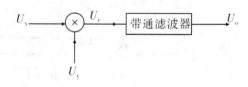

图4-7-10　混频原理方框图

若
$$U_x(t) = U_s\cos\omega_s t$$
$$U_y(t) = U_o\cos\omega_o t$$

则
$$U_c\ (t)\ =KU_sV_o\cos\omega_s\,t\,\cos\omega_ot$$
$$=\frac{1}{2}KU_sU_o\left[\cos\ (\omega_o+\omega_s)\ t\ +\ \cos\ (\omega_o-\omega_s)\ t\right]$$

经带通滤波器后，取差频

$$U_o\ (t)\ =\frac{1}{2}KU_sU_o\cos\ (\omega_o-\omega_s)t\qquad\omega_o-\omega_s\ =\ \omega_i\text{为中频频率。}$$

由 MC1496 模拟乘法器构成的混频器电路如图 4 - 7 - 11 所示：

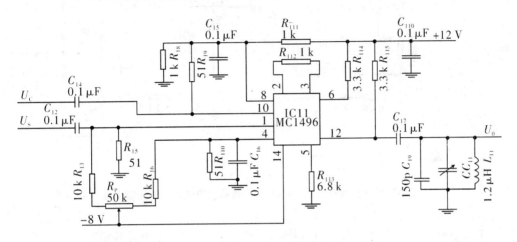

图 4 - 7 - 11　MC1496 构成的混频电路原理图

图 4 - 7 - 11 中 U_x 端输入信号 U_c = 10.7 MHz，U_y 端输入信号 U_s = 10.245 MHz 的信号，输出端接有带通滤波器 LC。

四、实验内容

1. 混频器实验

实验电路如图 4 - 7 - 12 所示。将短接片连接 J_{12}、J_{13}、J_{15}、J_{19}、J_{110}（短接片断开 J_{11}、J_{14}、J_{16}、J_{17}、J_{18}），组成由 MC1496 构成的混频器电路。

（1）接通开关 K_{11}，在不加入输入信号（U_c、U_s =0）的情况下，测试 MC1496 各管脚的静态工作电压，与实验原理中平衡调制基本相同。

（2）输入 U_c 载波信号频率为 10.7 MHz 、U_{p-p} = 300 mV（信号由高频信号源提供），从 IN_{11} 处输入。

U_s = 10.245 MHz，由正弦振荡单元电路产生（参考正弦振荡单元），从 IN_{13} 处输入。用双踪示波器和频率计在 TT_{11} 处观察输出波形，输出信号频率应为 455 kHz。

2. 平衡调幅实验

平衡调幅实验电路如图 4 - 7 - 12 所示。断开短接片 J_{12}、J_{13}、J_{15}、J_{19}、J_{110}，短接片连接 J_{11}、J_{14}、J_{16}、J_{17}、J_{18}，组成由 MC1496 构成的平衡调幅电路。

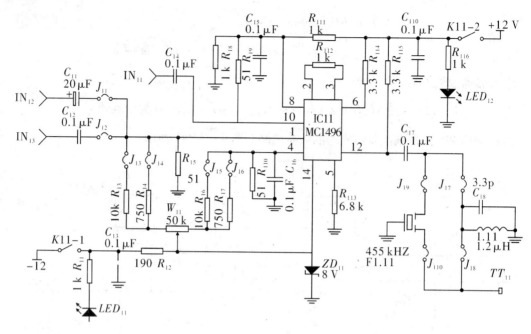

图 4 – 7 – 12　模拟乘法器 MC1496 组成的混频和平衡调幅电路

（1）当 U_c、$U_s = 0$ 时，测试 MC1496 各管脚电压，应与原理部分相符。

（2）产生抑制载波振幅调制。

在 U_x 端（IN_{11} 处）输入 $f_c = 10.7$ MHz 的载波（参考高频信号源使用），$U_{cp-p} = 1.2$ V；在 U_y 端（IN_{12} 处）输入 $f_\Omega = 1$ kHz 信号，使 $U_{\Omega p-p}$ 为零，调节可调电阻 W_{11}（逆时针调节），使在 TT_{11} 处测试的信号 $U_o = 0$（$U_4 = U_1$）。逐渐增大 $U_{\Omega p-p}$（最大峰值为 2 V，太大会失真），直至出现抑制载波的调幅信号出现（用示波器在 TT_{11} 处测试）。

由平衡调幅部分产生的调幅波作为同步检波部分的调幅波输入信号。

（3）有载波振幅调制信号。

在步骤（2）的基础上，调节 W_{11}（顺时针调节），使输出信号中有载波存在，则输出有载波的振幅调制信号。

3. 同步检波实验

参考图 4 – 7 – 13 所示电路，连接 J_{22}、J_{24}、J_{26}，组成由 MC1496 构成同步检波电路。

（1）按下电源开关 K_{21}，接通 + 12 V、– 12 V 电源，在 U_c、U_s 为 0 时，测试 MC1496 各管脚的电压应与调制部分基本相同。

（2）从 IN_{21} 处输入 10.7 MHz 的载波，由高频信号源部分提供（此信号与平衡调制实验中的载波信号为同一信号），使 $U_s = 0$，调节 W_{21} 使其在 TT_{21} 处观察的信号为 0，在 U_y 端输入由平衡调制实验中产生的抑制载波调幅信号，即将 TT_{11} 与 IN_{23} 连接（TT_{11} 输出调幅波）。这时，从 TT_{21} 处用示波器应能观察到 $U_\Omega(t)$ 的波形，调节 W_{21} 可使输出波形幅度增大，波形失真减小。

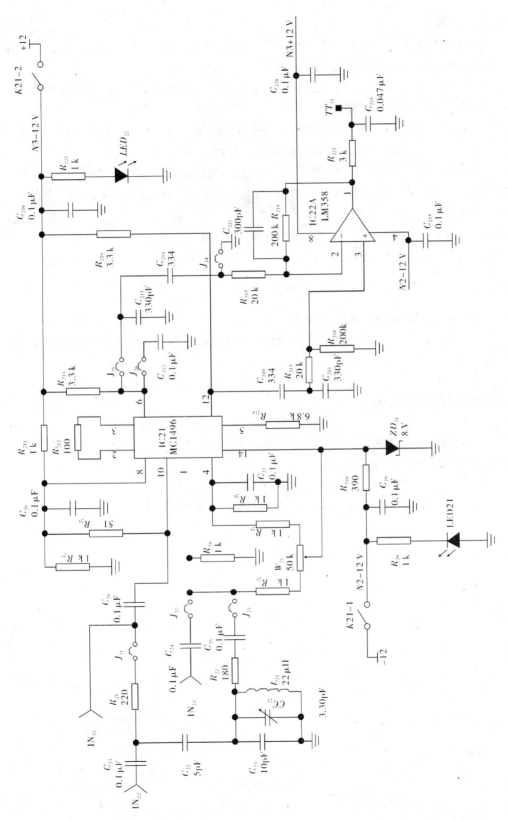

图4-7-13 模拟乘法器MC1496组成的同步检波和鉴频电路

4. 鉴频实验

鉴频实验电路，如图 4 – 7 – 13 所示。断开短接片 J_{22}、J_{24}、J_{26}，连接短接片 J_{21}、J_{23}、J_{25}，组成由 MC1496 构成的鉴频电路。

（1）按下电源开关 K_{21}，接通 + 12 V、– 12 V 电源，使输入信号为 0，测 MC1496 各管脚电压与平衡调制部分基本相同。

（2）（选做）用 BT – 3 频率特性测试仪测试移相网络（C_{22}、C_{23}、CC_{21}、L_{21}），调节 CC_{21} 使由 L_{21}、C_{23}、CC_{21} 组成的并联谐振回路谐振在 10.7 MHz。

（3）从 IN_{22} 处输入已调调频波（调频波信号由高频信号源单元提供）载波 $V_{p-p} = 2$ V，调制信号 $V_{\Omega p-p} = 300$ mV。用示波器观察 TT_{21} 可以看到输出的低频调制信号 $U_{\Omega}(t)$，如果信号失真，调节 CC_{21}。

（4）（选做）用 BT – 3 扫频仪测绘鉴频特性曲线。

五、预习要求

（1）复习模拟乘法器 MC1496 的工作原理。

（2）复习模拟乘法器应用混频、平衡调幅、同步检波及鉴频等几种频率变换电路的原理及方法。

六、实验报告内容和思考题

（1）整理各项实验的数据，绘制有关实验的测试曲线和波形。

（2）对实验结果进行分析和小结。

（3）为什么在平衡调幅实验中得不到载波绝对为零的波形？

（4）如果鉴频特性曲线不对称或鉴频灵敏度过低，应如何改善？

实验 4.8　模拟锁相环电路应用

一、实验目的

（1）掌握模拟锁相环的组成及工作原理。
（2）熟悉用集成锁相环构成锁相解调电路。
（3）熟悉用集成锁相环构成锁相倍频电路。

二、实验仪器及材料

高频电子实验箱及实验箱配置的高频信号源和低频信号源，双踪示波器，频率特性扫频仪（选项），数字万用表，常用工具。

三、锁相环路的基本原理

1. 锁相环路的基本组成

锁相环是一种以消除频率误差为目的的反馈控制电路。它的基本原理是利用相位误差电压去消除频率误差，当电路达到平衡状态之后，虽然有剩余相位误差存在，但频率误差可以降低到零，可实现无频差的频率跟踪和相位跟踪。

锁相环由三部分组成，如图 4-8-1 所示。

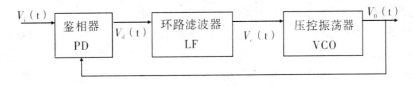

图 4-8-1　锁相环组成方框图

锁相环有控振荡器（VCO）、鉴相器（PD）和环路滤波器（LF）三个基本部件，三者组成一个闭合环路，输入信号为 $V_i(t)$，输出信号为 $V_o(t)$，由输出反馈至输入端。三个基本部件的功能为：

（1）压控振荡器（VCO）。

VCO 是控制系统的控制对象。被控参数通常是振荡频率，控制信号是加在 VCO 上的电压，称为压控振荡器，就是电压—频率变换器。实际上还有电流—频率变换器，习惯上称为压控振荡器。

（2）鉴相器（PD）。

PD 是相位比较装置，用来检测输出信号 $V_o(t)$ 与输入信号 $V_i(t)$ 之间的相位差 $\theta_e(t)$，并把 $\theta_e(t)$ 转化为电压 $V_d(t)$ 输出，$V_d(t)$ 称为误差电压。通常 $V_d(t)$ 为直流量或低频交流量。

（3）环路滤波器（LF）。

LF 为低通滤波电路，其作用是滤除 PD 的非线性在 $V_d(t)$ 中产生的无用的组合频率分量及干扰，产生一个只反映 $\theta_e(t)$ 大小的控制信号 $V_c(t)$。

按照反馈控制原理，如果由于某种原因使 VCO 的频率发生变化使得与输入频率不相等，这必将使 $V_o(t)$ 与 $V_i(t)$ 的相位差 $\theta_e(t)$ 发生变化。该相位差经过 PD 转换成误差电压 $V_d(t)$，误差电压经过 LF 滤波后得到 $V_c(t)$，由 $V_c(t)$ 去改变 VCO 的振荡频率趋于输入信号的频率，使之达到相等。环路达到相等时的状态称为锁定状态，由于控制信号正比于相位差，即

$$V_d(t) \propto \theta_e(t) \qquad\qquad (4-8-1)$$

因此，在锁定状态 $\theta_e(t)$ 不可能为零。换言之，在锁定状态 $V_o(t)$ 与 $V_i(t)$ 仍存在相位差。

2. 锁相环路的两种调节过程

锁相环路有两种不同的自动调节过程：一是跟踪过程，二是捕捉过程。

（1）环路的跟踪过程。

在环路锁定之后，若输入信号频率发生变化，产生了瞬时频差，使瞬时相位差发生变化，环路将及时调节误差电压去控制 VCO，使 VCO 输出信号频率随之变化，即产生新的控制频差，VCO 输出频率及时跟踪输入信号频率。当控制频差等于固有频差时，瞬时频差再次为零，继续维持锁定，这一过程为跟踪过程。在锁定之后能够继续维持锁定所允许的最大固有角频差 $\Delta\omega_{1m}$ 的两倍称为跟踪带或同步带。

（2）环路的捕捉过程。

环路由失锁状态进入锁定状态的过程称为捕捉过程。

设 $t=0$ 时环路开始闭合，之前输入信号角频率 ω_i 不等于 VCO 输出振荡角频率 ω_{yo}（控制电压 $V_c=0$），环路处于失锁状态。假定 ω_i 是一定值，二者瞬时角频差 $\Delta\omega_1=\omega_i-\omega_{yo}$，瞬时相位差 $\Delta\omega_1$ 随时间线性增大。鉴相器输出误差电压 $U_e(t)=kb\sin\omega_1 t$ 是一个周期为 $2\pi/\Delta\omega_1$ 的正弦函数，称为正弦差拍电压。差拍电压是指其角频率（$\Delta\omega_1$）为两个角频率（ω_i 与 ω_{yo}）的差值，角频差 $\Delta\omega_1$ 的数值大小不同，环路的工作情况也不同。

若 $\Delta\omega_1$ 较小，处于环路滤波器的通频带内，差拍误差电压 $U_e(t)$ 能顺利通过环路滤波器加到 VCO 上，来控制 VCO 的振荡频率，使其随着差拍电压的变化。所以，VCO 输出是一个调频波，即 $\omega_y(t)$ 将在 ω_{yo} 上下摆动。由于 $\Delta\omega_1$ 较小，VCO 输出振荡角频率 $\omega_y(t)$ 很容易摆动到 ω_i，环路进入锁定状态。鉴相器是输出相对稳定直流电压的相位差，维持环路动态平衡。

若瞬时角频差 $\Delta\omega_1$ 数值较大，差拍电压 $U_e(t)$ 的频率就较高。它的幅度在经过环路滤波器时受到衰减。这样，VCO 的输出振荡角频率 $\omega_y(t)$ 上下摆动的范围将减小，所以需要多次摆动才能接近输入角频率 $\omega_i(t)$，即捕捉过程需要许多个差拍周期才能完成。因此，捕捉时间较长，若 $\Delta\omega_1$ 太大，将无法捕捉到，环路一直处于失锁状态。由失锁进入锁定所允许的最大固有角频差 $\Delta\omega_{1m}'$ 的两倍称为环路的捕捉带。

3. 集成锁相环 NE564 介绍及应用

（1）实验所用的锁相环为 NE564（国产型号为 L564），是一种工作频率高达 50 MHz 的超高频集成锁相环。

NE564 锁相环内部框图和引脚功能如图 4 – 8 – 2 所示。

① 如图 4 – 8 – 2 （a）所示，A_1（LIMITER）为限幅放大器。它主要由原理图中的 $Q_1 \sim Q_5$，Q_7 及 Q_8 组成。$Q_1 \sim Q_5$ 组成 PNP，NPN 互补的共集—共射组合差分放大器，由于 Q_2、Q_3 负载并联有肖特基二极管 D_1、D_2，故其双端输出电压被限幅在 $2V_D = 0.3 \sim 0.4$ V 左右。因此，可有效消除 FM 信号输入时干扰所产生的寄生调幅。Q_7、Q_8 为射极输出差放，以作缓冲，将输出信号送至鉴相器。

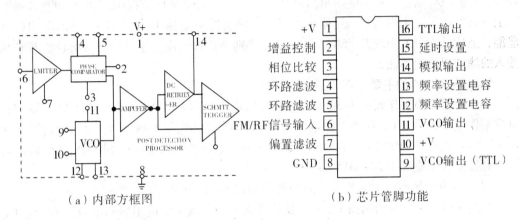

（a）内部方框图　　　　　　（b）芯片管脚功能

图 4 – 8 – 2　锁相环 NE564 内部方框图和引脚图

② 鉴相器 PD（PHASE COMPARATOR）采用双差分模拟相乘器。

由压控振荡器反馈的信号从外部由③脚端输入，另外由②脚端去改变双差分电路的偏置电流，控制鉴相器增益，实现了控制环路增益。

③ 压控振荡器 VCO。

锁相环 NE564 的压控振荡器是改进型的射极定时多谐振荡器。主电路由 Q_{21}、Q_{22} 与 Q_{23}、Q_{24} 组成。其中，Q_{22}、Q_{23} 两管的射极通过⑫、⑬脚端外接定时电容 C_t，Q_{21}、Q_{24} 两管的射极分别经电阻 R_{22}、R_{23} 接电流源 Q_{25}、Q_{27}，Q_{26} 也为电流源。Q_{17}、Q_{18} 为控制信号输入缓冲级。接通电源时，Q_{21}、Q_{22} 与 Q_{23}、Q_{24} 轮流导通与截止，电容 C_t 周期性地充电与放电，在 Q_{22}、Q_{23} 集成极输出极性相反的方波脉冲。由特定设计，固有振荡频率为：

$$f_0 \approx \frac{1}{16R_{20}C_t} \qquad\qquad (4 - 8 - 2)$$

式中，$R_{20} = 100$ Ω，f_0 为 VCO 振荡频率。

④ 输出放大器 A_2（AMPLIFIER）与直流恢复电路。

A_2 与直流恢复电路是专为解调 FM 信号与 FSK 信号而设计的。输出放大器 A_2 由 Q_{37}、Q_{38}、Q_{39} 组成恒流源差分放大电路。来自鉴相器的误差电压由④、⑤脚端输入，经缓冲后，双端送入 A_2 放大。直流恢复电路由 Q_{42}、Q_{43}、Q_{44} 等组成，电流源 Q_{40} 作 Q_{43} 的有源负载。

若环路的输入为 FSK 信号，即频率在 f_1 与 f_2 之间周期性跳变的信号。鉴相器的输出

电压 A_2 放大后分为两路,一路直接送施密特触发器的输入,另一路送直流恢复电路 Q_{42} 基极。由于 Q_{43} 集电极通过⑭脚端外接滤波电容,所以直流恢复电路的输出电压是直流电压。这个直流电压再送到施密特触发器,另一输入端作为基准电压 V_{REF}。

若环路的输入为 FM 信号,在锁定状态,⑭脚端的电压是 FM 解调信号。

⑤ 施密特触发器(POST DETECTION PROCESSOR)。

施密特触发器是为解调 FSK 信号而设计的,其作用是将模拟信号转换成 TTL 数字信号。直流恢复输出的直流电压基准 V_{REF}(经 R_{26} 到 Q_{49} 基极)与被 A_2 放大了的误差电压 V_{dm} 分别送入 Q_{49} 和 Q_{50} 的基极,V_{dm} 与 V_{REF} 进行比较。当 $V_{dm} > V_{REF}$ 时,则 Q_{50} 导通,Q_{49} 截止,使 Q_{54} 截止、Q_{55} 导通,于是⑯脚端输出低电平。当 $V_{dm} < V_{REF}$ 时,Q_{49} 导通,Q_{50} 截止,使 Q_{54} 导通、Q_{55} 截止,⑯脚端输出高电平。通过⑮脚端改变 Q_{52} 的电流大小,即改变触发器上下翻转电平,上限电平与下限电平之差又称为滞后电压 V_H。调节 V_H 可消除因载波泄漏,造成的误触发出现的 FSK 解调输出。特别是在数据传输速率较高的场合,⑭脚端接入的滤波电容值不能太大。

锁相环 NE564 的主要参数如下:

NE564 的最高工作频率为 50 MHz,最大锁定范围达 $\pm 12\% f_o$,输入阻抗大于 50 kΩ,电源工作电压 5~12 V,典型工作电压为 5 V,典型工作电流为 60 mA,最大允许功耗为 40 mV,在频偏为 $\pm 10\%$、中心频率为 5 MHz 时,输出的解调电压达 140 mV$_{P-P}$。输入信号为有效值大于或等于 200 mVRms。

(2)NE564 基本应用电路(实验原理图如图 4-8-4 所示)。

在图 4-8-4 所示的电路中,IC_{71} 及其外围器件组成 FM 锁相解调电路,IC_{31} 和 IC_{32} 组成锁相倍频电路。

在锁相解调电路中,信号从第⑥脚经交流耦合输入,②脚作为压控振荡器增益控制端,⑫脚和⑬脚外接定时电容,使振荡在 10.7 MHz 上,从⑭脚输出调制信号经过运算放大器 IC_{72} 放大后输出。

在锁相倍频中,74LS393 为分频器,它由两个完全相同单元组成($IC32A$,$IC32B$),分别可以进行 2 分频、4 分频、8 分频、16 分频,如果将 $IC32A$ 中的 16 分频输出与 $IC32B$ 中的时钟输入端相接,则 $IC32B$ 可以组成 32 分频、64 分频、128 分频、256 分频。在本实验中参考信号为 $f_R = 50$ kHz,进行 16、32、64、128 倍频。

NE564 的压控振荡器 VCO 振荡输出信号(从⑨脚输出)经 W_{32} 与 R_{36} 分压(74LS393 输入信号不能大于 2.4V)由 74LS393 的①脚输入,分频后由 NE564 芯片的③脚输入,简单的框图如图 4-8-3 所示。

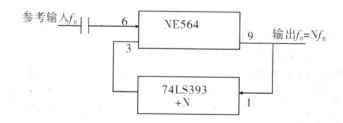

图 4-8-3 NE564 锁相倍频方框图

由 NE564 的③脚输入的分频信号与从 NE564 的⑥脚输入的参考信号进行鉴频，输出误差电压控制 VCO，最终使 VCO 输出 $f_0 = Nf_R$ 的频率，达到倍频目的。在锁相分频电路中，NE564 的②脚为增益控制端调节 W_{31} 可改变同步带大小。

NE564 的⑫脚和⑬脚跨接定时电容容量 C，C 由下列算式确定。

$$f_0 \approx \frac{1}{16RC} \qquad 式中\, R = 100\ \Omega$$

则
$$C = \frac{1}{16Rf_0}$$

当 $f_o = 800$ kHz 时 $C \approx 780$ pF （16 倍频）

$\quad\ f_o = 1.6$ MHz 时 $C \approx 390$ pF （32 倍频）

$\quad\ f_o = 3.2$ MHz 时 $C \approx 195$ pF （64 倍频）

$\quad\ f_o = 6.4$ MHz 时 $C \approx 100$ pF （128 倍频）

注意：在实际电路中，由于分布电容的存在，实际值比计算值小。

四、实验内容

1. 锁相解调实验

锁相解调原理如图 4 - 8 - 4 所示。按下电源开关 K_{71}，用 10.7 MHz 的调频信号进行解调电路实验。从 IN_{71} 处输入调频信号（调频信号由高频信号源单元提供，调制信号由低频信号源提供，载波信号大小为 $V_{p-p} = 2$ V，调制信号频率为 1 kHz、$V_{\Omega P-P} = 1.5$ V）。从 TT_{71} 处观察输出波形，微调 CC_{70} 使 VCO 锁定在 10.7 MHz，调节 W_{71} 使输出波形幅度最大且不失真。观察调制信号频率大小（改变 WD_6）与调制频偏大小（改变 WD_2）对输出信号的影响（当频率计工作时，输出的解调信号可能会有抖动现象）。

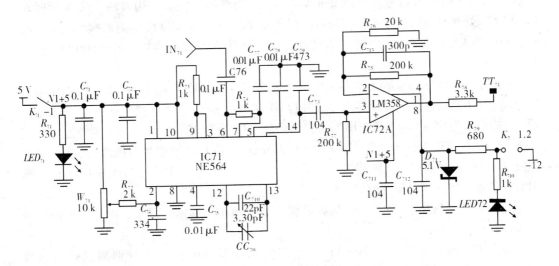

图 4 - 8 - 4 NE564 组成的锁相环解调电路

2. 锁相倍频实验

锁相倍频实验电路，如图 4 - 8 - 5 所示（由 $IC32A$，$IC32B$ 组成）。

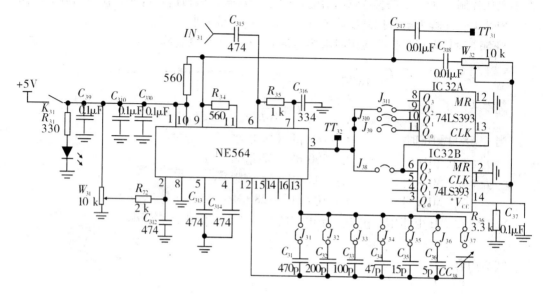

图 4 - 8 - 5 NE564 组成的锁相环倍频输出电路

由 IN_{31} 输入 50 kHz 的纯载波（由低频信号源提供正弦波信号大小约 $V_{p-p} = 2$ V），作为参考信号。

（1）连接 J_{38} 进行 16 倍频实验，根据计算的 C_t 值，通过连接 J_{31}、J_{32}、J_{33} 等容值的电容（参考连接为 J_{31}、J_{32}），改变 C_t 的大小，使输出信号锁定到输入信号上（锁定时 TT_{32} 和 IN_{31} 的频率一样），此时从 TT_{31} 处测得的信号频率为 16×50 kHz = 800 kHz（74LS393 的①脚输入信号保持在 2.4 V 左右）。调节的方法为：用双踪示波器同时在 IN_{31} 和 TT_{32} 处观察输入信号和分频信号，调节 C_t 的大小（如果 TT_{32} 的波形频率比 IN_{31} 的高，即周期大则应将电容值减小，否则增大），当两信号同频时即锁定输出 800 kHz 的信号。

（2）连接短接片 J_{39} 进行 32 倍频实验（参考连接短接片为 J_{32}、J_{33}，TT_{31} 处的频率为 $32 \times 50 = 1.6$ MHz）；连接短接片 J_{310} 进行 64 倍频实验（参考连接短接片为 J_{33}、J_{34}，TT_{31} 处的频率为 $64 \times 50 = 3.2$ MHz）；连接短接片 J_{311} 进行 128 倍频实验（参考连接短接片为 J_{34}、J_{36}，TT_{31} 处的频率为 $128 \times 50 = 6.4$ MHz）。进行倍频连接短接片时，J_{38}、J_{39}、J_{310}、J_{311} 四个连接器每次只能连接一个短接片。在应用中根据需要适当改变 C_t 的值，输出分频信号频率偏高时增大电容，偏低时减小电容。

（3）将锁相倍频电路接连 16 倍频电路，观察锁相环锁定、同步、跟踪、失锁和再同步过程。方法如下：

首先使输出信号锁定在 800 kHz。用双踪示波器的衰减探头分别测试输入信号（IN_{31}）和分频后的信号（TT_{32}），示波器同时显示两处的波形，TT_{32} 处的波形为方波。

改变输入信号 f_R 的频率（低频信号源的使用）：① 先增大 f_R 观察示波器两波形。开始时，两波形同步移动，此时称为同步跟踪状态。f_R 增加到一定值时，只有输入信号 f_R（正弦波）在移动，称为处于失锁状态，记下此时的 f_R 值。② 减小 f_R 值直至进入锁定状态（两波同步移动），调节 W_{31}（逆时针调节）；再增大 f_R 值直至失锁，记下 f_R 值。比较两次的 f_R 值。③重复步骤②，直到找到最大的 f_R 值，即为锁相环 NE564 的同步带。

五、预习要求

（1）复习模拟锁相环的组成及工作原理。

（2）复习集成锁相环构成锁相解调电路和集成锁相环构成锁相倍频电路的工作原理。

六、实验报告与思考题

（1）自拟表格绘出锁相解调实验的调制信号频率，调制频率与输出信号大小的关系。

（2）整理锁相倍频实验所得的数据。

① 分别记录进行 16 分频、32 分频、64 分频、128 分频的实际定时电容 C_t 的值。

② 测量并记录锁相环 NE564 最大同步带值。

5 研究创新型实验

实验5.1 受控源实验研究

一、实验目的

（1）学习有关受控源的概念，加深对受控源及其特点的认识和理解。

（2）学习组成各类受控源电路的原理和方法。

（3）掌握受控源的转移特性和负载特性的测试方法。

二、实验原理

1. 独立电源与受控源

独立电源是指电压源的电压或电流源的电流不受外电路的控制而独立存在；而受控源则是随电路中某一支路的电压或电流而改变的一种电源，当控制电压或电流消失（等于零）时，受控源的电压或电流也将为零。

受控源不同于无源元件。无源元件两端的电压和它自身的电流有一定的函数关系，而受控源输出的电压或电流是和另一支路（或元件）的电流或电压有某种函数关系。

独立源与无源元件是二端器件，受控源则是四端器件，或称为二端口器件。它有一对输入端（U_1、I_1）和一对输出端（U_2、I_2）。根据受控源是电压源还是电流源，以及受电压还是受电流控制，受控源可分为电压控制电压源 VCVS、电流控制电压源 CCVS、电压控制电流源 VCCS 及电流控制电流源 CCCS 四种。

线性受控源是指受控源电压（或电流）与控制支路的电压（或电流）成正比变化。

理想受控源的控制支路只有一个独立变量（电压或电流），另一个独立变量等于零，即从输入口看，理想受控源或者是短路（即输入电阻 $R_1 = 0$，因而输入电压 $U_1 = 0$），或者是开路（即输入电导 $G_1 = 0$，因而输入电流 $I_1 = 0$）；从输出口看，理想受控源或者是一个理想的电压源，或者是一个理想的电流源。四种理想受控源电路如图 5 - 1 - 1 所示。

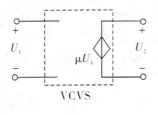

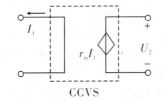

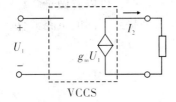

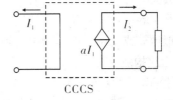

图 5 - 1 - 1　四种理想受控源电路

2. 受控源的主要特性

（1）转移函数。

转移特性是指受控源的控制端与受控端之间的关系，通常用转移函数表示。四种受控源的转移函数定义如下：

① 电压控制电压源（VCVS），$U_2 = f(U_1)$，$\mu = U_2/U_1$ 称为转移电压比（或电压增益）。

② 电流控制电压源（CCVS），$U_2 = f(I_1)$，$\gamma_m = U_2/I_1$ 称为转移电阻。

③ 电压控制电流源（VCCS），$I_2 = f(U_1)$，$g_m = I_2/U_1$ 称为转移电导。

④ 电流控制电流源（CCCS），$I_2 = f(I_1)$，$\alpha = I_2/I_1$ 称为转移电流比（或电流增益）。

（2）负载特性。

受控源的负载特性是指受控源输出与负载之间的关系。受控电压源的负载特性为 $U_2 = f(R_L)$；受控电流源的负载特性为 $I_2 = f(R_L)$。

3. 用运算放大器构成受控源原理

（1）运算放大器的基本原理。

运算放大器（简称运放）是具有高开环增益、高输入阻抗、低输出阻抗的直接耦合多级放大器。它有两个输入端 U_+ 和 U_-，一个输出端 U_o 和一个对输入输出信号的参考地线端。理想运算放大器具有如下主要特点：

① 差模开环电压增益 $A_{od} = \infty$；

② 差模输入电阻 $R_{id} = \infty$；

③ 输出电阻 $R_o = \infty$；

④ 共模抑制比 $K_{CMR} = \infty$ 等。

当理想运放工作于线性状态时，输出电压正比于两个输入端电压之差。由于开环电压增益 $A_{od} \rightarrow \infty$，而输出电压是有限值，$(U_+ - U_-) = U_o/A_{od} = 0$，故两输入端的电压相等，即 $U_+ = U_-$，如同两输入端短路一样，这种特性称为"虚短"特性。若其中一个输入端是接地的，则另一端虽未直接接地而形似接地，则称之为"虚地"。此外，由于输入电阻 $R_{id} \to \infty$，理想运放两输入端的电流都为零，即 $i_+ = i_- = 0$，如同两输入端断开一样，这种特性称为"虚断"特性。

"虚短"和"虚断"是理想运放线性工作状态的两个重要特性，是简化分析含有运放网络的基本依据。

当运算放大器外接深度负反馈后工作于线性状态时，可以看做是一种线性有源四端网络。在电路实验中仅研究其端口特性，若在其外部接入不同的电路元件，则可以实现对信号的模拟运算或变换，在实际中得到极其广泛的应用。

（2）由运放构成受控源原理。

① 电压控制电压源（VCVS）。

用运放构成的反相（或同相）比例放大器，就是一个典型的 VCVS 电路。如图 5 - 1 - 2 所示，有

$$U_2 = \mu U_1 \qquad\qquad (5-1-1)$$

其中，
$$\mu = \frac{R_f}{R_1} \qquad\qquad (5-1-2)$$

② 电流控制电压源（CCVS）。

用运放构成的电流控制电压源（CCVS）基本电路如图 5 - 1 - 3 所示，其中有

$$U_2 = \gamma_m I_1 \qquad\qquad (5-1-3)$$
$$\gamma_m = R_f \qquad\qquad (5-1-4)$$

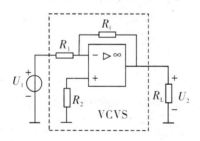

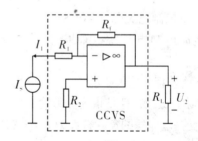

图 5 - 1 - 2　电压控制电压源电路　　　　图 5 - 1 - 3 电流控制电压源电路

③ 电压控制电流源（VCCS）。

将图 5 - 1 - 2 中的 R_f 看做是负载，即构成了一个 VCCS 的模型，电路如图 5 - 1 - 4 所示，其中有

$$I_2 = g_m U_1 \qquad\qquad (5-1-5)$$
$$g_m = -\frac{1}{R_1} \qquad\qquad (5-1-6)$$

④ 电流控制电流源（CCCS）。

用运放构成的电流控制电压源（CCCS）基本电路如图 5 - 1 - 5 所示，其中有

$$I_2 = \alpha I_1 \tag{5-1-7}$$

$$\alpha = 1 + \frac{R_f}{R} \tag{5-1-8}$$

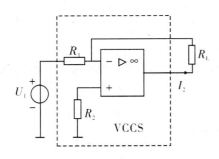

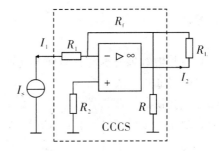

图 5-1-4 电压控制电流源电路　　　　　图 5-1-5　电流控制电流源电路

三、实验内容

1. 受控源电路设计

应用运算放大器分别构成 $\mu = 2$、$\gamma_m = 1.0 \times 10^{-4}$ s、$g_m = 20$ kΩ、$\alpha = 2$ 的四种受控源电路。要求：

（1）电路形式不拘，要求可控范围宽，线性良好，电路尽可能简单。

（2）受控电流源电路实现输出与输入端共地（注意图 5-1-4、图 5-1-5 所示受控电流源的输出端与输入端是不共地的）。

（3）对设计受控源电路进行计算机模拟仿真。

（4）根据设计电路提供材料清单，组织元器件进行组装与调试。

2. 受控源的转移特性和负载特性的测试

分别测量自行设计组装的四种受控源电路的转移特性与负载特性，求出相应的转移参量。

四、实验报告

1. 绘出经调试最后确定的设计电路图（用系列值标明元件值）并说明电路的设计过程

（1）电路形式的选择。

（2）对所选电路中的元件进行理论计算和分析。

（3）设计电路的计算机模拟仿真结果。

（4）列出材料清单。

2. 记录受控源的转移特性和负载特性的测试数据

（1）说明电路的测试方法并列出测试所需的仪器。

（2）整理测量数据（自行设计测量数据记录表格）。

（3）根据实验数据，在方格纸上分别绘制四种受控源电路的转移特性与负载特性曲线，分析线性范围，求出相应的转移参量。

3. 对实验结果作出合理的分析和结论，总结对四种受控源的认识和理解

五、思考题

（1）受控源和独立源相比有何异同点？比较四种受控源电路的代号、电路模型、控制量与被控制量的关系。

（2）受控源的控制特性是否适合交流信号？

（3）试由基本的 CCVS 和 VCCS 组成 CCCS 或 VCVS。

实验 5.2　可控硅（晶闸管）调压电路

一、实验目的

（1）了解可控硅（晶闸管）的特性。
（2）学习可控硅调压电路的工作原理。

二、实验原理

1. 可控硅（晶闸管）

可控硅是一种功率半导体器件，它不仅能够整流，而且可以控制导通时间，所以又称晶闸管（Thyristor）或可控硅整流元件，英文缩写为 SCR（Silicon Controlled Rectifier）。按导通特性可控硅有单向可控硅和双向可控硅之分。

（1）单向可控硅（单向晶闸管）。

单向可控硅是一种有三个 PN 结的四层半导体器件，可以等效为 PNP 和 NPN 两种三极管组成的复合管，结构与电路符号如图 5-2-1 所示，它有三个电极，分别是阳极 A、阴极 K 和控制极 G，控制极又称为门极。单向可控硅的伏安特性如图 5-2-2 所示。

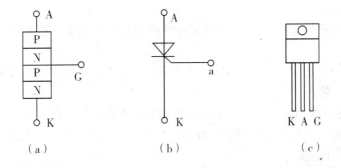

图 5-2-1　单向可控硅（a）结构（b）电路符号（c）管脚排列

单向可控硅的导通必须同时具备两个条件：一是 A、K 之间必须加正电压，这与整流二极管相同。二是 G 极上必须加一个幅度足够大的正触发脉冲。而可控硅一旦导通以后，其控制极就失去了控制作用，无论控制电压减到零或者反向，只要 A、G 极间正向电压存在并维持一定的维持电流，可控硅就仍然会保持导通。要阻断可控硅的导通使之截止，必须将阳极电流减少到一定程度或电源反向，或者切断电源。

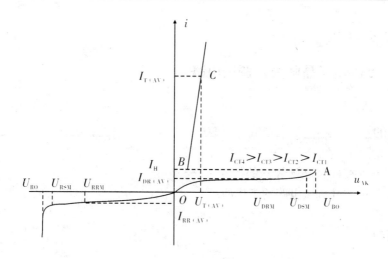

图 5 - 2 - 2　单向可控硅的伏安特性

单向可控硅广泛用于可控整流、逆变、无触点开关等电力和控制系统中。

（2）可控硅的主要参数。

① 额定通态平均电流 $I_{T(AV)}$：在环境温度为 40℃、标准散热及器件导通条件下，器件可连续通过的工频正弦半波（导通角 >170°）电流的平均值。

② 通态平均电压 $U_{T(AV)}$：在规定的条件下，器件通过额定平均电流时，在阳、阴极间电压降的平均值。

③ 正向阻断峰值电压 U_{DRM}：在控制极开路和正向阻断条件下，可以重复加在器件上的正向峰值电压。

④ 反向阻断峰值电压 U_{RRM}：在控制极开路和额定结温下，可以重复加在器件上的反向峰值电压。

⑤ 控制极触发电流 I_{GT}：阳、阴极间加直流 6V 电压时，使器件完全导通所必需的最小控制极直流电流。

⑥ 控制极触发电压 U_{GT}：对应于控制极触发电流时，控制极所加的直流电压。

⑦ 维持电流 I_H：在控制极开路、规定环境和器件导通条件下，保持器件能处于导通状态所必需的最小电流。

（3）双向可控硅（双向晶闸管）。

双向可控硅（TRIAC）是 NPNPN 五层半导体器件。它相当于两个单向可控硅反向并联，可以控制双向导通电流，由同一个控制极 G 控制，其余两个电极不再分阳极和阴极，而称之为主电极 T_1、T_2。双向可控

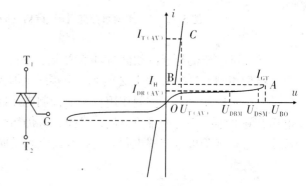

图 5 - 2 - 3　双向可控硅的电路符号和伏安特性

硅的电路符号和伏安特性如图5-2-3所示。

双向可控硅广泛用于交流调压、交流开关、直流可逆装置及控制系统中。此外，在电力拖动自动控制中，可控硅主要用作交直流调速和开关器件；在电热设备中，可控硅常用作高压发生器的高压调节装置和焊接器械中的调温焊接装置；在家用电器中，可控硅常应用于照相机的闪光灯电路、煤气、汽车的点火装置、灯光调节装置，等等。

2. 可控硅触发电路

为了能按要求控制整流电压和保证可控硅可靠导通，对触发脉冲主要有如下要求：

① 触发脉冲应与加在可控硅上的电源电压同步。

② 触发脉冲的幅度要足够大，一般为控制极触发电流的4倍，即$4I_{GT}$。

③ 触发脉冲要有足够的移相范围和脉冲宽度（由电路形式和负载性质决定）。

下面介绍几种常见的可控硅触发电路。

（1）简单触发电路。

简单触发电路如图5-2-4所示。利用电容C的充放电过程形成触发脉冲。在u正半周增大时，电容C通过R_L、R充电，u_C上升至控制极触发电压时，使可控硅导通。

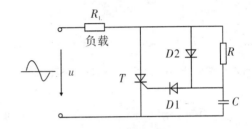

改变R的大小可以改变电容C的充电速度，即可改变触发移相角，调整可控硅导通时间，改变负载两端直流平均电压。

图5-2-4 简单触发电路

（2）单结晶体管触发电路。

单结晶体管触发电路如图5-2-5所示，图中T_1为单结晶体管。

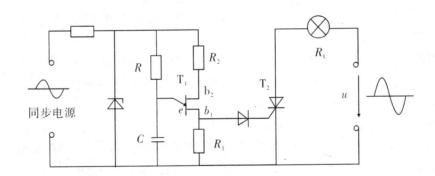

图5-2-5 单结晶体管触发电路

① 单结晶体管。

单结晶体管（UJT）又称双基极晶体管，是一种只有一个PN结和两个电阻接触电极的半导体器件。单结晶体管的结构与电路符号如图5-2-6所示，它有三个电极，即第一基极b_1、第一基极b_2和发射极e。

单结晶体管的伏安特性如图5-2-7所示。当发射极电压u_e（相对b_1极）为0或

者 $u_e < \eta U_{bb}$（U_{bb} 为两基极间加上的正向电压，η 为分压比）时，e、b_1 间呈现很大电阻，管子处于截止状态，$i_e = I_{EO} \approx 0$。当 $u_e > \eta U_{bb}$ 时，管子开始导通。

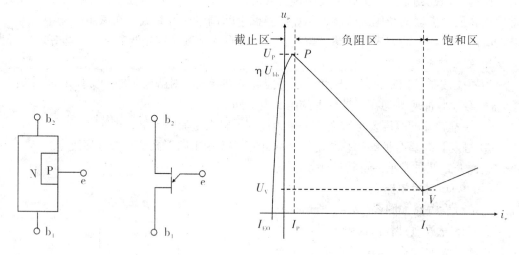

图 5-2-6　单结管结构与电路符号　　图 5-2-7　单结晶体管的伏安特性

当 $u_e \geq \eta U_{bb} + U_D$（$U_D$ 为 PN 结正向压降）时，i_e 明显增加，而 e、b_1 间电阻迅速减小，u_e 相应下降，呈现负阻特性。管子由截止区进入负阻区的临界点 P 称为峰点，与其对应的发射极电压和电流分别称为峰点电压 U_p 和峰点电流 I_p。I_p 也就是维持单结晶体管导通所需的最小电流。$U_p \approx \eta U_{bb}$。

随着发射极电流 i_e 的不断上升，u_e 下降至最低点 V 称为谷点，负阻区结束。此时的对应的发射极电压和电流，分别称为谷点电压 U_v 和谷点电流 I_v。

当负阻区结束后，u_e 继续增加时，i_e 缓慢上升，晶体管进入饱和区。如果 $u_e < U_v$ 时，管子又重新截止。

单结晶体管的主要参数有：基极间电阻 R_{bb}、发射极与基极间反向电压 U_{EBO}、反向漏电流 I_{EO}、发射极饱和压降 $U_{E(sat)}$、峰点电压 U_p、峰点电流 I_p、基极 b_2 耗散功率 P_{B2M} 和分压比 η 等。分压比 η 一般为 0.3 ~ 0.85。

② 单结晶体管触发电路工作原理。

电路中的 T_1、R、C、R_1、R_2 等组成单结晶体管弛张振荡器。接通电源瞬间，电容 C 上的电压 U_C 为零，$U_e = 0$，T_1 截止。在同步电源电压正半周期间一路通过 R_1、R_2 加在 T_1 管 b_2、b_1 两个基极上，建立正向电压 U_{bb}。另一路通过 R 对电容 C 充电，U_C 按时间常数 $\tau = RC$ 的指数规律上升，在 T_1 的 $e-b_1$ 结间建立逐渐增大的电压 U_e。当 U_e（U_C）$\geq U_p$（峰点电压）时，e、b_1 间电阻突然变小，由于电容 C 上电压不能突变，仍为 U_p，使电流发生跳变，使 T_1 的 e、b_1 间变成导通，在 R_1 上建立起高电平。T_1 导通之后，电容 C 通过 e、b_1 结和 R_1 迅速放电，于是在 R_1 上形成一个脉冲电压（尖脉冲）。由于 R 的阻值较大，当电容上电压 U_C（U_e）降到谷点电压 U_v 时，经由 R 供给的电流少于谷点电流，不能满足导通要求，于是单结晶体管恢复阻断状态。此后电容 C 等到下一个周期的正半周又重新充电，重复上述过程，周而复始形成振荡，在 R_1 上输出周期性的尖脉冲。电路的振荡频率为：

$$f = \frac{1}{RC \cdot \ln \dfrac{1}{1-\eta}} \tag{5-2-1}$$

改变 R 的大小，可改变电容 C 充电的快慢，从而改变振荡器的振荡频率。

在同步电源交流电压的每半个周期内，单结晶体管都输出一个脉冲去触发可控硅（晶闸管）T_2 的控制极，使 T_2 导通，接通负载电源。而当 T_2 阳极电压下降为零时，T_2 截止。等到下一个周期触发可控硅导通，又重新接通负载电源。若用 α 表示可控硅开始导通的角度（控制角），可控硅的导通角度为 θ，则 $\alpha + \theta = \pi$。当 $\alpha = 0$ 时，$\theta = \pi$，称为全导通。

通过计算，可以得到负载两端的直流平均电压

$$U_L = 0.45U(1 + \cos\alpha)/2 \tag{5-2-2}$$

其中，U 为电源电压的有效值。当改变 R，即改变弛张振荡器的振荡频率时，从而改变 T_2 控制角 α，即改变了负载两端直流平均电压。这种调压电路称为可控硅可控整流电路。如果负载是一白炽灯泡，则可使灯泡的亮暗得到连续调节，实现无级调光。

（3）双向触发二极管触发电路。

双向触发二极管（DIAC）的本质也是一个晶体管结构，可近似等效于两个背靠背的二极管串联，其端电压（正或负）高于触发导通电压 U_s（转折电压）时，电流急剧增加，电压降低，显示出双向负阻特性（如图 5-2-8 所示）。而普通二极管只有正阻特性。

利用双向触发二极管的负阻特性组成的触发电路（振荡器）如图 5-2-9 所示。

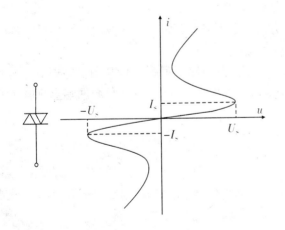

图 5-2-8 双向触发二极管及其特性

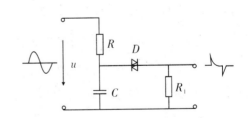

图 5-2-9 双向触发二极管触发电路

电路工作原理：当 u 正半周时，电容 C 经 R 充电至 $u_C = U_s$（转折电压），双向触发二极管 D 导通。D 导通后，电容 C 通过 R_1 开始放电，放电电流沿 DIAC 的正向负阻特性下降，随后 D 恢复截止。衰减的放电电流在 R_1 上形成一个正尖峰脉冲电压。通常 D 恢

复截止时，电容尚未放完电，还会存在一个剩余电压。当 u 为负半周时，C 先通过 R 和电源放电至零，然后反向充电，其工作特性转移到负向负阻特性区（第Ⅲ象限），同样会在 R_1 上形成一个负尖峰脉冲电压。改变 R 的大小，可以改变触发脉冲的相移。

双向触发二极管（DIAC）最理想与双向可控硅（DIAC）配合使用，在实际中得到极为广泛的应用。

三、实验内容

1. 单结晶体管的简易测试

根据单结晶体管的特性，用万用表测量单结晶体管，根据所测阻值，判断出各管脚及管子的好坏，并总结用万用表测试单结晶体的简易方法。

2. 可控硅的简易测试

根据可控硅的特性，用万用表测量可控硅，根据所测阻值，判断出各管脚及管子的好坏，并总结用万用表测试可控硅的简易方法。

3. 可控硅调压电路实验

解剖市场上的某一可控硅调压（可控整流）电路产品，如无级调光灯、吊扇无级调速器等，根据实物描绘产品 PCB 图和电路原理图，分析电路工作原理，测试关键点电压及波形。

四、实验报告

（1）说明用万用表测试单结晶体的简易方法。分别说明判定单结晶体管各电极、判断好坏和检测单结晶体管负阻特性的方法。

（2）说明用万用表测试可控硅的简易方法。分别说明判定单向（双向）可控硅的各电极、判断好坏和检测可控硅的触发能力的方法。

（3）对可控硅调压电路产品进行分析。绘出产品电路原理图和 PCB 图，整理实验测试数据和波形。计算触发信号的频率 f、控制角 α，可控硅导通角 θ 和负载两端直流电压 U_L，从中说明无级调压的工作原理。

实验 5.3　声光控延时开关电路设计

一、实验目的

（1）了解声光控延时开关电路的组成及工作原理。

（2）熟悉驻极体话筒和光敏电阻器的特性，掌握检测方法及其应用电路。

（3）学习声光控延时开关电路设计。

二、实验原理

1. 声光控延时开关电路的组成

声光控延时开关实现在白天呈关闭状态，只有在晚上且存在声响的情况下（如人的脚步声等）才开启，开启后延时一段时间后又能自动关闭。这种开关广泛应用于楼梯、走廊、公厕等公共场合作照明灯自动控制开关。

声光控延时开关电路方框组成如图 5－3－1 所示，包括声音检测、亮度检测、判别电路、延时电路和开关电路等几个主要部分。

图 5－3－1　声光控延时开关电路组成方框图

声音检测通常由驻极体话筒或高灵敏度的压电陶瓷片完成。亮度检测由光敏电阻器完成。判别电路综合检测信号，符合预定条件（晚上且存在声响情况）输出控制信号开启开关。延时电路在开关开启后延时预定时间，输出控制信号关闭开关。开关常用可控硅或继电器。

2. 驻极体话筒的特性及其检测

驻极体话筒简称 ECM，通称 MIC（Microphone），是一种常用的能将声音信号转换成电信号的声—电转换器件。它的突出特点是体积小、重量轻、结构简单、使用方便、寿命长、频响宽、灵敏度高，且价格也比较低廉。因而被广泛应用于盒式录音机、无线话筒及声控开关等电子电路中。

驻极体话筒的核心器件是驻极体振动膜。它实际上是一种经永久性极化处理的电介质。其制作原理是：将一片极薄的塑料膜片的一面蒸发上一层纯金薄膜，然后将其置于高压电场之下驻极，使两面分别驻有能长期保持的异性电荷。膜片的蒸金一面向外，与金属外壳相连通，膜片的另一面与金属极板之间用很薄的绝缘衬圈隔离开。这样，蒸金膜与金属极板之间便形成了一个电容。当驻极体膜片受到声波作用而振动时，就引起电容两端的电场发生变化，从而产生随声波变化的交变电压信号。

驻极体的输出阻抗值很高，约几十兆赫以上。因此，使用时不能直接与音频放大器匹配，需加一级阻抗变换器，将高阻抗变为几百欧或几千欧的低阻抗。通常在驻极体话筒产品内部加装有由低噪声结型场效应管构成的阻抗变换器，形成三端话筒。

图 5-3-2 所示是驻极体话筒的实物结构分解、接线、外形和电路符号。

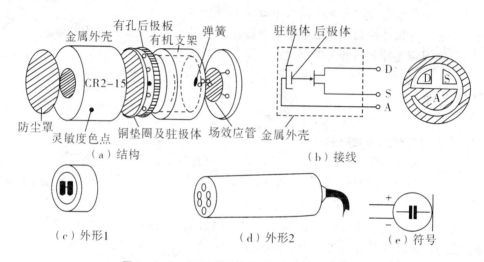

图 5-3-2 驻极体话筒的结构外形和电路符号

三端驻极体话筒应用电路有两种接法，分别可接成源极输出或漏极输出方式。

不少驻极体话筒产品内部没有加装场效应管，两个输出接点可以任意接入电路，但最好把接外壳的一点接地，另一点接入由场效应管组成的高阻抗输入前置放大器。

在选用驻极体话筒时，重点应注意其灵敏度的高低。驻极体话筒的灵敏度通常用白、蓝（绿）、黄、红等色点来分挡，白点灵敏度最高，红点最低。有的话筒则以防尘罩的相应颜色来表示灵敏度，也有的用与型号有明显区别的 A、B、C 等字母表示，A 为最低灵敏度，顺序逐次类推。

国产驻极体话筒的典型产品有 CRZ2-9、CBZ2-11 和 ZCH-12 等型号。其中 CRZ2-9 的外形尺寸为 $\Phi = 1.5 \times 19$（mm），引出线使用的是屏蔽线，为两端引线方式，屏蔽层是正极。它的电压灵敏度为 0.5 mV/mPa，频响范围为 50 ~ 10 000 Hz，输出阻抗为 1 kΩ。

驻极体话筒的检测包括电阻测量和灵敏度测量。

电阻测量时，将万用表置于 R×100 或 R×1k 挡，红表笔接驻极体话筒的芯线或信号输出点，黑表笔接引线的金属外皮或话筒的金属外壳。一般所测阻值应在 500 Ω ~ 3 kΩ范围内。若所测阻值为 ∞，则说明话筒开路；若测得阻值接近 0，则表明话筒有短路性故障。如果阻值比正常值小得多或大得多，都说明被测话筒性能变差或已经损坏。

灵敏度检测方法是：将万用表置于 R×100 挡，将红表笔接话筒的负极（一般为话筒引出线的芯线），黑表笔接话筒的正极（一般为话筒引出线的屏蔽层），此时，万用表应指示出某一阻值（例如 1 kΩ），接着正对着话筒吹一口气，并仔细观察指针，应有较大幅度的摆动。万用表指针摆动的幅度越大，则话筒的灵敏度越高；若指针摆动幅度很小，说明话筒灵敏度很低，使用效果不佳。若吹气时发现指针不动，可交换表笔位置再次吹气试验；若指针仍然不摆动，则说明话筒已经损坏。另外，如果在未吹气时，指针指示的阻值便出现漂移不定的现象，则说明话筒稳定性很差，这样的话筒是不宜使用的。

对三端驻极体话筒，只要正确区分出三个引出线的极性，将黑表笔接正电源端，红表笔接输出端，接地端悬空，采用上述方法仍可检测鉴定话筒性能的优劣。

3. 光敏电阻器的特性及其检测

光敏电阻器是利用半导体光电效应制成的一种特殊电阻器，其外形、结构、电路符号和光照特性如图 5-3-3 所示。光敏电阻器由玻璃基片、光敏层、电极等部分组成。为了利于吸收更多的光能，光敏电阻体通常都制成薄片结构。

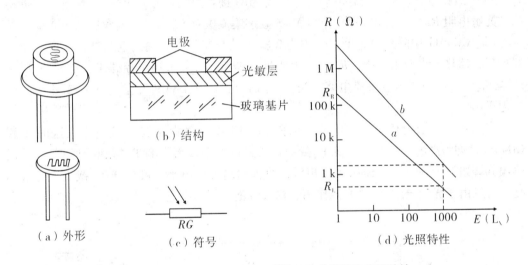

图 5-3-3　光敏电阻外形、结构、电路符号和光照特性

根据制作光敏层所用的材料，光敏电阻可以分为多晶光敏电阻器和单晶光敏电阻器。根据光敏电阻的光谱特性，又可分为紫外光光敏电阻器、可见光光敏电阻器及红外光光敏电阻器等。

光敏电阻的特点是对光线非常敏感。无光线照射时，光敏电阻呈高阻状态，当有光线照射时，电阻值迅速减小。在图 5-3-3（d）所示的对数坐标曲线中，a、b 分别代表两种光敏电阻的光照特性。它表明了电阻值 R 与照度 E 之间的对应关系。在没有光照时，即 $E = 0$，光敏电阻的阻值称为暗阻，用 R_R 表示。一般产品此值为一百千欧至几十兆欧。在规定照度（例如 $E = 1\ 000$ lx）下，电阻值降至几千欧，甚至几百欧姆，此值称之为亮阻，用 R_L 表示。显然，暗阻 R_R 越大越好，而亮阻 R_L，则越小越好。

光敏电阻的检测方法：检测光敏电阻时，将万用表置于 R×1k 挡，两表笔分别任意各接光敏电阻的一个引脚，然后分别进行暗阻、亮阻和灵敏性测试。

检测暗阻：用一黑纸片将光敏电阻的透光窗口遮住，此时万用表的指针基本保持不动，阻值接近∞。此值越大说明光敏电阻性能越好。若此值很小或接近为零，说明光敏电阻已烧穿损坏。

检测亮阻：将一光源对准光敏电阻的透光窗口，此时万用表的指针应有较大幅度的摆动，阻值明显减小。此值越小说明光敏电阻性能越好。若此值很大甚至为∞，表明光敏电阻内部开路损坏。

检测灵敏性：将光敏电阻透光窗口对准入射光线，用小黑纸片在光敏电阻的透光窗上部晃动，使其间断受光，此时万用表指针应随黑纸片的晃动而左右摆动。如果万用表指针始终停在某一位置不随纸片晃动而摆动，说明光敏电阻的光敏材料已损坏。

4. 声光控延时开关电路介绍

图5-3-4所示是某工厂生产的声光控延时节电开关电路原理图。

开关电路中声音检测采用驻极体话筒 MIC，三极管 T_2 组成放大器。无声响静态时 T_2 是处于饱和导通状态；当有声响时，话筒 MIC 接收声响信号，可使 T_2 截止。亮度检测由光敏电阻 R_G 完成。电路使用的 CMOS 数字集成电路 CD4011，内含有四个 2 输入端与非门。CD4011 中除其中一个直接用为 2 输入端与非门作为判别电路外，其余三个均接成反相器作放大器用。D_6、R_6、C_4 组成延时电路。开关采用可控硅 T_1。二极管 $D_1 \sim D_4$ 与可控硅 T_1 组成可控整流电路，当 T_1 导通时，灯泡 LAMP 发亮；当 T_1 截止时，灯泡熄灭。

白天时，光敏电阻 R_G 受光照呈低阻态，CD4011⑬脚始终为低电平。这时不管 CD4011⑫脚为高电平（有响声使 T_2 截止）还是低电平（无声响 T_2 饱和导通），与非门输出⑪脚始终为高电平。经三次反相后，⑩脚输出为低电平，可控硅 T_1 截止，灯泡不亮。可见由于光敏电阻 R_G 受光照作用，白天灯泡一直不会亮。

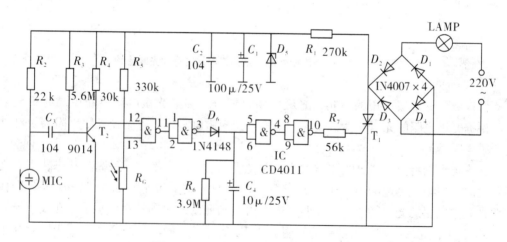

图5-3-4　声光控延时开关电路原理图

晚上天黑时，光敏电阻 R_G 无光照呈高阻态，CD4011⑬脚始终为高电平。这时如果无声响，T_2 饱和导通，⑫脚为低电平，则与非门输出⑪脚仍然为高电平，电路状态与白天相同。但当有声响发生时，话筒 MIC 接收声响信号使 T_2 截止，⑫脚为高电平，与非门输出⑪脚变为低电平，经一级反相放大后，③脚输出高电平。此时③脚输出的高电平经导通的 D_6 迅速对电容 C_4 充电，使⑤⑥脚升至高电平，再经两级反相后，⑩脚输出为高电平，由此触发可控硅 T_1 导通，灯泡点亮。

声响消失后，T_2 恢复饱和导通，⑫脚为低电平，⑪脚输出高电平，经一级反相放大后，③脚输出低电平。此时由于 C_4 还来不及放电，D_6 截止。随后 C_4 通过 R_6 缓慢放电，C_4 两端电压即⑤⑥脚电压逐渐下降。当⑤⑥脚电压下降至低电平电压值（1 V 左右）时，④脚输出高电平，⑩脚输出低电平使 T_1 截止，灯泡熄灭。

由此可见，灯泡发亮的维持时间主要取决于 C_4 的放电时间常数。改变电阻 R_6 的阻值，可调整延时时间，通常设计延时 45 ~ 60 s。调整电阻 R_5，可改变电路白天到黑夜的亮度阈值。话筒灵敏度可由 R_2 调整。

三、实验内容

1. 驻极体话筒的测试

按实验原理中介绍驻极体话筒的检测方法，用万用表测试驻极体话筒的电阻和灵敏度，并根据所测数据判断驻极体话筒的好坏。将测量数据记入表 5 - 3 - 1 中。

2. 光敏电阻的测试

按实验原理中介绍光敏电阻的检测方法，用万用表测试光敏电阻的暗阻、亮阻和灵敏度，并根据所测数据，判断光敏电阻的好坏。将测量数据记入表 5 - 3 - 2 中。

表 5 - 3 - 1　驻极体话筒测试数据记录　　万用表型号：R × Ω 挡；单位：Ω

	红笔接负极（芯线）	红笔接正极（屏蔽层）	结　论
电阻测量			
灵敏度测量（向话筒吹气时）			

表 5 - 3 - 2　光敏电阻测试数据记录　　万用表型号：R × Ω 挡；单位 Ω

暗　阻	亮　阻	灵敏度测量	结　论

注：测量暗阻，黑纸片将光敏电阻的透光窗口全部遮住时测量。亮阻则在自然光环境下测量。

3. 声光控延时开关电路实验

解剖市场上某一声光控延时开关电路产品，根据实物描绘产品 PCB 图和电路原理图，分析电路工作原理，测试关键点电压及波形。

测量方法及注意事项：

① 接好声光控延时开关与灯泡，再通过 1∶1 隔离变压器接入 220 V 交流电源，分别

在白天及模拟晚上天黑的环境下测试电路关键点电压及波形，并测量灯泡点亮维持时间 t（延时时间）。记录测量数据时注意标明灯泡是在点亮状态还是在熄灭状态。

② 测量时要注意人身安全，当没有使用隔离变压器时，特别要注意身体任何部位均不能接触电路板任何裸露的铜箔部分，包括测量公共点，即"地线"。

③ 操作要胆大心细，固定好开关电路板，选择好合适的万用表直流电压挡测量，黑笔接好测量参考点，防止表笔接触引起电路短路。

4. 根据声光控延时开关电路功能要求，试独立设计一声光控延时开关电路

要求：

（1）电路形式不拘，实现声光控延时开关，延时 $t = 45$ s 左右。

（2）根据设计电路提供材料清单，组织元器件进行组装与调试。

四、实验报告与思考题

（1）整理驻极体话筒和光敏电阻的测试数据。

（2）声光控延时开关电路产品分析。绘出产品 PCB 图和电路原理图，整理实验测试数据及波形，并根据实验所测数据分析声光控延时开关电路的工作原理。

（3）绘出声光控延时开关设计电路图（用系列值标明元件值）和印刷电路板（PCB）图，说明电路的设计过程：

①说明电路的组成及其工作原理；

②对延时电路中有关元件进行理论计算；

③说明电路的调试过程、结果及调试中所出现的故障现象和解决方法。

（4）根据如图 5 - 3 - 4 所示的声光控延时开关电路原理图，分析在下列情况下的结果：

①当 $D_1 \sim D_4$ 中有任何一个正负极反接时；

②当 $D_1 \sim D_4$ 中有任何一个被击穿短路时；

③当单向可控硅 T_1 的 AK 之间被击穿短路时；

④当单向可控硅 T_1 的 AK 之间被烧毁开路时。

实验 5.4 通用型红外线遥控开关电路设计

一、实验目的

（1）了解红外线遥控系统的组成及其工作原理。

（2）熟悉红外线遥控系统传感器及其应用。

（3）应用所学的电子技术和熟悉的元器件，设计通用型红外线遥控开关。

二、实验原理

（一）红外线遥控系统的基本组成及其工作原理

通用型红外线遥控开关是指可以通过使用电视机等家用电器的红外遥控器来实现遥控控制的开关，它具有成本低廉、工作可靠、易于制作的特点。图 5-4-1 所示是红外线遥控系统原理组成方框图，它由发射器与接收器两部分构成。发射器由指令键、指令信号产生电路、调制电路、驱动电路及红外线发射器件组成。当指令键被按下时，指令信号产生电路便产生所需要的控制指令信号。这里的控制指令信号是以某些不同的特征来区分的。常用的区分指令信号的特征是频率特征和码组特征，即用不同的频率（频分制）或不同编码（码分制）的电信号代表不同的指令。这些不同的指令信号由调制电路进行调制后，最后由驱动电路驱动红外线发射器件，发出红外线遥控指令信号。

接收器由红外线接收器件、前置放大电路、解调电路、指令信号检出电路、驱动电路和执行电路组成。当红外接收器件收到发射器的红外指令信号时，它将红外光信号变为电信号并送入前置放大器进行放大，再经解调器后，由指令信号检出电路将指令信号检出，最后由驱动电路驱动执行电路，实现各种操作。

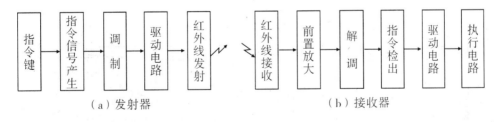

（a）发射器　　　　　　　　　　　（b）接收器

图 5-4-1　红外线遥控系统原理组成方框图

（二）红外线传感器

能发射红外线和接收红外线的光电器件叫做红外线传感器。

根据红外线传感器原理的不同，分为主动型和被动型红外线传感器。被动型红外线传感器是检测被测对象辐射的红外线能量，用于红外线摄影、红外线夜视、红外线探测、保安监控报警系统等领域。被动型红外线传感器又称热探测型传感器，主要有热电阻型、热电偶型、热释电型三种类型。红外线遥控系统使用的是主动型红外线传感器。主动型红外线传感器包括红外线发射传感器和红外线接收传感器，它们配套使用可组成一个完整的红外线发送与接收遥控系统。主动型传感器也叫光探测型传感器，常用的有红外发光二极管、光敏二极管和光敏晶体管等。这里介绍红外线遥控系统中经常使用的红外发光二极管、红外接收二极管和一体化红外接收管。

1. 红外发光二极管

红外发光二极管与可见光发光二极管的发光方式相同，只是发出的为人眼看不到的近红外光，波长范围为 0.75 ~ 1.4 μm。目前普遍采用的红外发光二极管有砷化镓（GaAs）红外发光二极管和砷铝化镓（GaAlAs）红外发光二极管。

GaAs 红外发光二极管的发光效率一般可达 10% ~ 20%，比可见光发光二极管的发光效率高得多。GaAlAs 红外发光二极管的发光效率更高，比 GaAs 红外发光二极管高出 50% ~ 80%，但价格也较高。

红外发光二极管的外形和普通发光二极管的基本相同，用透明的树脂材料封装。中、大功率的红外发光二极管采用金属或陶瓷材料作底座，用玻璃或树脂透镜作窗口，其电路符号与外形如图 5 - 4 - 2 所示。

（1）红外发光二极管的基本特性。

① 伏安特性。红外发光二极管的伏安特性曲线和普通二极管的伏安特性曲线相似，如图 5 - 4 - 3 所示。红外发光二极管的正向压降 U_F 与材料及正向电流有关。砷化镓红外发光二极管的正向压降为 1 ~ 2 V；小功率管的正向压降为 1 ~ 1.3 V；中功率管的正向压降为 1.6 ~ 1.8 V；大功率管的正向压降不高于 2 V。电源电压高于红外发光二极管的正向压降 U_F 时，方能克服死区电压产生正向电流 I_F。

红外发光二极管的反向击穿电压为 5 ~ 30 V。因此，在使用过程中，要求其反向电压不得超过 5 V，过大会造成器件损坏。在实际使用中往往要加限流电阻予以保护。

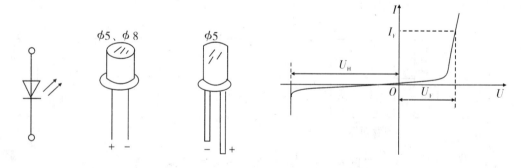

图 5 - 4 - 2 红外发光二极管的电路图形符号与外形图   图 5 - 4 - 3 红外发光二极管的伏安特性

② 输出特性。红外发光二极管的输出特性曲线如图 5 - 4 - 4 所示，它表示红外发光二极管的输出光功率 P_o 与正向工作电流 I_F 之间的关系。

当工作电流 I_F 较小时，输出光功率 P_o 与工作电流 I_F 呈线性关系；当工作电流 I_F 较大时，曲线产生了弯曲，红外发光二极管饱和，$P_\circ$ 与 I_F 就不再呈线性关系了，而是形成非线性工作区。

在红外线遥控电路中，红外发光二极管一般都工作在开关状态。因此，对于输出特性是否在线性区没有要求。

当红外发光二极管用在简单的光通信中时，它的工作状态为调幅工作状态。这时必须使红外发光二极管工作在线性区。

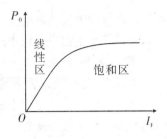

图 5 - 4 - 4　红外发光二极管的输出特性

③ 指向特性。红外发光二极管的指向特性是指它的发射光强度与光辐射呈几何角度的关系，它是由封装透镜的形状、管芯与顶端的位置决定的。图 5 - 4 - 5（a）、（b）分别画出了球面透镜与平面封装的红外发光二极管的指向特性曲线。

由图可见，球面透镜封装的管子指向角度较小，在偏离发射中心（零发射角）10°的位置上，发射光强只有 0° 位置上的 50%。平面封装的管子指向角度较大，在偏离 0°发射角 40° 时，发射光强为 0° 位置上的 50%。采用多只发射管并列安装的方法，可以改善发射光的指向特性。

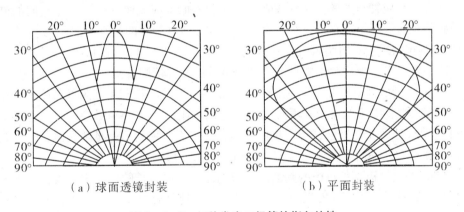

（a）球面透镜封装　　　　　　　　（b）平面封装

图 5 - 4 - 5　红外发光二极管的指向特性

用于遥控发射器的红外发光二极管所发射的红外光波长在 $0.9 \sim 1.0\ \mu m$，属于近红外光。近红外光在电磁波谱中与可见光相邻，具有可见光的反射特性。当红外遥控器在室内使用时，发射管不必正对接收管，可通过室内墙壁及家具的反射将发射的红外光反射到接收管中以实现遥控操作。红外线的这一特性使红外线遥控器的使用十分方便。

（2）红外发光二极管的主要参数。

① 工作电流 I_F 及峰值电流 I_{FP}。

正向工作电流 I_F 是指发光二极管长期正常工作时允许通过的电流。一般小功率红外发光二极管的正向工作电流为 $30 \sim 50\ mA$，在使用时，如果长时间超过 I_F 值，会使红外发光二极管发热损坏。因此，在实际应用中，必须加限流电阻进行保护。

峰值电流 I_{FP} 是指流过管子脉冲电流的最大峰值。若脉冲电流的平均值与恒定的直流值相等，则脉冲电流的幅值要比允许的工作电流大得多，其发射效率也较高。所以一般遥控发射器都采用占空比较小的脉冲工作方式。

② 管功耗 P_m 与光功率 P_o。

管功耗 P_m 是指流过管子的电流与管压降的乘积，最大功耗不得超过允许值。

发光二极管在工作过程中消耗在管内的电功率，其中一小部分转变为光功率 P_o。一般情况下，小功率红外发光二极管的光功率仅为 $1 \sim 3$ mW，发光效率只有百分之几。

③ 峰值波长 λ_P。

峰值波长是指红外发光二极管所发出的红外光中，光强最大值所对应的发光波长。在选用红外接收管时，其峰值波长应与红外发光二极管的峰值波长 λ_P 相一致或相接近，以提高其接收效率。

④ 反向漏电流 I_R。

反向漏电流是指红外发光二极管在未被击穿时反向电流的大小。这一指标应尽量小。

⑤ 响应时间 t_w。

红外发光二极管 PN 结电容的存在会影响它的工作频率。一般红外发光二极管的响应时间为 $10^{-7} \sim 10^{-6}$ s，最高工作频率约为几十兆赫。

（3）红外发光二极管的判别。

红外发光二极管与光敏二极管或光敏晶体管一般是成对使用的。由于它们的外形相近，因此很难从外形上将它们区别开来。下面介绍四种简单的判别方法。

① 若管子为透明的树脂封装，则可透过封装从管芯上进行判别。红外发光二极管的管芯下有一个浅盘，而光敏二极管和光敏晶体管的管芯下则没有。

② 若管子尺寸很小或用黑色树脂封装，则可用万用表 R×1k 挡测量其电阻。用手握住管子或用黑纸将管子包住使其不受光照，正向电阻值为 $20 \sim 40$ kΩ，反向电阻值大于 200 kΩ 的是红外发光二极管；正、反向电阻值均接近无穷大的是光敏晶体管；正向电阻值为 10 kΩ 左右，反向电阻值为无穷大的则是光敏二极管。

③ 红外发光二极管正负极的判断。一般情况下，引脚长的一端为正极，引脚短的一端为负极。透明封装的红外发光二极管，还可以看到负极内部电极较大较宽。全塑封的 Φ3mm、Φ5mm 圆形管的侧向有一小平面，靠近小平面的一端为负极。用万用表测量正、反向电阻，若正向电阻值为 $20 \sim 40$ kΩ，则黑表笔所接的引脚为正极。

④ 红外发光二极管好坏的判断。用万用表的 R×1k 挡测量，其正向电阻值在 30 kΩ 左右、反向电阻值在 200 kΩ 以上者为合格，反向电阻越大、漏电流越小越好。若反向电阻只有几十千欧，这种管子质量差；若正、反向电阻均为无穷大或零，则说明管子是坏的。

2. 红外接收二极管

红外接收二极管是在红外线的照射下会产生光电流（光电效应）的 PIN 结型光敏二极管。

红外接收二极管不受红外光照射时，内阻较大，为几兆欧以上，受红外光照射后内阻将减小到几千欧。由于红外接收二极管的输出阻抗非常高（约 1 MΩ），所以在用遥控接收器时，要使它同接口的集成电路及其他元件的阻抗实现良好匹配，并要合理配置元器件的安装位置及布线，这样才能防止受到空间杂散电波的影响，保证遥控接收器能正常工作。

（1）红外接收二极管的主要特性。

红外接收二极管的主要特性有伏安特性、光谱响应（灵敏度）特性和指向特性。

红外接收二极管伏安特性如图 5-4-6 所示，图中画出了三条特性曲线，曲线①为无光照时的特性；曲线②为中等光照时的特性；曲线③为强光照时的特性。

无光照时，红外接收二极管的伏安特性与普通二极管相同。当有红外光照时，红外接收二极管的反向电流增大，特性曲线沿电流轴向

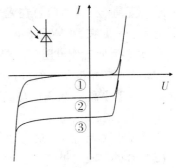

图 5-4-6　红外接收二极管伏安特性曲线

下平移，光照越强，下移越大，下移幅度与光照强度成正比。在入射光强度一定的条件下，反向电流基本不变，与反向电压无关，特性与电压轴平行。

红外接收二极管的光谱响应（灵敏度）特性曲线如图 5-4-7（a）所示。从图中可以看出，其灵敏点是在 0.94 μm（940 nm）附近，这与红外发光二极管的峰值波长正好相对应。而对波长更长或更短的光线的响应则是急剧下降的。这一点是靠红外接收二极管具有较小的结电容来实现的。此外，红外接收二极管还具有良好的分光灵敏度，能滤除外来无用光信号的干扰。

红外接收二极管的指向特性如图 5-4-7（b）所示。

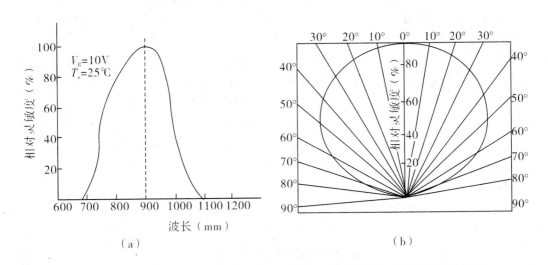

图 5-4-7　红外接收二极管光谱响应（灵敏度）特性曲线（a）和指向特性（b）

（2）红外接收二极管的主要参数。

① 光电流 I_L。

光电流是指在一定反向电压条件下，当受到光照时，流过红外接收管的电流为光电

流。一般情况下，光电流的强度为几十微安，并与入射光的强度成正比。

② 暗电流 I_D。

暗电流是指红外接收管在无光照时，加上一定的反向电压后，通过光敏二极管的反向漏电流。一般在 50 V 反压下，I_D 小于 0.1 μA。

③ 最高反向工作电压 U_R。

在无光照的情况下，红外接收管中的反向电流不大于 0.2 ~ 0.3 μA 时，允许的反向最高电压一般不高于 10 V，最高允许电压为 50 V。

④ 峰值波长 $λ_P$。

红外接收管光谱响应最灵敏的波长，一般为 0.88 ~ 0.94 μm。

（3）红外接收二极管的检测方法。

① 识别引脚极性。

从外观上识别引脚时，常见的红外接收二极管面对受光窗口，从左至右，分别为正极和负极。另外，有的红外接收二极管的管体顶端有一个小斜切平面，通常带有此斜切平面一端的引脚为负极，另一端则为正极。

用万用表电阻挡测试判别时，将万用表置于 R×1k 挡，用判别普通二极管正、负电极的方法进行检查，即交换红、黑表笔两次测量管子两引脚间的电阻值，正常时，所得阻值应为一大一小。测量阻值较小时，红表笔所接的引脚为负极，黑表笔所接的引脚为正极。

② 检测红外接收二极管的性能好坏。

方法一：用万用表电阻挡测量红外接收二极管正、反向电阻，根据正、反向电阻值的大小，即可初步判定红外接收二极管的好坏。具体检测方法与检测普通二极管正、反向电阻的方法相同。通常，用万用表 R×1k 挡进行测量，正常时，红外接收二极管的正向电阻为 3 ~ 4 kΩ，反向电阻应大于 500 kΩ。

方法二：用一个好的彩色电视机遥控器正对着红外接收二极管的受光窗口，距离为 5 ~ 10 mm。用万用表 R×1k 挡红笔接正极，黑笔接负极测量红外接收二极管的反向电阻，当按下遥控器上的按键时，若红外接收二极管性能良好，一般万用表指示的电阻值应由 500 kΩ 以上减小到 50 ~ 100 kΩ。被测管子的灵敏度越高，阻值越小。通常，持续按模拟量键（如音量、彩色饱和度等）时，红外接收二极管的反向电阻值会持续减小；而按换台、暂停等键时，阻值会脉动减小。

3. 一体化红外接收管

在红外线遥控系统中，红外接收电路必须与发射端频率一致，才能在接收到的红外线转换成的电信号中解调出指令信号。虽然如此，由于红外线发射端的载波频率基本相同，指令信号（编码数据脉冲）都是采用脉冲位置调制（PPM）方法调制在 35 ~ 40 kHz（典型值 38 kHz）载波上，再转换为红外线发射，因此可以把红外接收二极管及前置放大、整形和解调电路集成在一起，做成红外线遥控系统中通用的一体化红外接收管。

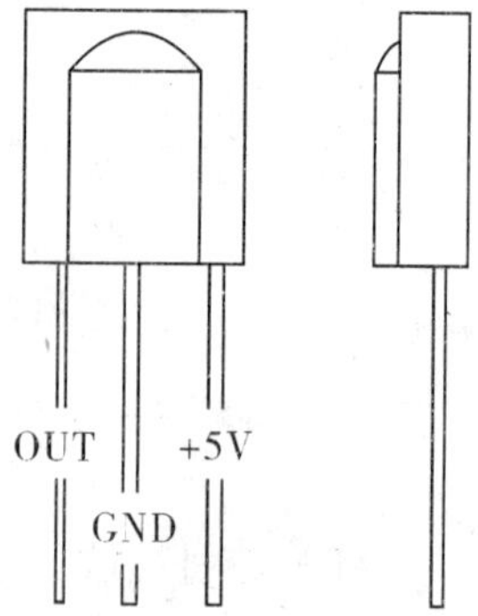

图 5 - 4 - 8　一体化红外接收管

在红外线遥控系统中常用一体化红外接收管，外形与普通三极管相似，有一凸出的受光面，三个引出脚，分别是接 +5V 端、接地端（GND）和解调信号输出端（OUT），管脚排列通常如图 5 - 4 - 8 所示（不同型号的接收管的管脚排列不尽相同）。

一体化红外接收管的检测方法是：分别接好 +5V 电源和地端，用万用表 DC10V 挡测量信号输出端对地电压，无红外线照射时为接近 5V。此时用一个好的彩色电视机遥控器正对受光窗口，当按下遥控器上的按键时，万用表测量值会脉动减小，则一体化红外接收管为正常。

（三）通用型红外线遥控开关电路介绍

图 5 - 4 - 9 所示为通用型红外线遥控开关原理电路，控制对象为照明灯泡。

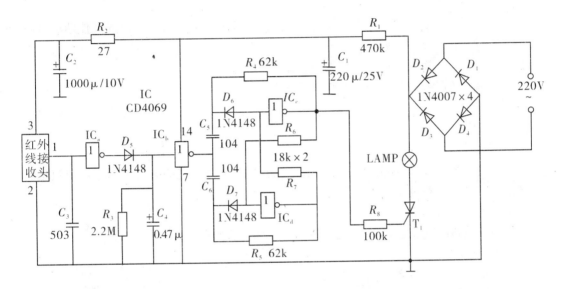

图 5 - 4 - 9　通用型红外线遥控开关原理电路图

开关电路主要由一体化红外线接收头、IC（CD4069 六反相器）和可控硅等元器件组成，包括红外线信号接收电路、信号放大电路、信号处理（解调、指令检出）电路和输出触发电路（驱动、执行电路）等部分。一体化红外线接收头、IC_a（CD4069 其中一反相器）组成红外线信号接收和放大电路。D_5、R_3、C_4 和 IC_b 等组成信号处理电路。IC_c、IC_d 和 T_1 可控硅等组成驱动、执行电路，其中，IC_c、IC_d 组成了双稳态电路。

未按遥控器时，接收头输出高电平，IC_a 输出低电平，IC_b 输出高电平。这样，每按动一次遥控器按钮，IC_b 就输出一个负脉冲信号，去触发双稳态电路，使双稳态电路翻转，其中，IC_c 输出的高电平或低电平，通过 R_8 控制单向可控硅的导通或截止，进而控制灯具的亮与灭。220 V 交流电经 $D_1 \sim D_4$、R_1、C_1 整流、降压，为开关电路提供直流电源电压。

通用型红外线遥控开关电路必须解决的关键问题之一就是抗干扰问题，因为当按动电视机等家用电器的遥控器按钮时，遥控器发出的红外线脉冲信号都有可能被开关电路的红外线接收管接收。为了防止遥控器对家用电器作常规控制时引起开关动作，开关电路接收头接收到红外信号后输出的低电平（脉冲信号），经 ICa 整形反相放大后，再经由 D_5、R_3、C_4 检波并被适当延时后才送至 IC_b 进行放大。D_5、C_4、R_3 等组成的检波延时电路，要求红外接收头接收到较长时间的红外线脉冲信号时，才能输出足够的高电平信号去触发 IC_b 放大。这样，只有维持较长时间的控制信号，才能对开关电路起作用。因此，只要要求对开关电路的控制信号维持较长时间（即按遥控器按钮较长时间），不仅可以实现对开关有效的遥控控制，还可避免遥控器对家用电器的常规控制时引起开关误动作。

三、实验内容

（1）应用一体化红外接收管设计通用型红外线遥控开关电路，可以通过使用电视机或其他家用电器的遥控器实现开关遥控控制。

（2）根据设计提供材料清单，组织元器件进行组装。

（3）调试设计制作的通用型红外线遥控开关。

四、实验报告与思考题

（1）绘出经调试最后确定的通用型红外线遥控开关设计电路原理图（用系列值标明元件值）和印刷电路板（PCB）图，并说明电路的设计过程：

①电路形式的选择；

②分析电路的组成及工作原理，说明电路中的元件的作用；

③列出材料清单。

（2）记录调试过程和测试数据。

①说明电路的调试方法并列出调试所需要的仪器；

②解释调试过程中所出现的异常现象和解决方法。

（3）总结实验的心得、体会。

（4）列出在实验过程中参阅、利用的主要参考文献资料，并说明其出处。

（5）查阅资料，了解多通道红外遥控的原理和实现方法。

（6）查阅资料，了解应用红外线传感器实现红外线通信的原理和实现方法。

（7）报警器中检测人体或其他动物使用的红外线传感器是热探测型传感器（被动型红外线传感器），查阅资料，了解热探测型传感器及其应用。

实验 5.5　交流电源过压、欠压保护电路设计

一、实验目的

（1）了解交流电源过压、欠压保护电路的基本原理。

（2）应用所学的电子技术和熟悉的元器件，设计交流电源过压、欠压保护电路。

二、实验原理

用电设备的输入电压都有一定的要求。保护电路，实现对用电设备的保护，必须做到：电网电压正常时，接通用电设备电源；当电网电压波动超过一定范围时，自动切断电源。对于我国 220V 交流电网，通常高于 240V、低于 180V 时视为不正常。

交流电源过压、欠压保护电路的原理方框图如图 5-5-1 所示。

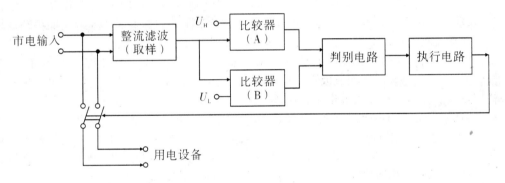

图 5-5-1　交流电源过压、欠压保护电路的原理方框图

图 5-5-2 所示是可实现交流电源过压、欠压保护功能的原理电路，两个运算放大器接成比较器。图中整流滤波电压 U_o 与输入电网电压有关。U_o 分别在两个比较器 A、B 中与直流参考电压 U_H（高）、U_L（低）进行比较，输出电压 U_A、U_B 经二极管 D_5、D_6 组成的与门判别电路送晶体管放大电路，驱动执行机构（继电器 J）工作。

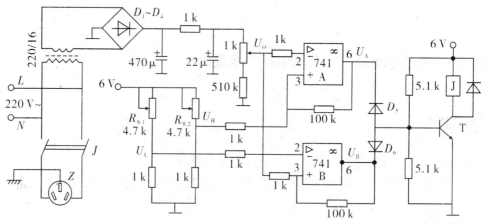

图 5-5-2 交流电源过压、欠压保护电路（之一）

图 5-5-3 所示是一种具有声光报警功能的交流电源过压、欠压保护实用电路，利用非门组成过压、欠压检测电路。市电电压一路由 C_3 降压，DW 稳压，D_6、C_2 整流滤波输出 12 V 稳定的直流电压供给电路。另一路由 D_1 整流、R_1 降压、C_1 滤波，在 R_{W1}、R_{W2} 上产生约 10.5 V 电压作为检测市电电压变化输入信号。非门 A、B 组成过压检测电路，非门 C 为欠压检测，二极管 D_2、D_3 组成与门判别电路。非门 D 为反相开关，非门 E、F 及压电陶瓷片 YD 等组成音频脉冲振荡器。三极管 T 和继电器 J 等组成保护动作电路。红色管 LED1 作市电过压指示，绿色管 LED2 作市电欠压指示。

市电正常时，非门 A 输出高电平，B、C 均输出低电平，LED1、LED2 均截止不发光，二极管 D_2、D_3 均截止，因而三极管 T 截止，J 不动作，电器正常供电。此时三极管 T 集电极输出高电平，非门 D 输出低电平，D_5 导通，非门 E 输入端为低电位，音频脉冲振荡器停振，YD 不发声。当市电过压或欠压时，非门 A、B 其中有一个输出高电平，使二极管 D_2、D_3 其中之一导通输出高电平，T 饱和导通，J 通电吸合，断开电器电源，此时 T 集电极输出低电平，非门 D 输出高电平，D_5 反向截止，反向电阻很大，相当于开路，音频脉冲振荡器起振，YD 发出报警声，同时 LED1、LED2 中相应的发光二极管发光指示。

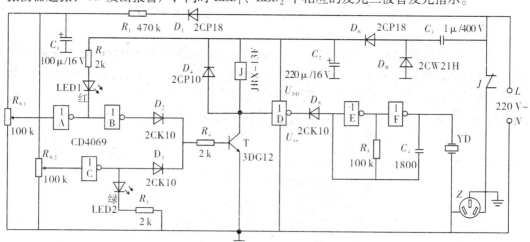

图 5-5-3 交流电源过压、欠压保护电路（之二）

交流电源过压、欠压保护电路调试时，用一台调压器供电，用 60 W 白炽灯作负载。将调压器调到在低于市电上限值（设为 240 V）与高于下限值（设为 180 V）之间时，调整 R_{W1}、R_{W2}，使 LED1、LED2 均不发光，白炽灯亮。然后将调压器调到高于市电上限值（设为 240 V）时，调整 R_{W1} 使 LED1 发光，白炽灯熄灭。再将调压器调到低于市电下限值（设为 180 V）时，调整 R_{W2} 使 LED2 发光，白炽灯熄灭。经初步调试后，还需要验证供电电压在正常范围之内时，保护电路可正常工作，调试才最后完成。

三、实验内容

（1）设计具有显示（或报警）功能的交流电源过压、欠压保护电路。根据设计提供材料清单，组织元器件进行组装。

（2）调试交流电源过压、欠压保护电路的性能，测量并记录各关键点电压。

四、实验报告与思考题

（1）绘出经调试最后确定的交流电源过压、欠压保护电路设计原理图（用系列值标明元件值）和印刷电路板（PCB）图，并说明电路的设计过程：

①电路形式的选择；

②对所选电路中的元件进行理论计算和分析；

③列出材料清单。

（2）记录调试过程和测试数据。

①说明电路的调试方法并列出调试所需要的仪器；

②解释调试过程中所出现的故障现象和解决方法；

③整理调试测量数据。

（3）总结实验的心得、体会。

（4）列出在实验过程中参阅、利用的主要参考文献资料，并说明其出处。

（5）如何在交流电源过压、欠压保护电路中增加断电延时保护功能。所谓断电延时保护，要求保护电路动作切断用电器供电后，必须经过一定的时间后才能恢复正常供电，延时时间通常可取 5～10 分钟。

实验 5.6　简易智力竞赛抢答器电路设计

一、实验目的

（1）了解智力竞赛抢答器电路组成及其工作原理。
（2）应用所学的电子技术和熟悉的元器件，设计简易智力竞赛抢答器电路。

二、实验原理

智力抢答器的总体方框图如图 5-6-1 所示，它由主体电路和扩展电路两部分组成。主体电路完成基本的抢答功能，即开始抢答后，当选手按动抢答键时，能显示选手的编号，同时能封锁输入电路，禁止其他选手抢答。扩展电路完成计时功能。

利用触发器或数据锁存器等器件可以设计出各种抢答器。

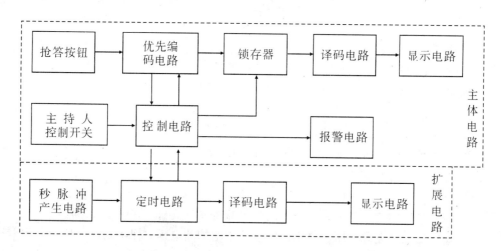

图 5-6-1　智力抢答器的总体方框图

图 5-6-2 所示是由 555 构成的施密特触发器组成的 4 路抢答器电路。当加在 555 ②脚和⑥脚的电压超过 $2/3U_{CC}$ 时，③脚输出为低电平；当②脚和⑥脚的电压低于 $1/3U_{CC}$ 时，③脚输出为高电平。按下开关 S 键，施密特触发器加电，由于没有触发脉冲，晶闸管 $T_1 \sim T_4$ 均处于关断状态，②脚和⑥脚经过 R_1 接地而为低电平，③脚输出为高电平，LED 发亮，此时抢答器处于等待状态。$S_1 \sim S_4$ 为抢答按钮。若 S_1 被按下，则 D_1 导通。电源经过 D_1 和 T_1 作用于 555 的②脚和⑥脚，施密特触发器翻转，③脚输出转为低电平。此时若再有按下其他键，由于③脚输出为低电平，其他晶闸管均不能被触发导通，这样就实现了锁存抢答信号的功能。需要经过再次按动开关 S，才能使抢答器重新处于等待

状态。

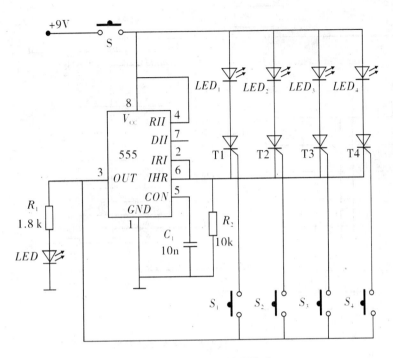

图 5 – 6 – 2 四路抢答器电路

图 5 – 6 – 3 所示是应用 8D 锁存器 74LS373 组成的 8 路抢答器的电路。当无选手按下抢答器时，作用在锁存器的输入数据 $D_7 \sim D_0 = 0 \sim 0$；若按下复位开关 S，则 74LS00 输出高电平"1"，使 74LS373 数据锁存器输出 $Q_7 \sim Q_0 = 0 \sim 0$，隔离二极管不导通，音乐电路不工作，此时，反相驱动三极管截止，相应指示灯不亮。如 1 号选手首先按下按钮开关时，则对应的输入数据 D_0 变为高电平"1"，则相应输出 Q_0 也为高电平"1"，该信号一方面使驱动三极管饱和导通，点亮相应指示灯，同时也触发音乐片发声。另一方面，经隔离二极管使 74LS00 输出低电平"0"，使 74LS373 进入锁存状态，此时其他选手再按下按钮也不起作用。

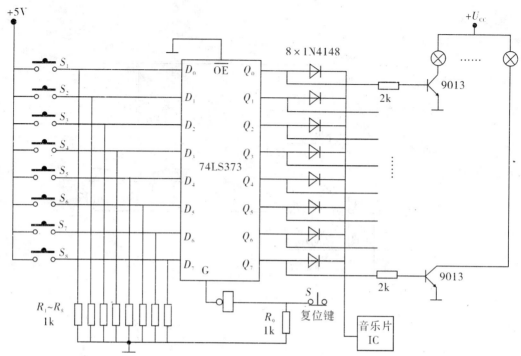

图 5 - 6 - 3　八路智力竞赛抢答器电路

图 5 - 6 - 4 所示是应用 BCD 码译码器 CD4511 设计的具有数显功能的 9 路抢答器电路，与其他抢答器电路相比较，其有分辨时间极短、结构简单、成本低、制作方便等优点，并且还有防作弊功能。

抢答器工作原理说明如下。$S_1 \sim S_9$ 为 9 个抢答按键，CD4511 是 BCD 码 7 段译码器，CD4068 是八输入与非门，$D_1 \sim D_{11}$ 起对轻触按键进行 BCD 编码的作用。初始状态下，CD4511 驱动 LED 数码管显示数字 0；即 A、B、C、D、E、F 这六个笔画均为 "1"，G 笔画为 "0"。现将 G 笔画信号用三极管反相，把数字 0 对应的笔画信号变为全是 "1"，然后将这些笔画信号送给八输入与非门 CD4068。根据与非门的逻辑关系可知 CD4068 输出为 "0"，这样，7 段译码器 CD4511 就处在了译码状态。因为除 0 外的其他数字对应的笔画信号不为 1，不能使 CD4068 输入全是 "1"，也不能使 7 段译码器 CD4511 处于译码状态。所以当有按键按下时，CD4068 就输出锁存信号 "1"，致使 7 段译码器 CD4511 把所键入的数字锁存显示。这样，后按下的键就不起作用了，数码管上就只显示最先按下的键号，起到了抢答的作用。

R_3 和 C_1 组成积分电路对锁存信号作非常短暂的延时，其作用是让数字电路有足够的响应时间，使之锁存稳定，不至于显示乱码。C_2 的作用是将直流触发变为脉冲触发，使音乐电路每抢答一次只响一次。S_{10} 为复位键。该键可在主持人喊 "开始" 前按下。若 S_{10} 键按下后不显示为 0，则说明有人在作弊，所显示的是哪个数字就是哪个选手在作弊。

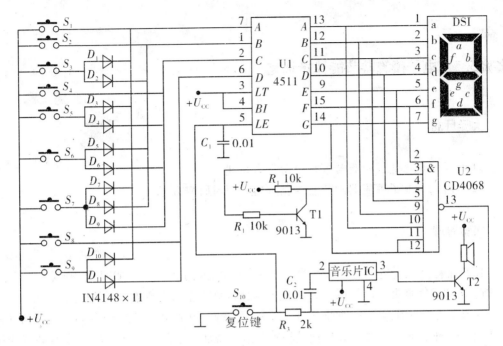

图5-6-4 具有数显功能的抢答器电路

可以实现抢答功能的方法还有很多。除了前面介绍的抢答和显示这两项最基本的主体电路功能外，实用的智力竞赛抢答器通常还需具有计时、报时等扩展电路功能。

三、实验内容

（1）设计不少于4路的智力竞赛抢答器电路（带数显功能与否自定）。根据设计提供材料清单，组织元器件进行组装。

（2）调试设计制作的智力竞赛抢答器。

四、实验报告与思考题

（1）绘出经调试最后确定的智力竞赛抢答器设计电路原理图（用系列值标明元件值）和印刷电路板（PCB）图，并说明电路的设计过程：

① 电路形式的选择；

② 分析电路的工作原理，说明电路中的元件的作用；

③ 列出材料清单。

（2）记录调试过程和测试数据。

① 说明电路的调试方法并列出调试所需要的仪器；

② 解释调试过程中所出现的异常现象和解决方法。

（3）总结实验的心得、体会。

（4）列出在实验过程中参阅、利用的主要参考文献资料，并说明其出处。

（5）如何在基本抢答器的基础上增加倒计时功能（时间显示、最后10秒报时）？

实验 5.7 电子镇流器节能性能研究

一、实验目的

（1）了解高频电子镇流器电路及其工作原理。

（2）通过对电子镇流器的节能性能研究，学习研究方法。

二、实验原理

降低能耗是目前建设可持续发展节能型社会的热门话题。自 1997 年 10 月 1 日我国正式启动"绿色照明工程"以来，各式各样的高效节能灯已获得广泛的应用。

电子节能灯实质就是一种日光灯，又称荧光灯。日光灯、霓虹灯、高压汞灯等气体放电灯是一种负阻性电光源，要使其稳定工作，需加一个限流装置，这个限流装置叫镇流器。目前气体放电灯使用的镇流器主要有两种：电感式镇流器和高频电子镇流器。使用电感式镇流器的普通日光灯电路如图 5 - 7 - 1 所示。图中 H 为日光灯管，L 为电感式镇流器，S 为氖泡启辉器。

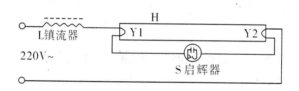

图 5 - 7 - 1　电感式镇流器普通日光灯电路

由于电感式镇流器工作在工频市电频率，体积大、笨重，还要消耗大量的铜和硅钢灯金属材料，存在散热困难、镇流效率差、发光有频闪、电路功率因数低等缺点，所以电光源界的科技工作者一直在寻找新的镇流方法。高频电子镇流器就是一种有效的方法。

典型的高频电子镇流器电路如图 5 - 7 - 2 所示。图中 $D_1 \sim D_4$ 组成桥式整流电路；D_6 为双向触发二极管；变压器 B 采用高频铁氧体磁环，L_1、L_2、L_3 均用高强度漆包线绕在磁环上；L_4 则是用 EE 型或 EI 型铁氧体磁芯来制作的非饱和并具有漏磁的扼流圈。

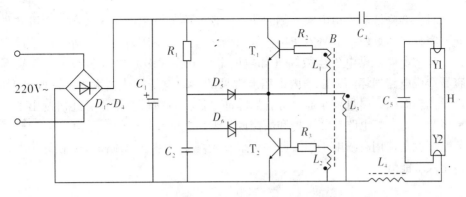

图 5 - 7 - 2　高频电子镇流器

高频电子镇流器电路的工作原理说明如下。

市电经 $D_1 \sim D_4$ 整流、C_1 滤波后，得到约 300 V 左右的直流电压，作为开关功率管 T_1、T_2 的电源。R_1、C_2 及双向触发二极管 D_6 组成锯齿波发生器，用于启动电路。双向触发二极管 D_6 的触发导通电压为 32 V 左右。开启电源，300 V 整流滤波电压通过 R_1 对 C_2 充电，当 C_2 上的电压达到 D_6 的转折电压时，双向触发二极管被击穿，同时给 T_2 的基极注入一个脉冲电流，使之导通并很快饱和，并使磁环进入磁饱和状态。磁饱和后磁通的变化量趋于零，绕组 L_1、L_2 感生电势瞬时为零，使 T_2 基极电流减小而脱离饱和区。L_1、L_2 的极性耦合构成一个正反馈过程，T_2 基极电流的减小在各绕组上感应出反相电动势，此时 T_1 的基极为正电位。在正反馈的作用下，T_1 从截止状态跃变到饱和状态，而 T_2 的状态恰好与 T_1 相反，变为截止状态。T_1 导通后，与上述工作过程相同，磁通再次趋于饱和并使磁通量的变化再次趋于零，绕组 L_1、L_2 感生电势又瞬时为零，使 T_1 脱离饱和区，正反馈过程导致 T_1 截止，T_2 饱和。如此周而复始，循环工作。D_5 是为 C_2 放电而设的，其作用是阻止启动电路在 T_1 饱和导通后继续对 T_2 提供激励信号，避免 T_1、T_2 同时饱和导通而烧毁。

利用振荡变压器 B 绕组 L_1、L_2 的正反馈耦合作用及其磁饱和特性，使 T_1、T_2 轮流导通，电路振荡产生方波电压。振荡电压馈到 L_3、L_4 和 C_5 组成的串联谐振回路，形成高频（25 ~ 60 kHz）近似正弦波电压。当 C_5 上的谐振电压大于灯的点亮电压时，日光灯启辉被点亮。

综上所述，高频电子镇流器是一个典型的自激振荡、LC 串联谐振半桥逆变电路为灯负载供电的功率变换电路。谐振主要由 L_4、C_5 完成（由于 $L_4 \gg L_3$，所以这里主要考虑 L_4 的电感量，C_4 为隔直电容），利用谐振时电容 C_5 上的高频高电压点亮灯负载。当灯管启辉点亮后，电路处于失谐状态。当负载电流发生变化时，会影响谐振回路的 Q 值，从而影响谐振电容上的谐振电压，实现稳定灯负载电流的作用。

这种 LC 串联谐振半桥逆变的高频电子镇流器电路设计比较简单，可靠性好。同时，它对高反压大功率管要求较低（耐压 ≥ 450 V），大电解电容的耐压要求也不高，因此可以降低成本，并为批量生产提供有利条件。但这种高频电子镇流器半桥逆变级工作在高频开关逆变状态下，会产生很强的高次谐波，其产生相应的电磁辐射干扰影响其他用电设备的同时，会降低交流市电输入侧的功率因数，降低电源的供电效率。它没有灯丝预热功能，容易产生灯丝电极溅射作用，从而降低灯丝的使用寿命。此外，由于没有保护电路，一旦市电电源供电发生故障（如电网电压升高过多）或灯负载发生破裂等故障时，容易造成电路损坏。所以国内市场上常见的高频电子镇流器大多采用改进型电路，提供灯丝预热时间，尽量减小通过灯管的脉冲电流。目前科技工作者还研制出了众多具有功率因数校正、灯电路故障保护和数控调光等功能的高性能的电子镇流器产品。

节能灯就是使用高频电子镇流器的小型日光灯，把电子镇流器安装在灯头上，可做成一体化式节能灯。

三、实验内容

（1）熟悉实验用的高频电子镇流器。按照实物，画出电子镇流器的 PCB（印刷电路板）图和原理电路图，分析电路工作原理。

（2）研究高频电子镇流器对电路性能的影响及其节能效果。建议采用普通日光灯管或节能灯管电路用高频电子镇流器代替电感式镇流器，对照测量电路的各种参数（电流、电压、功率、功率因数等）的方法进行研究。

（3）解剖某一市场上的一体化节能灯中的高频电子镇流器。按照实物，画出电子镇流器的 PCB 图和原理电路图，分析电路工作原理。

（4）研究一体化电子节能灯的节能效果。建议采用具有相同亮度的白炽灯与节能灯对照测量的方法进行研究，光源的亮度用光度计测量。

四、实验报告与思考题

根据实验总结撰写一篇题目为"电子镇流器性能研究"的科技小论文，论文应包括如下八方面的内容：

（1）介绍实验研究的电子镇流器电路原理图和印刷电路板图（标明元件的参数），简述电子镇流器电路的工作原理。

（2）说明在各项实验研究中采用的研究方案（方法）及原理，并列出实验研究所需要的仪器、设备及材料。

（3）记录并整理实验研究中的测量数据。

（4）根据实验测量数据分析，初步总结出研究结论（电子镇流器对电路性能的影响及其节能效果）。

（5）总结实验的心得、体会。

（6）列出在实验研究过程中参阅、利用的主要参考文献资料，并说明其出处。

（7）电子节能灯能否用于声光控开关电路（声光控开关电路可参阅本书实验 5.3）。

（8）试用最简单的方法实现应用电子镇流器的节能灯的亮度调节。

实验 5.8　数字钟电路设计

一、实验目的

（1）掌握常用的进制计数器设计。

（2）掌握秒脉冲信号的产生方法。

（3）掌握译码显示的原理。

（4）熟悉整个数字钟的工作原理。

二、实验设备及材料

数字逻辑电路实验箱，数字钟电路设计元器件，双踪示波器，万用表等常用工具。

三、实验原理

数字钟的基本功能要求包括：

（1）准确计时，以数字形式显示时、分、秒的时间；

（2）小时计时的要求为"12 翻 1"，分与秒的计时要求为六十进制；

（3）具有校时功能；

（4）模仿广播电台整点报时（前四响为低音，最后一响为高音）。

数字钟组成原理方框如图 5-8-1 所示，由晶振、分频器、计时器、译码器、显示器和校时电路等组成。

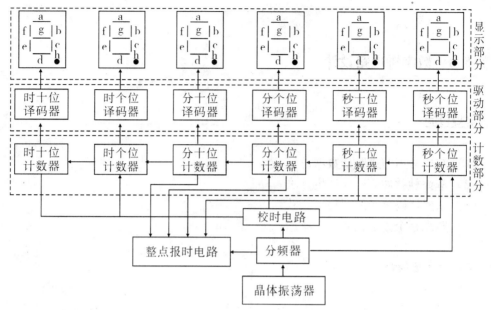

图 5 - 8 - 1   数字钟的原理方框图

电路的工作原理为：

由晶振产生稳定的高频脉冲信号，作为数字钟的时间基准，再经分频器输出标准秒脉冲。秒计数器计满 60 后向分计数器进位，分计数器计满 60 后向小时计数器进位，小时计数器按照"12 翻 1"的规律计数，到小时计数器也计满后，系统自动复位重新开始计数。计数器的输出经译码电路后送到显示器显示。计时出现误差时可以用校时电路进行校时。整点报时电路在每小时的最后 50 秒开始报时（奇数秒时）直至下一小时开始，其中前 4 响为低音，分别为 51 秒，53 秒，55 秒，57 秒；第 59 秒最后一响发高音。高音、低音时间均持续 1 秒。

1. 晶体振荡器

晶体振荡器是数字钟的核心。振荡器的稳定度和频率的精确度决定了数字钟计时的准确程度，通常采用石英晶体构成振荡器电路。一般说来，振荡器的频率越高，计时的精度也就越高。在此实验中，采用的是信号源单元提供的 1 Hz 秒脉冲，它同样是采用晶体分频得到的。

2. 分频器

因为石英晶体的频率很高，要得到秒信号需要用到分频电路。由晶振得到的频率经过分频器分频后，得到 1 Hz 的秒脉冲信号、500 Hz 的低音信号和 1 000 Hz 的高音信号。

3. 秒计时电路

由分频器来的秒脉冲信号，首先送到"秒"计数器进行累加计数，秒计数器应完成一分钟之内秒数目的累加，并达到 60 秒时产生一个进位信号。可以选用一片 74LS90 和一片 74LS92 组成六十进制计数器，采用反馈归零的方法来实现六十进制计数。其中，"秒"十位是六进制，"秒"个位是十进制。如图 5 - 8 - 2 所示。

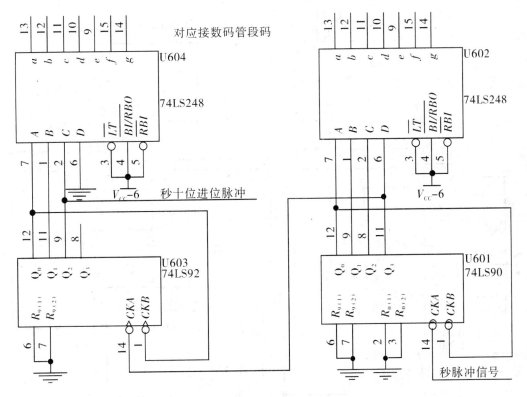

图 5 - 8 - 2 秒计时电路原理图

4. 分计时电路

"分"计数器电路是由六十进制构成。可采用与"秒"计数器完全相同的结构，用一片 74LS90 和一片 74LS92 构成。

5. 小时计时电路

"12 翻 1"小时计数器是按照"01—02—03—…—11—12—01—02—…"规律计数的，这与日常生活中的计时规律相同。在此实验中，小时的个位计数器由 4 位二进制同步可逆计数器 74LS191 构成，十位计数器由 D 触发器 74LS74 构成，将它们级连组成"12 翻 1"小时计数器。如图 5 - 8 - 3 所示。

计数器的状态要发生两次跳跃：一是计数器计到 9，即个位计数器的状态为 $Q_{03}Q_{02}Q_{01}Q_{00}=1001$，在下一脉冲作用下计数器进入暂态 1010，利用暂态的两个 1 即 $Q_{03}Q_{01}$ 使个位异步置 0，同时向十位计数器进位使 $Q_{10}=1$；二是计数器计到 12 后，在第 13 个脉冲作用下个位计数器的状态应为 $Q_{03}Q_{02}Q_{01}Q_{00}=0001$，十位计数器的 $Q_{10}=0$。第二次跳跃的十位清 0 和个位置 1 信号可由暂态为 1 的输出端 Q_{10}、Q_{01}、Q_{00} 来产生。

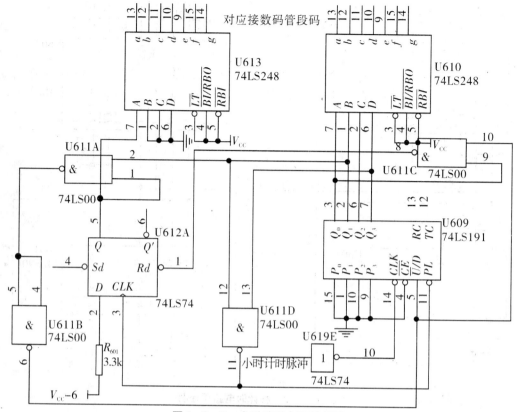

图 5 - 8 - 3　小时计时电路原理图

6. 译码显示电路

译码电路的功能是：将"秒"、"分"、"时"计数器中每个计数器的输出状态（8421 码）翻译成七段数码管显示十进制数所要求的电信号，再经数码管把相应的数字显示出来。译码器采用 74LS248 译码/驱动器。显示器采用七段共阴极数码管。

7. 校时电路

当数字钟走时出现误差时，需要校正时间。校时控制电路实现对"秒"、"分"、"时"的校准。在此给出分钟的校时电路，小时的校时电路与它相似，不同的是进位位。如图 5 - 8 - 4 所示。

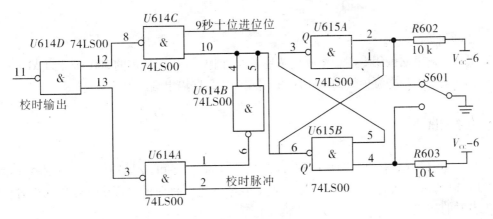

图 5 - 8 - 4 校时电路原理图

8. 整点报时电路

当"分"、"秒"计数器计时到 59 分 50 秒时，"分"十位的 $Q_{D4} Q_{C4} Q_{B4} Q_{A4} = 0101$，"分"个位的 $Q_{D3} Q_{C3} Q_{B3} Q_{A3} = 1001$，"秒"十位的 $Q_{D2} Q_{C2} Q_{B2} Q_{A2} = 0101$，"秒"个位的 $Q_{D1} Q_{C1} Q_{B1} Q_{A1} = 0000$，由此可见，从 59 分 50 秒到 59 分 59 秒之间，只有"秒"个位计数，而 $Q_{C4} = Q_{A4} = Q_{D3} = Q_{A3} = Q_{C2} = Q_{A2} = 1$，将它们相与，即：$C = Q_{C4} Q_{A4} Q_{D3} Q_{A3} Q_{C2} Q_{A2}$，每小时最后十秒钟 $C = 1$。在 51、53、55、57 秒时，"秒"个位的 $Q_{A1} = 1$，$Q_{D1} = 0$；在 59 秒时，"秒"个位的 $Q_{A1} = 1$，$Q_{D1} = 1$。

将 C、Q_{A1}、$\overline{Q_{D1}}$ 相与，让 500 Hz 的信号通过，将 C、Q_{A1}、Q_{D1} 相与，让 1 kHz 的信号通过就可实现前 4 响为低音 500 Hz，最后一响为高音 1 kHz，当最后一响完毕时正好整点。整点报时电路如图 5 - 8 - 5 所示。

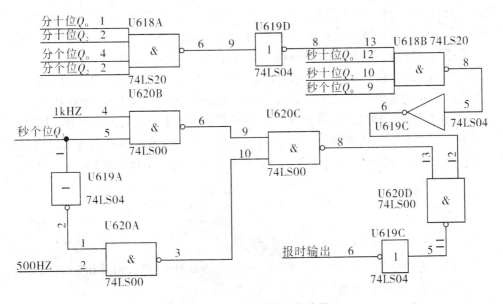

图 5 - 8 - 5 整点报时电路图

9. 报时音响电路

报时音响电路采用专用功率放大芯片来推动喇叭。报时所需的 500 Hz 和 1 kHz 音频信号，分别取自信号源模块的 500 Hz 输出端和 1 kHz 输出端。

四、电路调试

（1）秒计时电路。将"秒计时脉冲"接信号源单元的 1 Hz 脉冲信号，此时秒显示将从 00 计时到 59，然后回到 00，重新计时。在秒位进行计时的过程中，分位和小时位均是上电时的初值。

（2）分计时电路。将"分计时脉冲"接信号源单元的 1 Hz 脉冲信号，此时分显示将从 00 计时到 59，然后回到 00，重新计时。在分位进行计时的过程中，秒位和小时位均是上电时的初值。

（3）小时计时电路。将"小时计时脉冲"接信号源单元的 1 Hz 脉冲信号，此时小时显示将从 01 计时到 12，然后回到 01，重新计时。在小时位进行计时的过程中，秒位和分位均是上电时的初值。

（4）数字钟电路级连。将"秒计时脉冲"接信号源单元的 1 Hz 脉冲信号，"秒十位进位脉冲"接"分计时脉冲"，"分十位进位脉冲"接"小时计时脉冲"，此时就组成了一个标准的数字钟。进位的规律为：秒位计时到 59 后，将向分位进 1，同时秒位变成 00，当分位和秒位同时变成 59 后，再来一个脉冲，秒位和分位同时变成 00，同分位向小时位进 1，小时的计时为从 01 计时到 12，然后回到 01。

（5）校时电路。拆掉上述级连时的连线。再将"秒计时脉冲"、"校时脉冲"、"校分脉冲"接信号源单元的 1 Hz 秒脉冲信号，"秒十位进位脉冲"接"秒十位进位位"，"分十位进位脉冲"接"分十位进位位"，"分校准"接"分计时脉冲"，"时校准"接"小时计时脉冲"，此时就可以对数字钟进行校准。在校准分位的过程中，秒位的计时和小时位不受任何影响，同样在校准小时位时，秒位和分位不受影响。

（6）报时电路。保持步骤 5 的连线不变，将"报时输出"接扬声器的输入端（实验箱右下角），"报时高音"和"报时低音"分别接信号源单元的 1 kHz、500 Hz 信号。将分位调整到 59 分，当秒位计时到 51 秒时，扬声器将发出 1 秒左右的告警音，同样在 53 秒，55 秒，57 秒均发出告警音，在 59 秒时，将发出另外一种频率的告警音，提示此时已经是整点了，同时秒位和分位均变成 00，秒位重新计时，小时位加 1。

五、实验内容

（1）设计数字钟的时钟电路，连线并调试。

（2）设计分频电路，获得 1 Hz 的秒脉冲信号、500 Hz 的低音信号和 1 kHz 的高音信号。连线并调试，用示波器观察结果。

（3）设计计数电路，连线并调试。

（4）设计校时电路和报时电路，连线并调试。

（5）根据数字钟电路系统的组成框图，按照信号的流向分级安装，逐级级联，调试整个电路，测试数字钟系统的逻辑功能并记录实验结果。

六、预习要求

（1）复习计数器、译码器及七段数码管的原理及使用。

（2）熟悉实验内容，理解数字钟电路原理和电路调试方法。

（3）绘出数字钟实验各组成部分的详细电路图。

七、实验报告与思考题

（1）绘出整个数字钟设计电路图。

（2）整理实验记录数据，分析、总结实验结果。

（3）记录数字钟电路调试过程，解释调试过程中所出现的异常现象和解决方法。

（4）若将小时电路改为"24 翻 1"，则应做什么修改？若要把整点报时功能改为几点则报几声，电路又该如何修改？

（5）数字钟电路级连时如果出现时序配合不同步，或尖峰脉冲干扰，引起逻辑混乱时，如何消除这些干扰和影响？

（6）显示中如果出现字符变化很快而模糊不清时，如何消除这种现象？

实验 5.9　可控定时器电路设计

一、实验目的

（1）掌握常用信号产生电路的工作原理。

（2）熟悉可控定时器电路的组成及工作原理。

（3）掌握可控定时器基本电路的设计方法。

二、实验设备及材料

数字逻辑电路实验箱，可控定时器电路设计元器件，万用表等常用实验工具。

三、实验原理

可控定时器电路要求实现的功能是：

（1）具有显示二位十进制数的功能；

（2）设置外部操作开关，控制定时器的直接清零、启动和暂停/连续功能；

（3）定时时间可在 0 ~ 99 秒内任意设置，步进时间隔为 1 秒；

（4）计时器递减到零时或递增到最大值时数码显示不能灭灯，同时发出报警信号。

可控定时电路一般由秒脉冲发生器、计数器、译码显示电路、辅助时序控制电路（简称控制电路）和报警电路 5 个部分组成，电路的总体组成方框如图 5 - 9 - 1 所示，其中，计数器和控制电路是系统的主要部分。

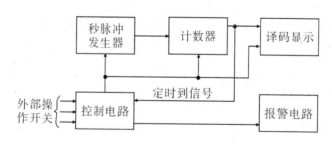

图 5 - 9 - 1 可控定时器电路原理方框图

1. 秒脉冲发生器

秒脉冲发生器产生的信号是电路的时钟脉冲和定时标准，在要求不高的场合，秒脉冲产生电路可以由 555 集成电路或多谐振荡器来产生，还可以使用实验箱中信号源部分的 1 Hz 秒脉冲信号。

2. 计数器

计数器完成计时功能，实现二位十进制数的任意加减计数。计数器电路设计可参考实验 2.10，应用集成计数器（如 74LS192 等）构成二位十进制加法/减法计数器。

3. 控制电路

控制电路完成计数器的直接清零、启动计数、暂停/连续计数等功能。控制电路包括置数控制电路和时钟信号控制电路。

（1）置数控制电路。

置数控制电路对计数器进行置数，并启动计数器开始加、减计数的功能，实现"定时时间控制"和定时器"启动"开关功能。

（2）时钟信号控制电路。

时钟信号控制电路实现定时器"中断"，即"暂停/连续"开关功能。它通过控制时钟信号（进入计时器的 1 Hz 秒脉冲信号）来实现。当定时时间未到时，1 Hz 信号受"暂停/连续"开关的控制，当开关处于"暂停"状态时，封锁 1 Hz 信号，计数器暂停计数；当开关处于"连续"状态时，放行 1 Hz 信号，计数器在 1 Hz 信号的作用下，继续累计计数。当定时时间到时，封锁 1 Hz 信号，计数器保持 0 状态不变，从而实现了时钟信号控制的功能。

4. 译码显示电路

译码显示电路动态显示定时时间。可采用 74LS248 和共阴的七段数码管组成。

5. 报警电路

当到达预定时间时，报警电路发出报警声，告知定时时间到。报警电路可由单稳态触发器组成。

四、实验内容

（1）分别设计秒脉冲发生器、计数器、控制电路、译码显示电路和报警电路，连线并调试。

（2）将计数器与译码显示电路、控制电路、报警电路连成一个完整的定时电路，并调试。

五、预习要求

（1）复习集成同步十进制加/减计数器的工作原理。

（2）若用 555 电路产生秒脉冲信号，应如何实现？

（3）仔细阅读实验指导书，分析定时电路的工作原理，画出各部分的电路图。

六、实验报告与思考题

（1）绘出完整的可控定时器设计电路图。

（2）整理实验记录数据，分析、总结实验结果。

（3）记录可控定时器电路调试过程，解释调试过程中所出现的异常现象并提出解决方法。

（4）如何实现 0～99 秒内的任意加减定时？

（5）若要实现篮球比赛中的 24 秒定时，需要如何连接？

（6）试用可控定时器电路实现十字路口的交通灯计时电路，实现循环定时。

附　录

附录 1　实验常用 TTL 集成电路芯片引脚功能介绍

74LS00　四2输入与非门 	**74LS02　四2输入或非门** 	**74LS03　集电极开路四2输入与非门**
74LS04　六反相器 	**74LS08　四2输入与门** 	**74LS10　三3输入与非门**
74LS11　三3输入与门 	**74LS20　双4输入与非门** 	**74LS30　8输入与非门**
74LS32　四2输入或门 	**74LS47/247** **BCD-七段译码/驱动器** 	**74LS48(上拉电阻)/248** **(三态)集电极开路-** **七段译码器**

74LS74 双D触发器 (上升沿触发)	**74LS76** 双JK下降沿触发器	**74LS83** 4位二进制全加器
74LS85 4位数值比较器	**74LS86** 四2输入异或门	**74LS90** 二—五—十进制计数器
74LS112 双下降沿JK触发器	**74LS125** 四总线缓冲器(三态,低有效)	**74LS138** 3-8线译码器
74LS151 8选1数据选择器	**74LS153** 双4选1数据选择器	**74LS161/163** 4位二进制同步计数器
74LS174 六上升沿D型触发器	**74LS175** 四上升沿D型触发器	**74LS192** 4位同步十进制加减计数器

74LS194
4位双向通用移位寄存器

1	$\overline{MR}$	Vcc	16
2	SR	Q_0	15
3	D_0	Q_1	14
4	D_1	Q_2	13
5	D_2	Q_3	12
6	D_3	CLK	11
7	SL	S_1	10
8	GND	S_0	9

74LS196 可预置十进/二、五混合进制计数器/锁存器

1	CT/$\overline{LD}$	Vcc	14
2	Q_C	$\overline{CR}$	13
3	C	Q_D	12
4	A	D	11
5	Q_A	B	10
6	CP	Q_B	9
7	GND	CP	8

74LS283
四位二进制超前进位全加器

1	Σ_2	Vcc	16
2	B_2	B_3	15
3	A_2	A_3	14
4	Σ_1	Σ_4	13
5	A_1	A_4	12
6	B_1	B_4	11
7	C_0	Σ_3	10
8	GND	C_4	9

555定时器

放电端　阈值端　控制电压输入

Vcc +5v

8	7	6	5
	NE	555P	
1	2	3	4

地　触发端　输出端　复位端

共阴数码管

10	9	8	7	6

g f a b

a
f g b
e c
d h

e d c h

1	2	3	4	5

共阳数码管

10	9	8	7	6

c f Vcc a b

a
f g b
e c
d h

e d Vcc c h

1	2	3	4	5

CO4017
十进制计数/分频器

1	Y_5	V_{DD}	16
2	Y_1	R	15
3	Y_0	CP	14
4	Y_2	$\overline{EN}$	13
5	Y_6	$\overline{CO}$	12
6	Y_7	Y_9	11
7	Y_3	Y_4	10
8	V_{SS}	Y_8	9

CO4020
14位二进制串行计数器

1	Q_{12}	V_{DD}	16
2	Q_{13}	Q_{11}	15
3	Q_{14}	Q_{10}	14
4	Q_6	Q_8	13
5	Q_5	Q_9	12
6	Q_7	R	11
7	Q_4	CP	10
8	V_{SS}	Q_1	9

CO4028
BCD—十进制译码器

1	Y_4	V_{DD}	16
2	Y_2	Y_3	15
3	Y_0	Y_1	14
4	Y_7	B	13
5	Y_8	C	12
6	Y_5	D	11
7	Y_6	A	10
8	V_{SS}	Y_9	9

CC40192（十进制）/193（二进制）4位同步加减计数器

1	P_1	V_{DD}	16
2	Q_1	P_0	15
3	Q_0	MR	14
4	CPd	TCu	13
5	CPu	TCd	12
6	Q_2	LD	11
7	Q_3	P_2	10
8	V_{SS}	P_3	9

ADC0809
模/数转换器

1	IN_3	IN_2	28
2	IN_4	IN_1	27
3	IN_5	IN_0	26
4	IN_6	A_0	25
5	IN_7	A_1	24
6	START	A_2	23
7	EOC	ALE	22
8	D_3	D_7	21
9	OE	D_6	20
10	CLOCK	D_5	19
11	VCC	D_4	18
12	REF+	D_0	17
13	OND	REF-	16
14	D_1	D_2	15

ADC0832
数/模转换器

1	$\overline{CS}$	Vcc	20
2	$\overline{WR1}$	ILE	19
3	AGND	$\overline{WR}$	18
4	D3	$\overline{XFER}$	17
5	D2	D4	16
6	D1	D5	15
7	D0	D6	14
8	VREF	D7	13
9	RfB	IOUT2	12
10	DGND	IOUT1	11

附录2 常用电子器件的认识

电子元器件是组成一个电子产品的重要部分。对于电子工程技术人员来说,全面了解各类电子元器件的结构及特点,正确选择并合理地应用它们,是成功研制电子产品的重要因素之一。

附录2.1 电阻器

电阻器是电子电路常用元件,属于无源器件。电阻器对交流、直流都有阻碍作用,常用于控制电路中电流和电压的大小。

一、电阻器的命名方法

根据国家标准 GB2470 – 81 的规定,电阻器的型号由以下几部分组成(见下图)。各部分的代号及其意义见表 2 – 1 – 1 所示。

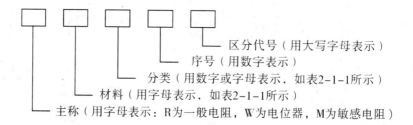

区分代号(用大写字母表示)
序号(用数字表示)
分类(用数字或字母表示,如表2–1–1所示)
材料(用字母表示,如表2–1–1所示)
主称(用字母表示:R为一般电阻,W为电位器,M为敏感电阻)

表 2 - 1 - 1　电阻器型号命名方法

第1部分：主称		第2部分：材料		第3部分：特征分类			第4部分：序号
符号	意义	符号	意义	符号	意义		
					电阻器	电位器	
R	电阻器	T	碳膜	1	普通	普通	对主称、材料相同，仅性能指标、尺寸大小有差别，但基本不影响互换使用的产品，给予同一序号；若性能指标、尺寸大小明显影响互换时，则在序号后面用大写字母作为区别代号
W	电位器	H	合成膜	2	普通	普通	
		S	有机实芯	3	超高频	—	
		N	无机实芯	4	高阻	—	
		J	金属膜	5	高温	—	
		Y	氧化膜	6	—	—	
		C	沉积膜	7	精密	精密	
		I	玻璃釉膜	8	高压	特殊函数	
		P	硼碳膜	9	特殊	特殊	
		U	硅碳膜	G	高功率	—	
		X	线绕	T	可调	—	
		M	压敏	W	—	微调	
		G	光敏	D	—	多圈	
		R	热敏	B	温度实偿用	—	
				C	温度测量用	—	
				P	旁热式	—	
				W	稳压式	—	
				Z	正温度系数	—	

例如，RJ71 表示精密金属膜电阻器，WSW1A 表示微调有机实芯电位器。

二、电阻器的分类及特点

电阻器种类繁多。按结构形式可分为固定数值电阻和可变电阻器（又称电位器）。按材料可分为薄膜类、合金类、合成类和敏感类等。电阻器按功率规格可分为 1/16、1/8、1/4、1/2、1、2、5、10、25、50、100 W 等。按误差范围可分为：普通型（±5%、±10%、±20% 等）和精密型（±2%、±1%、±0.5% 等）。

1. 薄膜类

在玻璃或陶瓷基体上沉积一层碳膜、金属膜、金属氧化膜等形成电阻薄膜，膜的厚度一般在几微米以下。

（1）金属膜电阻（型号：RJ）。

在陶瓷骨架表面，经真空高温或烧渗工艺蒸发沉积一层金属膜或合金膜。其特点是：精度高、稳定性好、噪声低、体积小、高频特性好，且允许工作环境温度范围大（−55℃ ~ +125℃）和温度系数低（(50 ~ 100) ×10−6 /℃）。目前它是组成电子电路应用最广泛的电阻器之一。常用额定功率有 1/8W、1/4W、1/2W、1W、2W 等，标称阻值在 10 Ω ~ 10 MΩ 之间。

（2）金属氧化膜电阻（型号：RY）。

在玻璃、瓷器等材料上，通过高温以化学反应形式生成以二氧化锡为主体的金属氧化层。该电阻器由于氧化膜膜层比较厚，因而具有极好的脉冲、高频和过负荷性能，且耐磨、耐腐蚀、化学性能稳定，但其阻值范围窄，温度系数比金属膜电阻差。

（3）碳膜电阻（型号：RT）。

在陶瓷骨架表面上，将碳氢化合物在真空中通过高温蒸发分解沉积成碳结晶导电膜。碳膜电阻价格低廉，阻值范围宽（10Ω ~ 10MΩ），温度系数为负值。其常用额定功率为 1/8 ~ 10 W，精度等级为 ±5%、±10%、±20%，在一般电子产品中大量使用。

2. 合金类

用块状电阻合金拉制成合金线或碾压成合金箔制成电阻器，主要包括线绕电阻和精密合金箔电阻。

（1）线绕电阻（型号：RX）。

将康铜丝或镍铬合金丝绕在磁管上，并将其外层涂以珐琅或玻璃釉加以保护。线绕电阻具有高稳定性、高精度、大功率等特点。温度系数可做到小于 10^{-6}/℃，精度高于 ±0.01%，最大功率可达 200 W。但线绕电阻的缺点是自身电感和分布电容比较大，不适合在高频电路中使用。

（2）精密合金箔电阻（型号：RJ）。

在玻璃基片上粘和一块合金箔，用光刻法蚀出一定图形，并涂敷环氧树脂保护层，引线封装后形成。该电阻器最大的特点是具有自动补偿电阻温度系数功能，故精度高、稳定性好、高频响应好。这种电阻的精度可达 ±0.001%，稳定性为 ±5×10^{-4}%/年，温度系数为 ±10^{-6}/℃。可见它是一种高精度电阻。

3. 合成类

将导电材料与非导电材料按一定比例混合成不同电阻率的材料后制成的电阻器。该电阻器的最突出的优点是可靠性高，但电特性能比较差，常在某些特殊的领域内使用（如航空航天工业、海底电缆等）。合成类电阻种类比较多，按用途可分为通用型、高阻型和高压型等。

（1）金属玻璃釉电阻（型号：RI）。

以无机材料做黏合剂，用印刷烧结工艺在陶瓷基体上形成电阻膜。该电阻器具有较高的耐热性和耐潮性，常用它制成小型化贴片式电阻。

（2）实芯电阻（型号：RS）。

用有机树脂和碳粉合成电阻率不同的材料后热压而成。体积与相同功率的金属膜电阻相当，但噪声比金属膜电阻大。阻值范围为 4.7 Ω ~ 22 MΩ，精度等级为 ±5%、±10%、±20%。

（3）合成膜电阻（RH）。

合成膜电阻可制成高压型和高阻型。高阻型电阻的阻值范围为 $10M\Omega \sim 10^6\ M\Omega$，允许误差为 $\pm 5\%$、$\pm 10\%$。高压型电阻的阻值范围为 47 ～ 1 000 $M\Omega$，耐压分 10 kV 和 35 kV 两挡。

（4）厚膜电阻网络（电阻排）。

它是以高铝瓷做基体，综合掩膜、光刻、烧结等工艺，在一块基片上制成多个参数性能一致的电阻，连接成电阻网络，也叫集成电阻。集成电阻的特点是温度系数小，阻值范围宽，参数对称性好。目前已越来越多地被应用在各种电子设备中。

4. 敏感类

使用不同材料和工艺制造的半导体电阻，具有对温度、光照度、湿度、压力、磁通量、气体浓度等非电物理量敏感的性质，这类电阻叫敏感电阻。利用这些不同类型的电阻，可以构成检测不同物理量的传感器。这类电阻主要应用于自动检测和自动控制领域中。

三、电阻器（固定电阻器）

1. 电阻器的技术指标

电阻器的主要技术指标有：额定功率、标称阻值、精度等。

（1）额定功率。

额定功率是指电阻长时间工作，而不显著影响其性能条件下所允许消耗的最大功率。一般常用的有 1/16 W、1/8 W、1/4 W、1 W、2 W、5 W 等多种规格。

（2）标称阻值。

标称阻值是指在进行电阻的生产过程中，按一定的规格生产电阻系列，这个电阻系列随着误差的不同有所区别。普通电阻器（不包括精密电阻器）阻值标称系列值见表 2 – 1 – 2 所示，表中的数值再乘以 10^n（n 为整数），就可以得到各种阻值的电阻器。最常见的有 E24 系列，其精度为 $\pm 5\%$。

表 2 – 1 – 2　电阻器、电容器标称数值系列值

系列	精度	标　称　值											
E24	±5%（Ⅰ级）	1.0	1.1	1.2	1.3	1.5	1.6	1.8	2.0	2.2	2.4	2.7	3.0
		3.3	3.6	3.9	4.3	4.7	5.1	5.6	6.2	6.8	7.5	8.2	9.1
E12	±10%（Ⅱ级）	1.0	1.2	1.5	1.8	2.2	2.7	3.3	3.9	4.7	5.6	6.8	8.2
E6	±20%（Ⅲ级）	1.0	1.5	2.2	3.3	4.7	6.8						

（3）精度。

精度也称作误差，是指电阻器的实际阻值与标称值的相对误差。常用电阻精度有 $\pm 20\%$、$\pm 10\%$、$\pm 5\%$、$\pm 2\%$、$\pm 1\%$、$\pm 0.5\%$、$\pm 0.2\%$ 等 10 多种。实际应用

时要根据不同的要求来选择不同精度的电阻器。

2. 电阻器的标志方法

常用电阻器的标志方法有直标法、文字符号法和色标法三种。对于功率为 1/8 W ～ 1/4 W 间的电阻，一般采用色环法，标出阻值和精度，材料可由整体颜色识别，功率可由体积识别。对于功率较大的电阻采用直标法。

（1）直标法。

把元件的主要参数直接印制在元件的表面上，这种方法主要用于功率比较大的电阻。如电阻表面上印有 RXYC－50－T－l k5－±10%，其含义是耐潮被釉线绕可调电阻器，额定功率为 50 W，阻值为 1.5 kΩ，允许误差为 ±10%。

（2）文字符号法。

传统的电阻器文字符号标注是将电阻器的阻值、精度、功率、材料等用文字符号在电阻体上表示出来。如阻值单位用 Ω、kΩ、MΩ 表示，精度用字母表示精度等级，电阻器的材料可通过外表的颜色予以区别等。用字母表示精度的含义如表 2－1－3 所示。

表 2－1－3　字母表示精度的含义

误差	±0.001%	±0.002%	±0.005%	±0.01%	±0.02%	±0.05%	±0.1%
符号	E	X	Y	H	U	W	B
误差	±0.2%	±0.5%	±1%	±2%	±5%	±10%	±20%
符号	C	D	F	G	J	K	M

随着电子元件的不断小型化，特别是表面安装元器件（SMC 和 SMD）的制造工艺不断进步，使得电阻器的体积越来越小，其元件表面上标注的文字符号也作出了相应改革。一般仅用 3 位数字标注电阻器的数值，精度等级不再表示出来（一般小于 ±5 %）。具体规定如下：

① 元件表面涂以黑颜色表示电阻器。

② 电阻器的基本标注单位是欧姆（Ω），其数值大小用 3 位数字标注。

③ 对于 10 个基本标注单位以上的电阻器，前两位数字表示数值的有效数字，第三位数字表示数值的倍率。如 100 表示其阻值为 $10 \times 10^0 = 10$ Ω；223 表示其阻值为 $22 \times 10^3 = 22$ kΩ。

④ 对于 10 个基本标注单位以下的元件，第一位、第三位数字表示数值的有效数字，第二位用字母"R"表示小数点。如 3R9 表示其阻值为 3.9 Ω。

（3）色标法。

小功率电阻器使用最广泛的是色标法，一般用背景区别电阻器的种类：如浅色（淡绿色、淡蓝色、浅棕色）表示碳膜电阻，用红色表示金属或金属氧化膜电阻，深绿色表示线绕电阻。一般用色环表示电阻器的数值及精度。

普通电阻器大多用四个色环表示其阻值和允许偏差。第一、二环表示有效数字，第三环表示倍率（乘数），与前三环距离较大的第四环表示精度。

精密电阻器采用五个色环标志，第一、二、三环表示有效数字，第四环表示倍率，与前四环距离较大的第五环表示精度。有关色码标注的定义如表 2-1-4 所示。

例如，标有蓝、灰、橙、金四环标注的电阻，其阻值大小为：$68 \times 10^3 = 68\ 000\ \Omega$（68 kΩ），允许偏差为 ±5%。标有棕、黑、绿、棕、棕五环标注的电阻，其阻值大小为：$105 \times 10^1 = 1050\Omega$（1.05 kΩ），允许偏差为 ±1%。

表 2-1-4 色码标注色环代表的意义

色别	第一环	第二环	第三环	第四环	第五环
	第一位数	第二位数	第三位数	应乘倍率	精度
棕	1	1	1	10^1	F ±1%
红	2	2	2	10^2	G ±2%
橙	3	3	3	10^3	—
黄	4	4	4	10^4	—
绿	5	5	5	10^5	D ±0.5%
蓝	6	6	6	10^6	C ±0.2%
紫	7	7	7	10^7	B ±0.1%
灰	8	8	8	10^8	—
白	9	9	9	10^9	—
黑	0	0	0	10^0	K ±10%
金	—	—	—	10^{-1}	J ±5%
银	—	—	—	10^{-2}	K ±10%

注：无表示精度的色环颜色时，电阻器的精度为 ±20%。

3. 电阻器质量的判断

判断电阻器质量的好坏，一要观察其外观及引线，要求无缺陷、断裂、氧化、霉变；二是用万用表的欧姆挡去检测，若读数与标称值相差太大或不稳定，则不能使用。

4. 电阻器的选用的原则

根据设计电路理论计算电阻值，在标称值系列中选择数值最相近的电阻器。

根据理论计算电阻器在电路中消耗的功率，合理选择电阻器的额定功率。一般按额定功率是实际消耗功率的 1.5 ~ 3 倍选定。

根据电路的具体要求，适当选择电阻器的类型。在稳定性、耐热性、可靠性要求比较高的电路中，应选用金属膜或金属氧化膜电阻；在要求功率大、耐热性能好，工作频率要求不高的电路中，可选用线绕电阻；对于无特殊要求的一般电路，可使用碳膜电阻。

四、电位器

电位器是一种可调电阻，有两个固定端和一个滑动端，在滑动端与固定端之间的阻值可调。在电子设计中，常用的电位器有：有机实芯电位器、线绕电位器、多圈电位器等，安装形式有立式、卧式两种。

1. 主要技术指标

电位器的主要技术指标有：标称阻值、额定功率、滑动噪声、分辨率、阻值变化规律、极限电压和机械耐久性等。

标称阻值：电位器的阻值，标称值与电阻器相同。

额定功率：电位器的两个固定端上允许耗散的最大功率。

滑动噪声：当电位器的滑动端在电阻体上滑动时，滑动端与固定端之间的电压出现无规则的波动现象。滑动噪声要求越小越好。

分辨率：电位器对输出量可实现的最精细的调节能力。线绕电位器的分辨率较差。

阻值变化规律：电位器的阻值变化规律有按线性变化、指数变化或对数变化等形式。

极限电压：电位器在短时间内能承受的最高电压。

机械耐久性：表示电位器使用寿命的指标，通常以旋转（或滑动）次来衡量。

2. 电位器的质量判断方法

（1）静态检测。

用万用表"Ω"挡测量电位器的两个固定端之间的阻值，测量值应与电位器的标称值接近。如果测量值比标称值大很多，说明电位器已经开路。

（2）动态检测。

用万用表检测固定端与滑动端之间的阻值，同时调动滑动端让阻值从最小阻值变化到最大，测量值变化应该连续并无跳动。如果测量值抖动较大，说明滑动端接触不良。

3. 电位器的选用的原则

（1）在高频、高稳定的场合：选用薄膜电位器。

（2）要求电压均匀变化的场合：选用直线式电位器。

（3）音量控制：选用指数式电位器。

（4）要求高精度的场合：选用线绕多圈电位器。

（5）要求高分辨率的场合：选用各类非线绕电位器、多圈微调电位器。

（6）普通应用场合：选用碳膜电位器。

附录2.2　电容器

电容器是一种储能元件，当电容两端加上一定的电压以后，极板间的电介质在电场的作用下将被极化。在极化状态下的介质两边，可以储存一定量的电荷。储存电荷的能力用电容量表示，电容量的基本单位是法拉，以 F 表示，常用单位是 μF（微法）和 pF（皮法）。

1. 电容器的型号和标志方法

根据国家标准，电容器型号命名由四部分内容组成。

第一部分为主称，用 C 表示；第二部分为介质材料；第三部分表示结构类型的特征、分类；第四部分为序号，用数字表示。一般只需三部分组成，即两个字母一个数字。电容器的命名各部分的代号及其意义如表2-2-1所示。

电容器的容量标示方法一般有直接标示法、数码标示法和色码标示法。

（1）直接标示法。

通常是用表示数量的字母 m（10^{-3}）、μ（10^{-6}）、n（10^{-9}）、p（10^{-12}）加上数字组合表示。例如，4n7 表示 $4.7\text{nF} = 4.7 \times 10^{-9}\text{F} = 4\,700\text{pF}$，6p8 表示 6.8 pF。另外，有时在数字前冠以 R，如 R33，表示 0.33 μF。

表2-2-1 电容器的命名代号及其意义

第1部分：主称		第2部分：材料		第3部分：特征、分类					第4部分：序号
符号	意义	符号	意义	符号	意义				
					瓷介	云母	玻璃	电解	其他
	电容器	C	瓷介	1	圆片	非密封	—	箔式	非密封
		Y	云母	2	管形	非密封	—	箔式	非密封
		I	玻璃釉	3	迭片	密封	—	烧结粉固体	密封
		O	玻璃膜	4	独石	密封	—	烧结粉固体	密封
		Z	纸介	5	穿心				穿心
		J	金属化纸	6	支柱				—
		B	聚苯乙烯	7	—			无极性	—
		L	涤纶	8	高压	高压			高压
		Q	漆膜	9	—			特殊	特殊
		S	聚碳酸酯	J	金属膜				
		H	复合介质	W	微调				
		D	铝						
		A	钽						
		N	铌						
		G	合金						
		T	钛						
		E	其他						

第4部分：序号：对主称、材料相同，仅尺寸、性能指标略有不同，但基本不影响互换使用的产品，给予同一序号；若尺寸、性能指标的差别明显，影响到互换使用时，则在序号后面用大写字母作为区别代号

电容器的容量也经常用没标单位的数字表示。对一般电容器的表示规则是：当容量在 $1 \sim (10^5 - 1)$ pF 之间时，用大于1的数字表示，单位为 pF，如 2 200 表示 2 200 pF；当容量大于 10^5 pF 时，用小于1的数字表示，单位为 μF，如 0.22 表示 0.22 μF。

对体积较大的电容器如电解电容器，一般在主体上除标上标称容量外，还标有表示介质、结构的符号、额定电压、精度与技术条件等。例如，CC104 表示：Ⅲ级精度（+20％）0.1 μF 瓷介电容器；CBB120.68Ⅱ表示：Ⅱ级精度（+1.0％）0.68 μF 聚丙烯电容器。

（2）数码标示法。

一般用三位数字来表示容量的大小，单位为 pF。前两位为有效数字，后一位表示倍率，即乘以 10^i，i 是第三位数字。若第三位数字为 9，则乘以 10^{-1}。如 223 代表 22×10^3 pF $= 22\,000$ pF $= 0.022$ μF；又如 479 代表 47×10^{-1} pF $= 4.7$ pF。这种标示法最为常见。

（3）色码标示法。

色码标示法与电阻器的色环标示法类似，颜色涂于电容器的一端或从顶端向引线侧排列。色码一般只有三种颜色，前两环为有效数字，第三环为倍率，单位为 pF。

2. 电容器的主要技术参数

（1）容量及精度。

容量是电容器的基本参数，数值标在电容体上，不同类别的电容有不同系列的标称值。常用的标称值系列与电阻标称值相同（如表 2 − 1 − 3 所示）。应注意，某些电容的体积过小，常常在标称容量时不标单位符号，只标数值。电容器的容量精度等级较低，一般误差都在 ±5% 以上，最大的可达 −10% ～ +100%。

（2）额定电压。

电容器两端加电压后，能保证长期工作而不被击穿的最大电压称为电容器的额定电压。额定电压系列随电容器种类不同而有所不同。例如，纸介和瓷介电容器的额定电压可从几十伏到几万伏；电解电容器的额定电压可从几伏到 1 千伏。额定电压的数值通常都在电容器上标出。

（3）电容温度系数。

电容温度系数定义为：$\alpha_c = \dfrac{1}{C}\dfrac{\Delta C}{\Delta T} \times 100\%$，其中，$C$ 为标称电容量，$\dfrac{\Delta C}{\Delta T}$ 为温度变化所引起的容量相对变化。

（4）绝缘电阻。

理想电容器的介质应当是不导电的绝缘体，实际电容器介质的电阻为绝缘电阻，有时称为漏电阻。

（5）损耗角 δ 或损耗角的正切 tg δ。

电容器介质的绝缘性能取决于材料及厚度，绝缘电阻越大漏电流越小。漏电流的存在，将使电容器消耗一定电能，由于电容损耗而引起的相移角称为电容器的损耗角 δ。通常用损耗角的正切表示电容器的损耗，tg δ 定义为电容器损耗的功率（有功功率）与电容存储功率（无功功率）的比值。

3. 常用电容器

常用的电容器类型有：瓷介电容器、云母电容器、有机薄膜电容器、电解电容器和可变电容器等。

（1）瓷介电容器（CC）。

瓷介电容器的主要特点是介质损耗较低，电容量对温度、频率、电压和时间的稳定性都比较高，且价格低廉，应用极为广泛。瓷介电容器可分为低压小功率和高压大功率两种。常见的低压小功率电容器有瓷片、瓷管、瓷介独石电容器，可用于高频电路和低频电路。高压大功率瓷片电容器可制成鼓形、瓶形、板形等形式。主要用于电力系统的功率因数补偿、直流功率变换等电路中。

（2）云母电容器（CY）。

云母电容器以云母为介质，多层并联而构成。它具有优良的电器性能和机械性能，具有耐压范围宽、可靠性高、性能稳定、容量精度高等优点，可广泛用于高温、高频、脉冲、高稳定性的电路中。但云母电容器的生产工艺复杂、成本高、体积大、容量有限，这使它的使用范围受到了限制。

（3）有机薄膜电容器。

常用的有机薄膜电容器有聚苯乙烯电容器（CB）、聚丙烯电容器（CBB）、聚四氟乙烯电容器（CF）、涤纶电容器（CL）和聚碳酸酯电容器（CS）等。最常见有涤纶电容器和聚丙烯电容器。涤纶电容器的体积小，容量范围大，耐热、耐潮性能好。

（4）电解电容器。

电解电容器的介质是很薄的氧化膜，容量可做得很大，一般标称容量 $1 \sim 10\ 000\ \mu F$。电解电容有正极和负极之分，使用中应保证正极电位高于负极电位，否则电解电容器的漏电流增大，导致电容器过热损坏，甚至炸裂。

电解电容器的损耗比较大，性能受温度影响比较大，高频性能差。电解电容器的品种主要有铝电解电容器（CD）、钽电解电容器（CA）和铌电解电容器（CN）。铝电解电容器价格便宜，容量可以做得比较大，但性能较差，寿命短（存储寿命小于 5 年）。一般使用在要求不高的去耦、耦合和电源滤波电路中。钽电解电容器和铌电解电容器的性能要优于铝电解电容器，主要用于温度变化范围大，对频率特性要求高，对产品稳定性、可靠性要求严格的电路中。但这两种电容器的价格较高。

4. 电容器的选用

电容器的种类繁多，性能各异，合理选用电容器对于产品设计十分重要。在具体选用电容器时，应注意如下问题：

根据电路要求选择合适的电容器型号。一般的耦合、旁路，可选用纸介电容器；在高频电路中，应选低损耗角的云母和瓷介电容器；在一般电源滤波和退耦电路中，应选用电解电容器；在数字集成电路的电源端与地之间的去耦电容器，一般使用独石电容器。当电容器的精度决定电路某些精确参数时，如定时时间、输出频率，则需要选用高精度的电容器。

在设计电子电路中选用电容器时，应根据产品手册在电容器标称值系列中选用。固定电容器的标称系列值与电阻器相同，如表 2 - 1 - 3 所示。

电容器的额定电压。选用电容器应符合标准系列，电容器的额定电压应高于电容器两端实际电压的 1 ~ 2 倍。尤其对于电解电容器，一般应使线路的实际电压相当于所选额定电压的 50% ~ 70%，这样才能充分发挥电解电容器的作用；若实际工作电压低于其额定电压的一半，反而容易使电解电容器的损耗增大。

5. 电容器的质量检测

（1）一般固定电容器的检测。

① 容量值的测量。

使用数字万用表的电容挡，若电容器的容值超过万用表上的量程，可以通过已知容值的电容器和未知电容器的串并联，使它们的总容值在量程范围内，通过计算来求未知容值。

②　电容器绝缘电阻的测量（漏电阻）。

使用万用表的电阻挡，若电阻越大，说明漏电流越小。

（2）电解电容器的检测方法。

由于电解电容器的容量较一般固定电容器大得多，所以在测量时，应针对不同容量选用合适的量程。根据经验，一般情况下，1～47 μF 容量的电容，可用 R×1 k 挡测量；大于 47 μF 的电容可用 R×100 或 R×10 挡测量。

测试时，先将万用表红表笔接电解电容器的负极，黑表笔接正极，此时，万用表指针向右偏转较大幅度（对于同一电阻挡，容量越大，摆幅越大），接着逐渐向左回转，直到停在某一位置。此时的阻值便是电解电容的正向漏电阻。此值越大，说明漏电流越小，电容性能越好。然后，将红、黑表笔对调，万用表指针将重复上述摆动现象，但此时所测阻值为电解电容的反向漏电阻，此值略小于正向漏电阻。即反向漏电流比正向漏电流要大。实际使用经验表明，电解电容器的漏电阻一般应在几百千欧以上，否则将不能正常工作。在测试中，若正、反向均无充电的现象，即指针不动，则说明容量消失或内部断路；如果所测阻值很小或为 0，说明电容漏电大或已击穿损坏。

极性判别。利用上述测量漏电阻的方法可以判别标志不清的电解电容器的正、负电极。先将万用表的两表笔任意接被测电解电容的引脚，测出漏电阻，并记住其大小，然后交换表笔再测得一个阻值。对两次测量所得阻值进行比较，阻值大的那一次便是正向接法，即黑表笔接的是正极，红表笔接的是负极。

附录2.3　电感器

电感器的应用范围很广泛，它在调谐、振荡、耦合、匹配、滤波、陷波，延迟、补偿等电路中都是必不可少的。由于其用途、工作频率、功率、工作环境不同，对电感器的基本参数和结构形式就有不同的要求，从而导致电感器的类型和结构多样化。电感器的标志方法与电阻器的标志方法类似，通常采用文字、符号直标法和色环（色点）法。

1. 电感器的主要参数

（1）电感量及精度。

电感量用 L 表示，简称电感。电感常用单位是亨利（H）、毫亨（mH）、微亨（μH）。

（2）品质因数 Q。

品质因数 Q 表示电感线圈损耗的大小。线圈的品质因数为：

$$Q = \frac{\omega L}{R}$$

式中，ω 为信号的角频率；L 为线圈的电感量；R 为线圈的总损耗电阻，包括直流电阻、高频电阻（由趋肤效应和邻近效应引起）和介质损耗电阻。

（3）额定电流。

线圈中允许通过的最大电流。

2. 常用电感器

常用的电感有卧式、立式两种，通常是将漆包线直接绕在棒形、工字型、王字型等磁心上而成，也有用漆包线绕成的空心电感。

3. 电感器的选用

在电感器选用时应注意：

（1）额定电流降额使用，电感器的额定电流值应超过电路上实际电流的30% ～ 50%。

（2）在高频电路中要选用高 Q 值、低损耗角的电感器。

附录2.4 半导体分立器件

1. 半导体的命名方法

半导体的命名方法有很多种，主要有：中华人民共和国国家标准—半导体器件型号命名方法（GB249 – 74）、国际电子联合会半导体器件命名方法、美国半导体器件型号命名法、日本半导体器件型号命名法等。

（1）国产半导体器件型号命名方法。

根据中华人民共和国国家标准，国产半导体器件由五部分组成。其各部分的含义如表2 – 4 – 1所示。

表2 – 4 – 1　国产半导体器件型号命名方法

第1部分		第2部分		第3部分				第4部分	第5部分
用数字表示器件电极的数目		用汉语拼音字母表示器件的材料和极性		用汉语拼音字母表示器件的类型				用数字表示器件序号	用汉语拼音表示规格的区别代号
符号	意义	符号	意义	符号	意义	符号	意义		
2	二极管	A	N 型，锗材料	P	普通管	D	低频大功率管 $(f_a < 3\text{MHz},$ $P_C \geqslant 1\text{W})$		
		B	P 型，锗材料	V	微波管				
		C	N 型，硅材料	W	稳压管				
		D	P 型，硅材料	C	参量管	A	高频大功率管 $(f_a \geqslant 3\text{MHz},$ $P_C \geqslant 1\text{W})$		
				Z	整流管				
		A	PNP 型，锗材料	L	隧道管				
3	三极管	B	NPN 型，锗材料	S	阻尼管	T	半导体闸流管（可控硅整流器）		
		C	PNP 型，硅材料	N	光电器件	Y	体效应器件		
		D	NPN 型，硅材料	U	开关管	B	雪崩管		
		E	化合物材料	K	低频小功率管 $(f_a < 3\text{MHz},$ $P_C < 1\text{W})$	J	阶跃恢复管		
				X		CS	场效应器件		
						BT	半导体特殊器件		
				G	高频小功率管 $(f_a \geqslant 3\text{MHz},$ $P_C < 1\text{W})$	FH	复合管		
						PIN	PIN 型管		
						JC	激光器件		

（2）国际电子联合会半导体器件命名方法。

国际电子联合会半导体器件命名方法主要是由欧洲共同体等国家依照国际电子联合会规定制定的命名方法，其组成各部分的意义如表 2-4-2 所示。

表 2-4-2　国际电子联合会半导体器件型号命名法

第一部分		第二部分				第三部分		第四部分	
用字母代表制作材料		用字母代表类型及主要特性				用字母或数学表示登记序号		用字母对同型号分类	
符号	意义	符号	意义	符号	意义	符号	意义	符号	意义
A	锗材料	A	检波、开关和混频二极管	M	封闭磁路中的霍尔元件	三位数字	通用半导体器件的登记号（同一类型号器件用同一登记号）	A	同一型号器件按某一参数进行分挡的标志
		B	变容二极管	P	光敏器件			B	
B	硅材料	C	低频小功率三极管	Q	发光器件				
		D	低频大功率三极管	R	小功率可控硅			C	
C	砷化镓	E	隧道二极管	S	小功率开关管				
		F	高频小功率三根管	T	大功率可控硅			D	
D	锑化铟	G	复合器件及其他器件	U	大功率开关管		专用半导体器件的登记号（同一类型号器件使用同一登记号）		
		H	磁敏二极管	X	倍增二极管			E	
E	复合材料	K	开放磁路中的霍尔元件	Y	整流二极管			…	
		L	高频大功率三极管	Z	稳压二极管				

例如，BC558B 表示硅材料制造的低频小功率的三极管。

（3）美国半导体器件型号命名法。

美国半导体器件型号命名法是由美国电子工业工作协会（EIA）制定的晶体管分立器件型号的命名方法，其组成各部分的意义如表 2-4-3 所示。

表 2 - 4 - 3 美国电子工业协会半导体器件型号命名法

第一部分		第二部分		第三部分		第四部分		第五部分	
用符号表示用途的类别		用数字表示 PN 结的数目		美国电子工业协会（EIA）注册标志		美国电子工业协会（EIA）登记顺序号		用字母表示器件分挡	
符号	意义	符号	意义	符号	意义	符号	意义	符号	意义
JAN 或 J	军用品	1	二极管	N	该器件已在美国电子工业协会注册登记	多位数字	该器件在美国电子工业协会登记的顺序号	A B C D ⋮	同一型号的不同挡位
		2	三极管						
无	非军用品	3	三个 PN 结器件						
		n	n 个 PN 结的器件						

例如，2N2222 表示三极管。至于它是什么用途，标识上没有明确，只有查参数资料。

（4）日本半导体分立器件型号命名法。

日本半导体器件型号命名法按日本工业标准（JIS）规定的命名法（JIS - C - 702）命名，由五到七个部分组成，第六、七个部分的符号及意义通常是各公司自行规定的，其余各部分的符号及意义如表 2 - 4 - 4 所示。

表 2 - 4 - 4　日本半导体器件型号命名法

第一部分		第二部分		第三部分		第四部分		第五部分	
用数字表示类型及有效电极数		S 表示日本电子工业协会（EIAJ）注册产品		用字母表示器件的极性及类型		用数字表示在日本电子工业协会登记的顺序号		用字母表示对原来型号的改进产品	
符号	意义	符号	意义	符号	意义	符号	意义	符号	意义
0	光电（光敏）二极管、晶体管及其复合管	S	表示已经在日本电子工业协会注册登记的半导体分立器件	A	PNP 型高频管	四位以上的数字	用从 11 开始的数字，表示在日本电子工业协会登记的顺序号，不同公司性能相同器件可以使用同一顺序号，其数字越大越是近期产品	A B C D E F ⋮	用字母表示对原来型号的改进产品
				B	PNP 型低频管				
				C	NPN 型高频管				
1	二极管			D	NPN 型低频管				
2	三极管、具有两个以上 PN 结的其他晶体管			F	P 控制极晶闸管				
				G	N 控制极晶闸管				
				H	N 基极单结晶体管				
3	具有三个 PN 结或四个有效电极的晶体管			J	P 沟道场效应管				
				K	N 沟通效应管				
⋮	⋮								
$n-1$	具有 $(n-1)$ 个 PN 结或 n 个有效电极的晶体管			M	双向晶闸管				

　　例如，型号为 2SC1815 的三极管表示 NPN 型的高频三极管，有时简化表示为 C1815。

　　常见的三极管的封装外形如下图所示，其中，T03、T05、T052、T093、T018 为金属封装，T092 为小功率塑料封装，T0220 为中功率塑料封装，T0247 为大功率塑料封装。

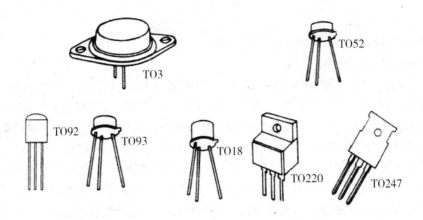

常见三极管的封装形式

2. 半导体分立器件的简单测试方法

（1）普通二极管的检测。

使用指针式万用表时，用万用表测量二极管的正、反向电阻。万用表的红表笔接二极管的负极，黑表笔接二极管的正极，此时测得的是正向电阻；将两表笔对调，测得的是反向电阻。正向电阻比反向电阻要大得多，说明二极管是好的，其他情况都不正常。

使用数字万用表的二极管挡，将红表笔接二极管的正极、黑表笔接二极管的负极，此时读数为二极管的正向压降，一般硅管为 $0.5 \sim 0.7\,V$，锗管为 $0.2 \sim 0.4\,V$；反向压降应测量不到。其他情况都说明二极管性能不良或损坏。

（2）稳压二极管的检测。

与普通二极管的检测方法一样。

（3）发光二极管的检测。

使用数字万用表检测发光二极管的方法与普通二极管的检测方法一样，但发光二极管的正向压降比普通二极管的压降大些，一般在 $1.0 \sim 1.9\,V$ 之间，且测正向压降时，发光二极管会发光。

（4）光电二极管的检测。

外形上有一个光线入射窗口，当使用万用表的电阻挡测量时，给光电二极管加反向电压，有入射光时电阻较小，无入射光时电阻较大。

（5）光电耦合器件的检测。

光电耦合器件包括一个发光二极管和一个光电三极管，简单测试时需要两块数字万用表；将其中一块万用表的挡位置于电阻挡，并使红、黑表笔与光电三极管的 C、E 极对应连接，再将另一块万用表的挡位置于二极管挡位，测量发光二极管的正向压降，此时光电三极管的 C、E 极间电阻，应为较小的值，若不测发光二极管的压降，光电三极管的 C、E 极间电阻很大。

若使用的是两块指针式万用表时，万用表的挡位均置于电阻挡，第二块万用表测量发光二极管的正向电阻，黑表笔与发光二极管的正极连接，红表笔与发光二极管的负极连接。

（6）三极管的检测。

①使用指针式万用表检测三极管的方法。

A. 三极管的管脚判别。

首先，判定 PNP 型和 NPN 型晶体管。用万用表的 R×1 kΩ（或 R×100 Ω）挡，用黑表笔接三极管的任一管脚，用红表笔分别接其他两管脚。若表针指示的两阻值均很大，那么黑表笔所接的那个管脚是 PNP 型管的基极 B；如果万用表指示的两个阻值均很小，那么黑表笔所接的管脚是 NPN 型的基极 B；如果表针指示的阻值一个很大，一个很小，那么黑表笔所接的管脚不是基极。需要新换一个管脚重试，直到满足要求为止。

其次，判定三极管集电极 C 和发射极 E。先假定一个管脚是集电极，另一个管脚是发射极，对 NPN 型三极管，黑表笔接假定是集电极的管脚，红表笔接假定是发射极的管脚（对于 PNP 型管，万用表的红、黑表笔对调）；然后用大拇指将基极和假定集电极连接（注意两管脚不能短接），这时记录下万用表的测量值；最后反过来，把原先假定的管脚对调，重新记录下万用表的读数，两次测量值较小的黑表笔所接的管脚是集电极 C（对于 PNP 型管，则红表笔所接的是集电极 C），另一个管脚则是发射极 E。

B. 估测穿透电流 I_{CEO}。

用万用表 R×1 kΩ 挡，对于 NPN 型管，黑表笔接集电极，红表笔接发射极（对于 PNP 型管则相反），此时测得阻值在几十到几百千欧以上。若阻值很小，说明穿透电流大，已接近击穿，稳定性差；若阻值为零，表示管子已经击穿；若阻值无穷大，表示管子内部断路；若阻值不稳定或阻值逐渐下降，表示管子噪声大、不稳定，不宜采用。

C. 估测电流放大系数 h_{fe}（β）。

用万用表的 R×1 kΩ（或 R×100 Ω）挡，测 NPN 型管，黑表笔接集电极，红表笔接发射极（若是测 PNP 型管，则红、黑表笔对调），然后集电极与基极之间接入一个 100 kΩ 电阻和开关 S（也可以用潮湿的手指捏住集电极和基极代替）。对比 S 断开和接通时测得的电阻值（或手指断开和捏住时的电阻值），两个读数相差越大，表示该晶体管的 h_{fe}（β）值越高；如果相差很小或不动，则表示该管已失去放大作用。

有些万用表（如 MF-47 表）可直接将三极管插入万用表测量三极管 h_{fe} 插座中，将万用表的挡位旋转到 h_{fe} ADJ 挡先进行调零后，再旋转到 h_{fe} 挡，这时三极管的 h_{fe}（β）值可直接显示出来。

②使用数字万用表检测三极管的方法。

使用数字万用表检测三极管时，需要注意的是指针式万用表内部的电池正极与黑表笔相连、而数字万用表的红表笔比黑表笔的电位要高。下面只说明以硅管为例，用数字万用表来判断三极管的好坏和管脚。

A. 管型和基极的判断。

首先，将数字万用表的挡位旋转到二极管挡，用数字万用表的红表笔和黑表笔分别接三个极中的两个，总会出现下列情况：当红表笔不动，黑表笔分别接两个电极，此时读数若都为 0.5 V 左右，说明与红表笔相连的电极为基极 B，且该管是 NPN 型管；当黑表笔不动，红表笔分别接两个电极，此时读数若都为 0.5 V 左右，说明与黑表笔相连的电极为基极 B，且该管是 PNP 型管。

B. 集电极 C、发射极 E 和放大倍数的测量。

明确了管型和基极 B 之后，将数字万用表的挡位旋转到 h_{fe} 挡，并将三极管插入相应的插孔内（指 NPN 或 PNP、B 位置确定，其余两个电极插入 C 或 E），若此时数字万用表读数正常，说明三极管的电极刚好插入到正确的孔中，并且此时的读数为三极管的 h_{fe} 值；若读数过大或无显示数字，将未知的两个电极换个位置即可。

附录2.5　半导体集成电路

半导体集成电路是电子电路的重要组成部分。半导体集成电路主要可分为：数字集成电路，模拟集成电路，数、模混合集成电路和专用集成电路等。半导体集成电路的型号与命名方式，各公司产品的表示方法不同。

1. 国标命名方法（GB3430 – 89）

国产半导体集成器件的型号由五部分组成，第一部分用字母表示器件符合国家标准，符号是 C，表示中国制造。其余各部分的代号及意义如下表所示。

国标规定的集成电路命名方法（GB3430 – 89）

第二部分		第三部分		第四部分		第五部分	
用字母表示器件的类型		用阿拉伯字表示器件的系列和品种代号		用字母表示工作温度范围		用字母表示器件的封装类型	
符号	意义	符号	意义	符号	意义	符号	意义
T	TTL 电路	（TTL 器件）		C	0℃ ~70℃	F	多层陶瓷扁平
H	HTL 电路	54/74 ×××	国际通用系列	G	–20℃ ~70℃	B	塑料扁平
E	ECL 电路	54/74H ×××	高速系列	L	–25℃ ~85℃	H	黑瓷扁平
C	CMOS 电路	54/74L ×××	低功耗系列	E	–40℃ ~85℃	D	多层陶瓷 双列直插
M	存储器	54/74S ×××	肖特基系列	R	–55℃ ~85℃	J	黑瓷双 列直插
μ	微型计算机	54/74LS ×××	低功耗肖 特基系列	M	–55℃ ~125℃	P	塑料双列直插
F	线性放大器	54/74AS ×××	先进肖特基系列			S	塑料单列直插
W	稳压器	54/74ALS ×××	先进低功耗 肖特基系列			T	金属圆筒
D	音响、电视电路	54/74F ×××	高速系列			K	金属菱形

（续上表）

第二部分		第三部分		第四部分		第五部分	
用字母表示器件的类型		用阿拉伯字表示器件的系列和品种代号		用字母表示工作温度范围		用字母表示器件的封装类型	
符号	意义	符号	意义	符号	意义	符号	意义
B	非线性电路	（CMOS 器件）				C	陶瓷芯片载体（CCC）
J	接口电路	54/74HC ×××	高速 CMOS 输入输出 CMOS 电平			E	塑料芯片载体（PLCC）
AD	A/D 转换器	54/74HCT ×××	高速 CMOS 输入 TTL 电平输出 CMOS 电平			G	网络针栅阵列（PGA）
DA	D/A 转换器	54/74HCU ×××	高速 CMOS 不带输出缓冲级			SOIC	小引线封装
SC	通信专用电路	54/74AC ×××	改进型高速 CMOS			PCC	塑料芯片载体封装
SS	敏感电路	54/74ACT ×××	改进型高速 CMOS 输入 TTL 电平输出 CMOS 电平			LCC	陶瓷芯片载体封装
SW	钟表电路						
SJ	机电仪表电路						
SF	复印机电路						

2. 封装形式

半导体集成电路的封装形式多种多样，按封装材料大致可分为金属、陶瓷、塑料封装。常见的半导体集成电路的封装形式如下图所示，如金属封装的 T 或 K 型；塑料和陶瓷封装的扁平型和双列直插型；表面贴片安装型的 SOP、SOC、SOJ、QFP、PLCC 等形式。

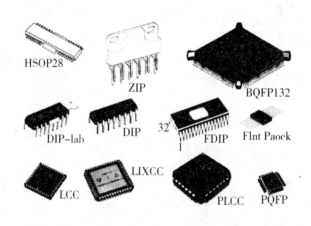

常见的半导体集成电路的封装形式

附录2.6 常用元器件的主要参数

1. 整流二极管

	额定正向整流电流 I_F（A）	正向不重复峰值电流 I_{PSM}（A）	正向压降 U_F（V）	反向电流 I_R（μA）	反向工作峰值电压 U_{RWM}（V）
IN4001					50
IN4002					100
IN4003					200
IN4004	1	30	≤1	≤5	400
IN4005					600
IN4006					800
IN4007					1000
IN5400					50
IN5401					100
IN5402					200
IN5403					300
IN5404	3	150	≤0.8	<10	400
IN5405					500
IN5406					600
IN5407					800
IN5408					1000

2. 开关二极管

	额定正向整流电流 I_F（mA）	反向电流 I_R（nA）	正向压降 U_F（V）	反向击穿电压 U_{BR}（V）	结电容 C_T（pF）	开关时间 t_{rr}（ns）
IS1555	—	500	1.4	35	1.3	—
1N4148	200	≤25	≤1	75	4	4
2CK10	30	≤100	≤1	30	≤3	≤5

3. 双极型三极管

	P_{CM}（mW）	f_T（MHz）	I_{CM}（mA）	$U_{(BR)CEO}$（V）	I_{CBO}（μA）	h_{fe}（min）	极性
3DG6	100	250	20	20	0.01	25~160	NPN
3DG12B	700	200	300	45	1	20~160	NPN
3DD15A	50 000	0.5	5 000	60	1 000	20	NPN
3DA87C	1 000	100	100	200	1	20	NPN

（续上表）

	P_{CM} (mW)	f_T (MHz)	I_{CM} (mA)	$U_{(BR)CEO}$ (V)	I_{CBO} (μA)	h_{fe} (min)	极性
3AX31A	125	0.5	125	12	20	40 ~ 200	PNP
3AX81C	150	0.5	200	10	30	30 ~ 250	PNP
3CG12E	500	50	50	30	1	20 ~ 40	PNP
9011	400	370	30	18	0.1	28 ~ 180	NPN
9012	625		300	18	1	60 ~ 200	PNP
9013	625		300	18	1	60 ~ 200	NPN
9014	625	270	100	20	0.5	60 ~ 1 000	NPN
9015	450	190	100	20	0.5	60 ~ 600	PNP
9016	400	620	25	20	0.5	60 ~ 200	NPN
9018	400	1100	50	20	0.5	60 ~ 200	NPN
2SC1815	400	80	150	50	0.1	70 ~ 700	NPN
2SA1015	400	80	150	50	0.1	70 ~ 400	PNP
8050	1 000	190	800	25	0.1	85 ~ 300	NPN
8550	1 000	200	800	25	0.1	60 ~ 300	PNP

4. 场效应管

	饱和漏源电流 I_{DSS} (mA)	夹断电压 U_{GSoff} (V)	正向跨导 g_m (μV)	最大漏源电压 $U_{(BR)DSO}$ (V)	最大耗散功率 P_{DM} (mW)	输入电阻 R_{GS} (Ω)
3DJ6D 结型 N 沟道	≤0.3	≤│-9│	≥1 000	20	100	10^8
3DO1G MOSN 沟道 耗尽型	3 ~ 10	≤│-9│	≥1 000	20	100	10^9

5. 运算放大器

	输入失调电压 U_{IO} (mV)	输入失调电流 I_{IO} (nA)	开环电压增益 A_{uo} (dB)	输入电阻 R_i (Ω)	输出电阻 R_o (Ω)	工作频率 (kHz)
μA741	2	20	106	2M	75	10
LM324	2	5	100			
TL082	3	0.025	106	1 000M		
OP - 07A	0.01	0.3	114			

	单位增益带宽 $A_u \cdot BW$ (MHz)	共模抑制比 $CRMM$ (dB)	输入共模电压范围 (V)	转换速率 S_R (V/μs)	功率消耗 P_c (mW)	电源电压 $U_+ \ U_-$ (V)
μA741	1	90	±13	0.5	50	±3 ~ ±18
LM324	1	70				±1.5 ~ ±15
TL082	3	86	±30	8	680	±18
OP - 07A	0.6	126	30	0.17	120	6 ~ 44

6. 集成稳压器

	78L05	78M12	79M12	LM 317
输入电压（V）	10	19	-19	$\leqslant 40$
输出电压范围（V）	4.75 ~ 5.25	11.4 ~ 12.6	-11.4 ~ -12.6	$+1.2$ ~ $+37$
最小输入电压（V）	7	14	-14	$+3 \leqslant U_i - U_o \leqslant +40$
电压调整率	3（ΔU_o/mV）	3（ΔU_o/mV）	3（ΔU_o/mV）	0.02%（S_V/V）
最大输出电流（A）	L：0.1AM：0.5A（TO-220 封装加散热片可达1A）			1.5A（加散热片）

附录 3　面包板的使用

面包板是专为电子电路的无焊接实验设计制造的。由于各种电子元器件可根据需要随意插入或拔出，免去了焊接，节省了电路的组装时间，而且元件可以重复使用，所以非常适合电子电路的组装、调试训练。

1. 常用面包板的结构

SYB-130 型面包板如下图所示。插座板中央有一凹槽，凹槽上下两边各有 65 列小孔，每一列（竖行）上的 5 个小孔在电气上相互连通。集成电路的引脚就分别插在凹槽两边的小孔上。插座上、下边各一排（即 X 和 Y 排）在电气上是分段相连的 55 个小孔，分别作为电源与地线插孔用。对于 SYB-130 插座板，X 和 Y 排的 1~20 孔、21~35 孔、36~55 孔在电气上是连通的。其他型号的面包板相类似，使用时可参阅使用说明。

面包板插孔所在的行列最好分别以数码和文字标注，以便查对。

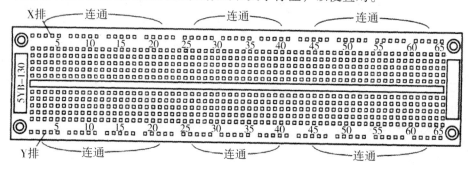

SYB-130 型面包板

2. 布线用的工具

布线用的工具主要有剥线钳、偏口钳、扁嘴钳、镊子。偏口钳与扁嘴钳配合用来剪断导线和元器件的多余引脚。钳子刃面要锋利，将钳口合上，对着光检查时应合缝不漏光。

剥线钳用来剥离导线绝缘皮。

扁嘴钳用来弯折和理直导线，钳口要略带弧形，以免在勾绕时划伤导线。

镊子是用来夹住导线或元器件的引脚送入面包板指定位置的。

3. 面包板的使用方法及注意事项

（1）安装分立元件时，应便于看到其极性和标志，将元件引脚理直后，在需要的地方折弯。为了防止裸露的引线短路，必须使用带套管的导线，一般不剪断元件引脚，以利于重复使用。一般不要插入引脚直径 $\phi > 0.8$ mm 的元器件，以免破坏插座内部接触片的弹性。

（2）对多次使用过的集成电路的引脚，必须修理整齐，引脚不能弯曲，所有的引脚应稍向外偏，这样能使引脚与插孔可靠接触。要根据电路图确定元器件在面包板上的排列方式，目的是走线方便。为了能够正确布线并便于查线，所有集成电路的插入方向要保持一致，不能为了临时走线方便或缩短导线长度而把集成电路倒插。

（3）根据信号流程的顺序，采用边安装边调试的方法。元器件安装之后，先连接电源线和地线。为了查线方便，连线尽量采用不同颜色。例如，正电源一般选用红色绝缘皮导线，负电源用蓝色，地线用黑色，信号线用黄色，也可根据条件选用其他颜色。

（4）面包板宜使用直径为 0.6 mm 左右的单股导线。根据连线的距离以及插入插孔的长度剪断导线，要求线头剪成45°斜口，线头剥离长度约 6 mm，要求全部插入底板以保证接触良好。裸线不宜露在外面，防止与其他导线短路。

（5）连线要求紧贴在面包板上，以免碰撞弹出面包板，造成接触不良。必须使连线在集成电路周围通过，不允许跨接在集成电路上，也不得使导线互相重叠在一起，尽量做到横平竖直，这样有利于查线、更换元器件及连线。

（6）最好在各电源的输入端和地之间并联一个容量为几十微法的电容，这样可以减少瞬变过程中电流的影响。为了更有效地抑制电源中的高频分量，应该在该电容两端再并联一个高频去耦电容，一般取 0.01 ~ 0.047 μF 的独立电容。

（7）在布线过程中，要求把各元器件在面包板上的相应位置以及所用的引脚号标在电路图上，以保证调试和查找故障的顺利进行。

（8）所有的地线必须连接在一起，形成一个公共参考点。

参考文献

［1］阎石．数字电子技术基础（第四版）．北京：高等教育出版社，1998

［2］王澄非．电路与数字逻辑设计实践．南京：东南大学出版社，1999

［3］郁汉琪．数字电子技术实验及课题设计．北京：高等教育出版社，1997

［4］孙肖子，张企民．模拟电子技术基础．西安：西安电子科技大学出版社，2001

［5］康华光．电子技术基础模拟部分（第四版）．北京：高等教育出版社，1999

［6］谢自美．电子线路设计·实验·测试（第二版）．武汉：华中理工大学出版社，2000

［7］沈明发等．低频电子线路实验．广州：暨南大学出版社，2001

［8］谢礼莹．模拟电路实验技术（上册）．重庆：重庆大学出版社，2005

［9］福建师范大学物理与光电信息科技学院．电子技术基础实践（实验篇）．福州：福建科学技术出版社，2003

［10］福建师范大学物理与光电信息科技学院．电子技术基础实践（技能篇）．福州：福建科学技术出版社，2003

［11］付家才．电工电子实践教程．北京：化学工业出版社，2003

［12］王松武等．电子创新设计与实践．北京：国防工业出版社，2005

［13］杜虎林．指针式万用表实用测量技法与故障检修．北京：人民邮电出版社，2002

［14］沙占友等．新型专用数字仪表原理与应用．北京：机械工业出版社，2006

［15］沙占友．新型数字万用表原理与应用．北京：机械工业出版社，2006

［16］路秋生．常用电子镇流器电路及应用．北京：人民邮电出版社，2006

［17］姚福安．电子电路设计与实验．济南：山东科学技术出版社，2001

［18］黄智伟．全国大学生电子设计竞赛训练教程．北京：电子工业出版社，2005

［19］罗初东等．现代实用电子技术手册．广州：广东科技出版社，1990

［20］廖先芸．电子技术实践与训练．北京：高等教育出版社，2000

［21］曾建唐．电工电子基础实践教程（上、下册）．北京：机械工业出版社，2003

［22］褚南峰．电工技术实验及课程设计．北京：中国电力出版社，2005

［23］陈炜等．精选家用电子制作电路300例．北京：人民邮电出版社，1994

［24］李良荣．现代电子设计技术——基于 Multisim7 & Ultiboard 2001．北京：机械工业出版社，2004

［25］杨欣等．电路设计与仿真——基于 Multisim8 与 Protel 2004．北京：清华大学出版社，2006

［26］谢淑如等．Protel PCB SE 电路板设计．北京：清华大学出版社，2001

［27］湖北众友科技实业股份有限公司．数字电子实验/高频电子实验（含指导书）．

2003

　［28］中国集成电路大全编委会．中国集成电路大全——TTL 集成电路．北京：国防工业出版社，1985